新工科工程型人才培养计算机类系列教材

C/C++程序设计

主编　黄襄念　王晓明

西安电子科技大学出版社

内 容 简 介

本书内容覆盖了初学者应该掌握的 C/C++知识，包括预备知识、程序概貌与开发工具、数据类型与表达式、程序流程控制结构、函数、数组、指针、自定义类型、预处理宏、类和对象、运算符重载、继承与多态、输入与输出流共 13 章内容。此外，本书还提供了部分电子版文档及相关资源，包括各章的概念理解题和上机练习题、四个附录(调试方法、异常处理、命名空间和特殊构造函数)、各章全部例题的源代码以及教师授课用的各章 PPT 文档。

本书面向零基础的 C/C++ 程序设计初学者，适合作为高等院校 C/C++ 课程的教材或者相关人员的自学参考书。

图书在版编目(CIP)数据

C/C++程序设计 / 黄襄念，王晓明主编. --西安：西安电子科技大学出版社，2023.5
(2024.8 重印)
ISBN 978–7–5606–6839–0

Ⅰ. ①C… Ⅱ. ①黄… ②王… Ⅲ. ①C 语言—程序设计 Ⅳ. ①TP312.8

中国国家版本馆 CIP 数据核字(2023)第 053618 号

策　　划　李惠萍
责任编辑　杨　薇
出版发行　西安电子科技大学出版社(西安市太白南路 2 号)
电　　话　(029) 88202421　88201467　　　邮　　编　710071
网　　址　www.xduph.com　　　电子邮箱　xdupfxb001@163.com
经　　销　新华书店
印刷单位　陕西博文印务有限责任公司
版　　次　2023 年 5 月第 1 版　2024 年 8 月第 2 次印刷
开　　本　787 毫米×1092 毫米　1/16　印张 20
字　　数　472 千字
定　　价　49.00 元
ISBN　978–7–5606–6839–0
XDUP 7141001–2

前　言

近年来，随着人工智能、物联网与大数据的迅猛发展，企业对C/C++工程师的需求持续升温。C/C++编程能力是软件开发工程师的基本功。理解并掌握C/C++的程序设计思想、方法和手段，对于学习其他编程语言也大有裨益。

编者深知C/C++对于初学者有难度,学习C/C++的关键在于要清楚理解和掌握语法规则的原义。语法概念模糊不清、似是而非是常犯各种语法错误的主要原因。本书依据编者多年教学经验编写而成，其特色在于摒弃语法知识的大段文字性描述，采用“从实例学”的方式(例题共有221个)，通过必要的、短小的例题讲解程序设计思维与语法规则。书中的知识阐述用语简洁明了、可读性很强，没有晦涩难懂的复杂句子，避免了读者因看不明白而造成心理压力甚至丧失学习信心。书中例题相关语法采用在语句行尾进行注释的方式，对知识点进行简单说明或者提问，让读者及时理解语法含义及多种用法。特别地，书中有些例题给出了不止一种正确或错误的实现方法，可起到举一反三和错误警示的作用，使读者阅读语句时保持思维活跃并不断思考问题，这是真正行之有效的学习方法。部分例题后面有相关知识的进一步解释与拓展、思考与练习，这也便于授课教师的课堂提问互动和读者即时自查学习效果。本书所有例题均用VC++ 2019(免费社区版)调试通过。鉴于语法知识的综合运用对初学者而言本身难度就不小，因此不适合把算法设计与语法混在一起，以免模糊语法焦点、增加学习难度，因此，本书立足于用简例讲清楚语法原义，从而帮助初学者相对轻松地掌握C/C++中的语法知识。

本书内容组织由易到难，由简到繁，逐步综合，讲解了程序开发工具MS VC++ 2019，让初学者熟悉开发环境，产生学习动力，建立学习信心，以免读者只看书不练习或者不知道如何练习。另外，本书提出应该尽早训练读者用程序求解问题的思维模式，养成“先设计后编程”的思维习惯。因此，书中案例按照“数据输入、数据存储、数据处理、数据输出”的步骤，训练读者按部就班地设计解决方案，避免读者养成不设计就编程、走一步想一步的坏习惯。本书带有“*”的章节为选讲内容，初学者可暂时不必了解。

本书的顺利出版，得到了西安电子科技大学出版社相关人员的大力支持与帮助，在此表示感谢！鉴于软件开发技术发展迅猛及编者水平有限，书中可能还存在不足之处，恳请业界同行及广大读者批评指正，编者不胜感激。读者有任何意见或建议，请与出版社或编者联系。

本书提供有各章的概念理解题和上机练习题，以及调试方法、异常处理、命名空间和特殊构造函数等四个附录内容，读者扫描扉页或书末的二维码即可获取。此外，本书还提供有配套的例题源代码和授课 PPT 等资源，读者可登录西安电子科技大学出版社官网(www.xduph.com)下载。

编　者

2023 年 2 月

目　　录

第 1 章　预备知识 1
1.1　计算机系统简介 1
1.2　计算机内存简介 2
1.3　可执行程序简介 4
1.4　编程语言简介 4
1.5　为什么学习 C/C++？ 5
第 2 章　程序概貌与开发工具 7
2.1　程序基本结构和设计思维 7
2.2　VC++ 集成开发环境 10
2.2.1　IDE 简介及编程步骤 10
2.2.2　VC++ IDE 概貌 12
2.2.3　新建项目和解决方案 13
2.2.4　给项目添加源程序 15
2.2.5　设定启动项目 16
2.2.6　生成与运行程序 17
第 3 章　数据类型与表达式 18
3.1　数据类型的划分 18
3.1.1　C/C++ 数据类型 18
3.1.2　数据类型与内存 19
3.1.3　数据类型的数值范围 20
3.1.4　ASCII 字符集 21
3.2　变量定义及使用 22
3.2.1　变量的概念及命名 22
3.2.2　定义与使用变量 23
3.3　常量定义及使用 24
3.3.1　常变量定义与使用 24
3.3.2　直接常量的使用 24
3.4　算术运算符与表达式 28
3.4.1　算术运算符 28
3.4.2　算术表达式解析 29
3.5　数据类型转换 30
3.5.1　自动类型转换 31
3.5.2　强制类型转换 32
3.6　自增自减运算符与表达式 33
3.7　赋值运算符与表达式 34
3.7.1　赋值表达式 34
3.7.2　组合赋值表达式 35
第 4 章　程序流程控制结构 37
4.1　算法及描述 37
4.1.1　流程图 37
4.1.2　伪代码 38
4.2　顺序结构 38
4.3　选择结构 39
4.3.1　关系表达式 40
4.3.2　逻辑表达式 40
4.3.3　if…else 语句 42
4.3.4　if…else if 语句 43
4.3.5　问号表达式 45
4.3.6　switch…case 多分支语句 46
4.4　循环结构 49
4.4.1　while 循环 49
4.4.2　for 循环 52
4.4.3　多重循环 53
4.4.4　break 语句 56
4.4.5　continue 语句 58
4.5　流程控制结构的应用举例 59

4.5.1 解百鸡问题......59
4.5.2 求最大公约数......60
4.5.3 判定素数......61
4.5.4 生成斐波那契数列......62
4.5.5 生成随机数......63
第 5 章 函数......67
5.1 模块化程序设计与函数......67
5.2 函数的定义......68
5.3 函数的调用与参数传递......69
5.4 形参缺省值......72
5.5 引用变量......73
5.5.1 声明引用变量......73
5.5.2 引用变量作形参......73
5.5.3 常引用作形参......74
5.6 全局变量与局部变量......75
5.6.1 全局变量......75
5.6.2 局部变量......76
5.6.3 静态局部变量......77
5.6.4 程序内存分区......79
5.7 多个单元文件......79
5.7.1 extern 全局变量......79
5.7.2 static 全局变量......80
5.7.3 extern 与 static 函数......80
5.8 栈与函数调用过程......81
5.8.1 栈与系统栈......81
5.8.2 函数调用的大致过程......81
5.9 inline 函数......83
5.10 递归函数......84
5.11 函数重载......86
5.12 函数模板......87
5.12.1 模板的概念与用途......87
5.12.2 模板定义与实例化......88
5.12.3 模板的特化处理......89
5.13 函数模板重载......90
第 6 章 数组......92
6.1 数组的用途......92
6.2 一维数组......92
6.2.1 一维数组的定义......92
6.2.2 一维数组的使用......93
6.2.3 一维数组初始化......94
6.2.4 一维数组的存储特点......95
6.2.5 数组的随机访问......96
6.2.6 一维数组应用简例......96
6.3 二维数组......97
6.3.1 二维数组的定义......97
6.3.2 二维数组的使用......97
6.3.3 二维数组的一维存储......98
6.3.4 二维数组初始化......98
6.3.5 二维数组转一维存储举例......99
6.3.6 多维数组......102
6.4 数组作为函数的参数......102
6.4.1 数组元素作为参数......103
6.4.2 整个数组作为参数......103
6.5 数组的应用......105
6.5.1 顺序查找算法......105
6.5.2 插入排序算法......106
6.5.3 矩阵运算......108
6.6 字符串与字符数组......110
6.6.1 字符数组及初始化......110
6.6.2 访问字符数组......110
6.7 C 语言处理字符串......112
6.7.1 处理单个字符的库函数......112
6.7.2 处理字符串的库函数......113
6.7.3 统计单词举例*......118
6.8 C++ 处理字符串......119
6.8.1 string 概述......119

6.8.2 string 初始化......119
6.8.3 string 运算符......120
第7章 指针......122
7.1 变量与指针......122
7.1.1 变量的值与地址......122
7.1.2 指针变量的定义与使用......123
7.2 数组与指针......125
7.2.1 用指针访问一维数组......125
7.2.2 多级指针的定义与使用......127
7.2.3 用指针访问二维数组......128
7.2.4 指针数组的定义与使用......130
7.3 函数与指针......131
7.3.1 参数传递的方式......131
7.3.2 指针形参接受一维数组......132
7.3.3 指针形参接受二维数组......133
7.3.4 返回指针的函数......134
7.3.5 函数指针的定义与使用......136
7.3.6 main 函数的参数......138
7.4 内存的动态分配......140
7.4.1 动态分配内存的概念......140
7.4.2 C++ 动态分配运算符......141
7.4.3 C 语言动态分配函数......144
7.5 void 指针......145
7.5.1 void 指针的概念......145
7.5.2 void 指针的使用......146
7.6 const 指针......147
7.6.1 const 在“*”之前......148
7.6.2 const 在“*”之后......148
7.6.3 const 在“*”前后......149
7.6.4 易混淆的概念......149
第8章 自定义类型......151
8.1 结构体类型......151
8.1.1 定义结构体类型......151
8.1.2 定义结构体变量......152
8.1.3 结构体变量赋值......153
8.1.4 访问结构体成员......154
8.1.5 结构体与数组......155
8.1.6 结构体与函数......156
8.2 位运算与位域*......159
8.2.1 位运算及运算符......159
8.2.2 位域结构及成员......161
8.2.3 位域成员内存对齐......162
8.3 共用体类型......165
8.4 枚举类型......167
8.4.1 枚举类型的定义与用途......167
8.4.2 枚举变量的用途与用法......168
8.5 类型别名......169
8.5.1 typedef 定义类型别名......169
8.5.2 typedef 的多种用法......169
第9章 预处理宏......174
9.1 宏的概念......174
9.2 #include 文件包含......174
9.3 #define 宏......176
9.3.1 不带参数的宏......176
9.3.2 带参数的宏......177
9.3.3 预定义的宏*......178
9.4 条件编译......180
9.4.1 #if......181
9.4.2 #ifdef 与 #ifndef......182
9.4.3 包含保护......183
9.5 宏运算符*......185
第10章 类和对象......187
10.1 程序设计方法......187
10.1.1 面向过程的程序设计方法......187
10.1.2 面向对象的程序设计方法......187
10.2 定义类与创建对象......188

10.2.1 定义类类型......188
10.2.2 成员函数声明与实现......189
10.2.3 对象的创建与使用......190
10.2.4 类成员的存储方式......192
10.2.5 this 指针......193
10.2.6 静态成员变量......194
10.2.7 静态成员函数*......195
10.3 类的构造函数与析构函数......196
10.3.1 构造函数及其作用......196
10.3.2 析构函数及其作用......198
10.3.3 对象构造与析构顺序......200
10.4 对象与数组及对象与指针结合......201
10.4.1 对象数组......201
10.4.2 对象指针数组......202
10.5 对象与函数结合......203
10.5.1 对象与函数形参......203
10.5.2 对象的动态创建......204
10.6 指向成员的指针......205
10.6.1 指向成员变量的指针......205
10.6.2 指向成员函数的指针......206
10.7 对象赋值与复制......207
10.7.1 对象赋值的概念......207
10.7.2 对象赋值出错......208
10.7.3 拷贝构造函数......210
10.8 组合类......214
10.8.1 组合类的概念与定义......214
10.8.2 类的提前声明......215
10.8.3 组合类对象的构造与析构......217
10.9 const 成员与对象......218
10.9.1 const 成员变量......218
10.9.2 const 成员函数......219
10.9.3 const 对象与形参......219
10.9.4 const 对象指针......220
10.10 类的友元......221
10.10.1 友元函数......221
10.10.2 友元类......224
第 11 章 运算符重载......226
11.1 重载运算符的概念......226
11.1.1 重载运算符的原因......226
11.1.2 重载运算符的限制......226
11.2 用运算符函数实现重载......227
11.2.1 重载为友元函数......227
11.2.2 重载为成员函数......228
11.2.3 重载为自由函数......229
11.2.4 重载方式的选择......230
11.3 重载“=”实现对象的深拷贝......230
11.4 重载自增自减运算符......232
11.5 重载流运算符“>>”和“<<”......233
11.6 类的转换函数......235
11.7 类的转换构造函数......237
第 12 章 继承与多态......240
12.1 基类与派生类......240
12.1.1 继承与拓展......240
12.1.2 类族层次模型......240
12.1.3 派生类的定义与使用......241
12.1.4 成员的同名遮蔽......242
12.2 派生类对象的构造与析构......244
12.2.1 构造与析构顺序......244
12.2.2 多层派生类的构造函数设计与参数传递......245
12.2.3 组合派生类的构造函数设计与参数传递......247
12.3 类型兼容规则......248
12.4 多态性的概念......250
12.5 类模板......251
12.5.1 类模板的定义与声明......251

12.5.2 类模板的实例化 252
12.5.3 类模板的特化 253
12.5.4 类模板的继承 255
12.5.5 类模板的组合* 256
12.5.6 类模板的友元* 259
12.6 虚成员函数 260
12.6.1 虚成员函数的用途 260
12.6.2 虚函数的定义与使用 260
12.6.3 虚析构函数的好处 265
12.7 纯虚函数与抽象类 266
第 13 章 输入与输出流 269
13.1 流与流类简介 269
13.1.1 流与缓冲区 269
13.1.2 流类与头文件 270
13.1.3 流的读写位置 271
13.1.4 流的状态检测 271
13.2 标准输入流对象 cin 273
13.2.1 cin 与“>>” 273
13.2.2 成员函数 get 与 getline 274
13.2.3 成员函数 gcount 276
13.2.4 成员函数 peek 277
13.2.5 成员函数 ignore 277
13.2.6 成员函数 putback 与 unget 277
13.3 标准输出流对象 cout 279
13.3.1 cout 与“<<” 279
13.3.2 格式操作符 279
13.3.3 类成员函数 284
13.4 读写文件数据 286
13.4.1 文件及路径 286
13.4.2 二进制文件和文本文件 286
13.4.3 文件流类 288
13.4.4 打开文件 289
13.4.5 关闭文件 290
13.4.6 文本模式读写文件 291
13.4.7 文本文件综合应用举例 294
13.4.8 二进制模式读写文件 296
13.4.9 二进制模式读写 string 对象 301
13.4.10 随机读写文件 305
各章概念理解题与上机练习题(扫码阅读) 310
附录 A 调试方法(扫码阅读) 310
附录 B 异常处理(扫码阅读) 310
附录 C 命名空间(扫码阅读) 310
附录 D 特殊构造函数(扫码阅读) 310

第 1 章　预 备 知 识

1.1　计算机系统简介

开始学习 C/C++ 程序设计之前，有必要了解一些预备知识，有利于理解 C/C++ 程序设计语言的语法规则、程序设计及运行过程。

计算机系统由硬件系统和软件系统两部分组成，见图 1.1。

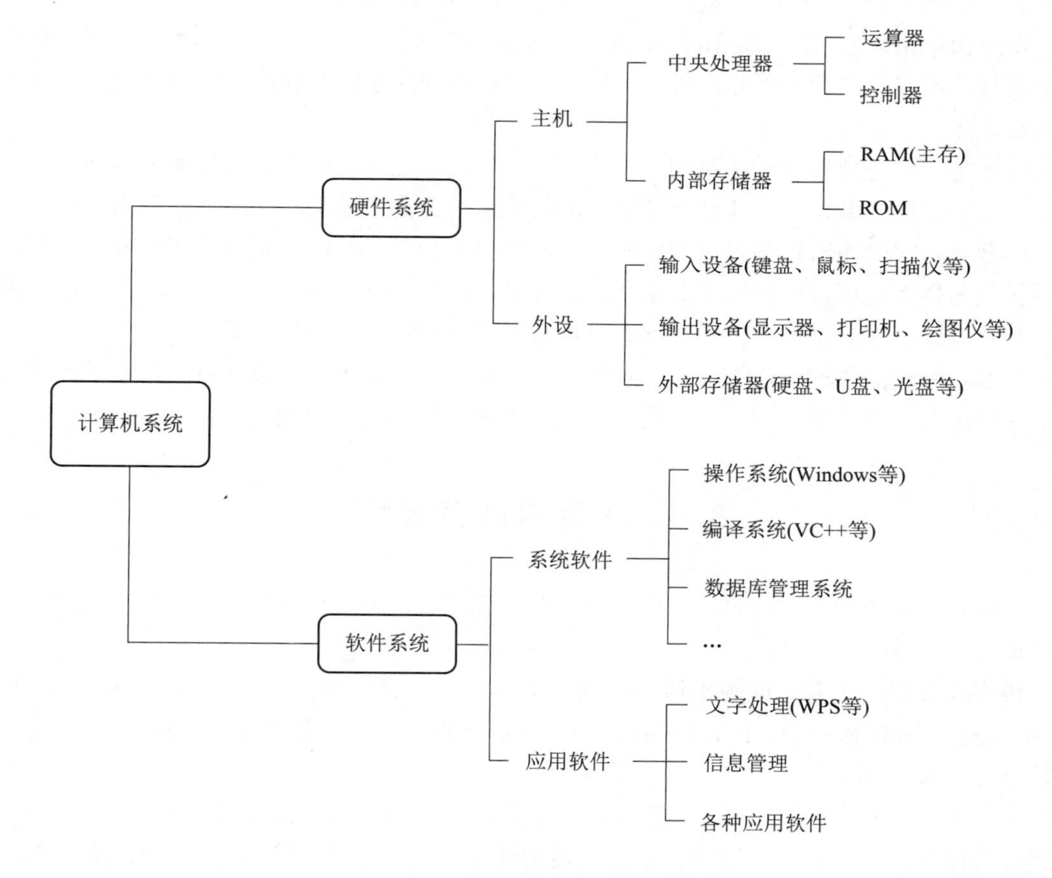

图 1.1　计算机系统的组成

计算机能够帮人们做很多事情。例如：使用微信、QQ，发短信、邮件，看电影、动漫等，都需要使用由某种程序设计语言编写出能实现其具体功能的程序，然后计算机运行(执行)这些程序以完成相应的任务。

➢ 从程序设计(编程)角度看，我们(程序设计者)怎样与计算机系统打交道呢？

编写程序需要用专门的**编程工具软件**，其核心是编译系统(如 VC++)，它们提供编写程序的工作环境(开发环境)，在这个环境中进行编程。就像用微信软件聊天一样，人们用VC++ 等编程软件编写(开发)程序的源代码。

编写的程序保存在哪里？编写的程序保存在**外部存储器**(简称外存)中。外存如硬盘、U 盘等才能持久地保存数据。虽然内存的存取速度远比外存快，但断电后内存中的数据会丢失，不能持久保存。

程序在外存中运行吗？错。**CPU** 运行速度非常快，如果程序(由若干条程序指令组成)在外存中运行，那么外存的存取速度远远跟不上 CPU 的速度，两者速度不匹配将严重拖累CPU的工作效率，故须把程序的全部代码(而不是一部分代码)装入**内存**并在内存中运行；若因某些原因使程序不能全部装入内存，则程序就不能够运行。

程序由谁来运行呢？程序由**操作系统**来运行。它是计算机的“大管家”，一切软硬件的使用与调度都归它管。因此，对于一台计算机，必须给它装上操作系统；否则，计算机的所有软硬件都不能使用。

程序是一个与外界隔绝的封闭系统吗？当然不是。程序需要有**输入与输出功能**，比如用微信或 QQ 程序聊天，从键盘上打字，键盘就是它的输入设备；将聊天内容输出到屏幕上，屏幕就是它的输出设备。输入与输出设备有很多种类，不仅仅是键盘和屏幕。比如结合摄像头与摄像程序，可将现实对象摄入计算机，摄像头就是摄像程序的输入设备；如果要将图片打印出来，则需要打印程序，打印机就是打印程序的输出设备。

上面从编程的角度概述了如何与计算机系统打交道。作为程序设计者，需要掌握哪些知识才能编写出能正确运行的程序呢？这正是本书要讲解的主要内容。

1.2　计算机内存简介

程序在计算机内存中运行，因此，内存对于程序开发和运行来讲都是非常重要的，也是学好 C/C++ 所必须了解的。

内存指计算机主存，即随机访问存储器(Random Access Memory, RAM)。其他如只读存储器(Read Only Memory, ROM)在编程时通常不会涉及。关于随机访问的概念，将在第 6 章结合数组来介绍。

为了有一个直观认识，图 1.2 展示了几种不同类型、不同品牌的内存条。内存由芯片、电路板等组成。顾名思义，**存储器是存放数据的地方**，数据是计算机中一切信息的统称。数据是由若干电子元件的状态组合来表示的，因此在任何时刻存储器内都充满了数据，不管是有用的数据还是无用的数据。

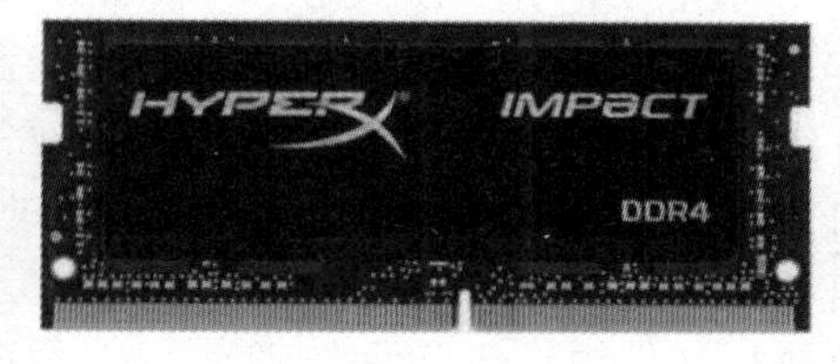

(a) 台式机内存条图例　　(b) 笔记本电脑内存条图例

图 1.2　几种计算机内存条图例

- ➢ 对于同一个内存单元，后存入的数据会覆盖掉先前的数据。

数据(包括程序指令)是以**二进制数**的形式存储的。二进制数由 0 和 1 构成，十进制整数 123 转换成二进制数为 01111011。

一个**内存单元**占用 8 **位**(bit，比特)内存空间，8 位构成 1 个**字节**(Byte)。

- ➢ 1 字节 = 8 位，1 Byte = 8 bit，1 B = 8 b(大小写应区分)
- ➢ 1 KB = 1024 B，1 MB = 1024 KB，1 GB = 1024 MB，1 TB = 1024 GB

内存大小(容量)指存储单元数。现在的内存大小通常以吉字节(GB)为单位，如 4 GB、8 GB、16 GB、32 GB。这里以 4 GB 内存为例：

$$4\text{ GB 内存单元数} = 4 \times 1024 \times 1024 \times 1024 = 4\,294\,967\,296$$

如此海量的内存单元，数据存入哪个单元呢？又怎么找到它呢？想想：为什么身份证、电话、车牌、房间都要编号？同样的，**每个内存单元都要编号(内存地址)**，按内存地址存取该单元，内存地址是一维整数编号，如 0, 1, 2, 3, …。

- ➢ 每个内存单元都必须有内存地址，否则不能使用也无法使用它。
- ➢ 编程时不必知道单元的内存地址，编址和寻址由系统处理。

地址空间即地址的编号范围，其大小取决于编号整数的位数。用 1 位十进制整数编号，最多对 10 个内存单元编号，地址空间为 0～9；用 2 位十进制整数编号，最多对 100 个内存单元编号，地址空间为 0～99。4 GB 大小的内存用二进制整数编号，该二进制整数最少需要多少个二进制位，也就是地址长度最少需要多少位？

$$\mathbf{4\ GB = 4 \times 1024 \times 1024 \times 1024 = 4\,294\,967\,296 = 2^{32}\ B}$$

每个内存单元(1 B)都要编号，2^{32} 个单元至少需要 32 个二进制位。这意味着 32 位计算机系统最大能用 4 GB 内存，超过 4 GB 则无法编号、不能使用了。

1.3　可执行程序简介

可执行程序(EXEcutable program，EXE file)是指在操作系统上可以执行(运行)的程序，简称 **EXE 文件或程序**。可执行程序依赖于操作系统，不同操作系统的可执行文件类型不同(文件扩展名不同)，MS DOS 和 Windows 的可执行文件通常是 EXE 类型。随着操作系统的版本更新，旧 EXE 可能在新版操作系统上无法运行，新 EXE 也可能在旧操作系统上无法运行(即便是同一种系统如 Windows)，需要特殊处理后重新编译。

可执行文件的内部结构、装载及运行过程比较复杂，初学者不必关心细节，了解一些概貌有利于理解 C/C++ 语言及程序运行。

可执行文件内部包含两个部分：① **程序指令**，即 CPU 完成程序功能的机器指令集；② **程序资源**，如菜单、对话框、位图、光标、图标、声音等数据，资源也可以不包含在可执行文件中，如 DOS 程序仅有程序指令。

当程序需要运行时，操作系统把可执行文件全部装入内存，然后运行程序；如果不能全部装入内存(如内存不足)，则程序就不能运行。

如图 1.3 所示，对于多任务操作系统如 Windows，运行的一个程序实例称为一个**进程**(Process)，独占的一块内存区称为**进程空间**。程序从第一条指令(程序入口)开始执行，运行结束时操作系统则把它独占的内存空间收回。

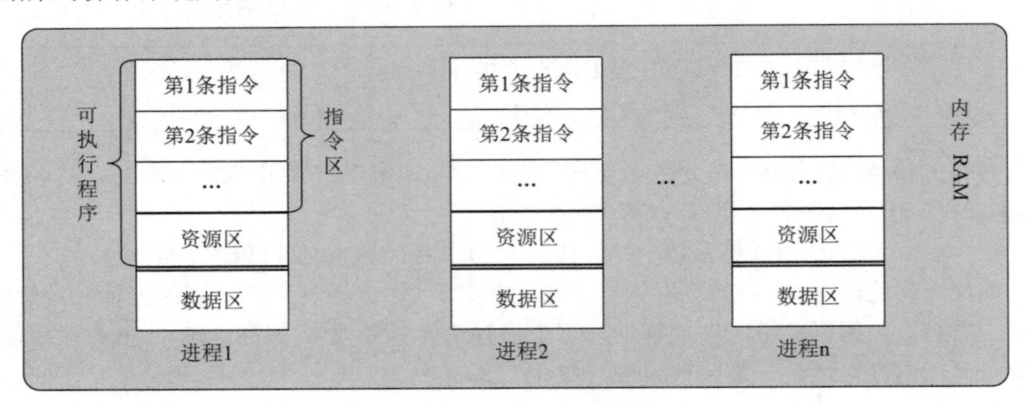

图 1.3　可执行程序占用多任务操作系统的内存示意图

Windows 操作系统平台上如果**多次运行**(运行结束后再运行)同一个程序，则每次运行占用内存空间的位置是浮动的而非固定不变的，操作系统负责管理和调度。

1.4　编程语言简介

编程语言(Programming Language)是供程序设计者(程序员)用来编写程序，向计算机发出指令的**规范化语言**。既然是语言就必然有语法要求，就像汉语、英语一样，不符合语法规则的语句，交流双方就不明白或者会错误理解对方的意思。

计算机运行的每一个步骤都是按照预先写好的语句执行的。**程序就是计算机要执行的语句集合**，是用编程语言编写的。计算机**只认识 0 和 1 组成的二进制串(机器语言)**，但程序员如果用 01 串编程，那就太难记、太难用了。

早期，计算机工程师发明了一种助记符语言，以帮助人们记忆和使用机器语言，名为**汇编语言**(Assembly Language)。汇编语言是一种**低级语言**，程序直接控制硬件，其优点是执行速度快。其缺点是：① 编程难度高，相当费时费力；② 程序与计算机硬件密切相关，即设备相关性，换计算机可能意味着改写程序，否则程序不能运行或运行出错。鉴于其优点，针对特定硬件编写的汇编语言程序，能够更好地发挥特定硬件的功能和特长；鉴于其缺点，**高级语言才是绝大多数编程者的选择**。

高级语言更接近人类语言的逻辑，更像“人话”，学习和编程的难度较低，开发效率更高。高级语言有很多，如 C、C++、Java、Python、C#、JavaScript、MATLAB 等，我们为什么要学习 C/C++ 呢？

1.5　为什么学习 C/C++？

Windows、Linux、UNIX 操作系统核心代码大部分用 C/C++ 语言编写，底层接口程序用汇编语言编写。操作系统(Operating System，OS)是计算机系统的核心和灵魂，是最庞大、最复杂的系统软件，这表明了 C/C++ 语言的强大。C++ 是 C 的超集(包含 C)，其在 TIOBE 世界编程语言排行榜中的位置见图 1.4。

Jan 2021	Jan 2020	Change	Programming Language	Ratings	Change
1	2	^	C	17.38%	+1.61%
2	1	ˇ	Java	11.96%	-4.93%
3	3		Python	11.72%	+2.01%
4	4		C++	7.56%	+1.99%
5	5		C#	3.95%	-1.40%
6	6		Visual Basic	3.84%	-1.44%
7	7		JavaScript	2.20%	-0.25%
8	8		PHP	1.99%	-0.41%
9	18	^^	R	1.90%	+1.10%
10	23	^^	Groovy	1.84%	+1.23%
11	15	^^	Assembly language	1.64%	+0.76%
12	10	ˇ	SQL	1.61%	+0.10%
13	9	ˇˇ	Swift	1.43%	-0.36%
14	14		Go	1.41%	+0.51%
15	11	ˇˇ	Ruby	1.30%	+0.24%
16	20	^^	MATLAB	1.15%	+0.41%
17	19	^	Perl	1.02%	+0.27%
18	13	ˇˇ	Objective-C	1.00%	+0.07%
19	12	ˇˇ	Delphi/Object Pascal	0.79%	-0.20%
20	16	ˇˇ	Classic Visual Basic	0.79%	-0.04%

图 1.4　TIOBE 世界编程语言排行榜(2020.1—2021.1)

TIOBE 世界编程语言排行榜是编程语言流行趋势的一个指标，反映编程语言的热门程度。C++ 作为一门重量级语言，历经数十年兴衰迭代，一直吸引着众多的编程学习者。C++ 语言有强大的机制、深邃的内涵、丰富的外延，深入理解和掌握其编程思想、方法和手段，会使学习其他编程语言变得驾轻就熟。C++ 编程能力是软件开发工程师的基本功，有了扎实的基本功才能行稳致远。软件开发行业流传着一句话：**没有学过 C++ 就不是真正的程序员，没有掌握 C++ 等于没有通向国际一流企业的敲门砖**。诸多著名 IT 企业将 C++ 作为优秀程序员的必备语言，是招聘员工的基本参考。

C++ 应用领域非常广泛，在网络通信、图形图像、虚拟现实、游戏开发、硬件驱动、嵌入式等众多领域都获得了足够的市场份额。随着近年来人工智能与物联网的迅猛发展，企业对 C++ 工程师的需求持续升温。

鉴于 C++ 语言相对较难，很多人因畏惧而改学其他语言，导致熟练掌握 C++ 的人才匮乏，企业苦于招不到合适的人。诚然，市场上缺的是解决企业级应用的人才而不是新手。如果想高薪加入 C++ 开发团队，就必须在入行前下苦功，这是新手 C++ 开发人员的必经之路。

难度越大意味着含金量越足、竞争力越强，越能把你与其他人区分开来。一开始就要真正沉下心来学习；若只是一时兴起，抱着短期速成的态度，那很难真正掌握 C++ 语言。若问“如何才能学好 C++？”，回答就四个字**“勤学苦练”**，没有其他捷径可走。

第 2 章　程序概貌与开发工具

2.1　程序基本结构和设计思维

一般初学者都想知道 C/C++ 程序“长什么样”。下面从程序的基本形式开始来了解 C/C++ 程序的基本结构。

例 2-1　编程实验：在屏幕上输出一句话“This is a C++ program.”，如图 2.1 所示。

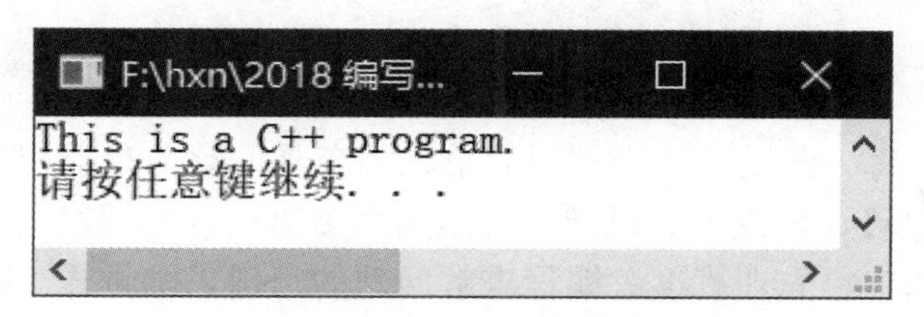

图 2.1　例 2-1 输出结果

本例完整的程序源代码如下：

```
1   //双斜线：C++ 注释符号，从“//”开始到行末为注释，它不被执行
2   //注释的作用：对语句的说明。尽量采用比较详细的注释这也是一种良好的编程习惯
3   //每行前面的数字是语句行的序号(方便讲解)，它不是程序的一部分
4   //==================================================
5    #include <iostream>            //包含文件(将在第 9 章预处理宏中讲解)
6    using   namespace   std ;      //命名空间(名字所属的空间)，暂不用管
7    int   main( )                  //主函数：程序入口，每个程序有且仅有一个 main 函数
8    {    //花括号：main 函数开始
9         cout << "This is a C++ program." << endl ;      // cout<<：向屏幕输出
10        system("pause");          // system 函数：调用操作系统命令 pause，暂停程序运行
11        return 0 ;                //main 函数要求返回 int 整数，0 表示正常结束
12   }    //花括号：main 函数结束，程序退出
```

相关语法规则如下：

(1) 语法符号：必须是**英文半角字符**，如分号、引号等，不能是中文或全角字符。

(2) 程序：由若干个函数组成。本例只一个 main 函数，以后会有更多函数。

(3) 函数：由函数头和函数体两部分组成，第 5 章将对函数作详细讲解。

(4) 函数头 int main ( )：main 是函数名，()是函数标志，int 是函数返回类型。

(5) 函数体：由一对花括号｛……｝构成，函数体中可包含若干条语句。

(6) 语句结束符：分号“;”表示语句结束。语句可以随意换行，换行不是结束。

(7) 字符串：用一对双引号括起来，引号内的字符不是语法符号，可以是任意字符。

虽然 C++ 书写格式灵活自由，但要注意可读性好，形成良好的编程习惯和编程风格。

本例程序比较简单，反映了一个程序的概貌。只要掌握了语法规则，就能写出一个完整、可执行的程序。讲到这里，可能有些读者有点跃跃欲试了。暂且不急，如果不会用开发工具，那么还不能把语句写成程序。下面再看 2 个例子，下节介绍如何使用开发工具 VC++，然后用这 3 个例子进行上机编程练习。

例 2-2　编程实验：计算 a、b 两个整数之和，运行结果如图 2.2 所示。

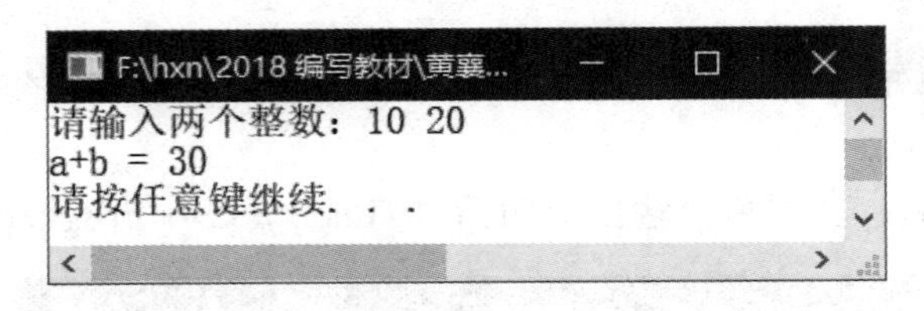

图 2.2　例 2-2 输出结果

由例 2-1 可见，每一条语法规则都很简单、很容易理解。对于初学者，真正困难的是如何培养良好的程序设计思维方式以及综合运用众多语法规则解决问题的能力。下面按照程序设计的内在逻辑，首先训练读者**编程求解问题的正确思维方式**。程序的处理逻辑是非常严密的，如果不注意培养和训练正确的思维方式，编程时就会逻辑混乱、错漏百出，感觉茫然而无从下手。就像盖房子先有建筑图，造汽车先有汽车图纸一样，软件开发要遵循**“先设计、后编程”**的原则。只有把解决问题的步骤考虑清楚了，有了软件设计蓝图，才能动手编写程序。

设计时应该考虑哪些问题呢？图 2.3 给出编程求解问题的一般步骤，按部就班、一步步往下走，问题自然可以得到解决，避免一会儿想这里、一会儿想那里而无从下手。

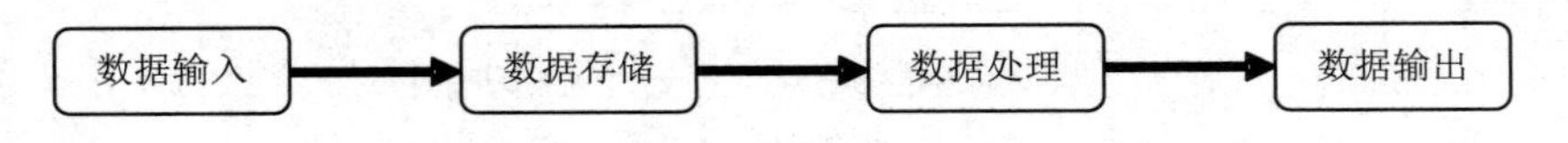

图 2.3　编程求解问题的步骤(数据驱动)

例 2-2 程序设计的步骤及结果如下：

(1) 数据输入。

思考：程序的数据从哪儿来？需要多少个、何种类型的数据？

结果：键盘输入 2 个整数。**在第 13 章文件输入/输出之前，都从键盘输入**。

(2) 数据存储。

思考：怎么存储数据？

结果：定义 3 个整型变量 a、b、sum。a 和 b 存放 2 个加数，sum 存放加法结果。

(3) 数据处理。

思考：怎么处理数据？

结果：计算加法 sum = a + b，结果存入 sum。

(4) 数据输出。

思考：数据以什么格式、输出到哪里？

结果：按图 2.2 格式输出到屏幕。**在第 13 章文件输入/输出之前，都输出到屏幕**。

程序代码如下：

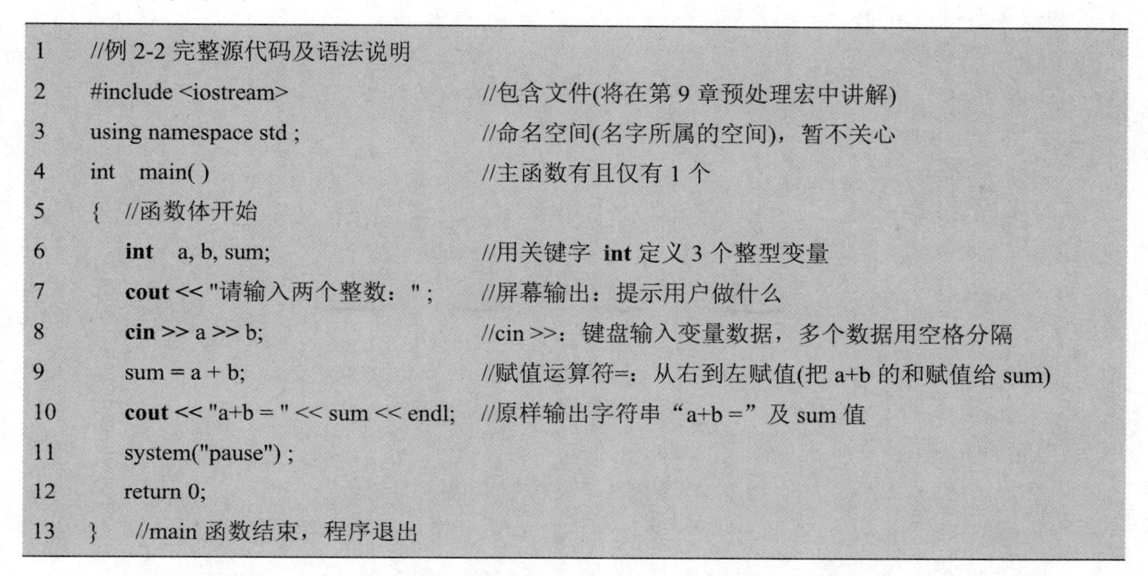

```
1   //例 2-2 完整源代码及语法说明
2   #include <iostream>                   //包含文件(将在第 9 章预处理宏中讲解)
3   using namespace std ;                 //命名空间(名字所属的空间)，暂不关心
4   int   main( )                         //主函数有且仅有 1 个
5   {  //函数体开始
6       int    a, b, sum;                 //用关键字 int 定义 3 个整型变量
7       cout << "请输入两个整数：" ;      //屏幕输出：提示用户做什么
8       cin >> a >> b;                    //cin >>：键盘输入变量数据，多个数据用空格分隔
9       sum = a + b;                      //赋值运算符=：从右到左赋值(把 a+b 的和赋值给 sum)
10      cout << "a+b = " << sum << endl;  //原样输出字符串“a+b =”及 sum 值
11      system("pause") ;
12      return 0;
13  }    //main 函数结束，程序退出
```

例 2-3　编程实验：计算 2 个整数的最大值，运行结果如图 2.4 所示。

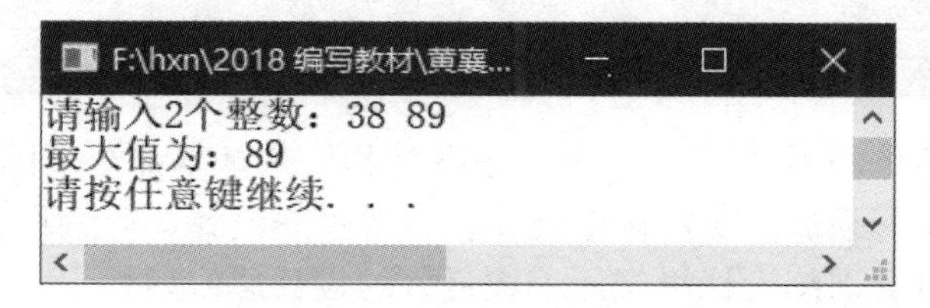

图 2.4　例 2-3 输出结果

程序设计的步骤及结果如下：

(1) 数据输入。

思考：程序的数据从哪儿来？需要多少个、何种类型的数据？

结果：键盘输入 2 个整数。

(2) 数据存储。

思考：怎么存储数据？

结果：定义 3 个整型变量 a、b、max。a 和 b 存放 2 个整数，max 存放最大值。

(3) 数据处理。

思考：怎么处理数据？

结果：自编一个函数 MAX，完成比较 a 和 b 大小，将结果存入 max 变量。

(4) 数据输出。

思考：数据以什么格式、输出到哪里？

结果：按图 2.4 格式输出到屏幕。

程序代码如下：

```
1    #include <iostream>
2    using namespace std;
3    int  MAX (int x, int y)       //自编 MAX 函数：两个整型参数，返回一个整数
4    {  //MAX 函数开始
5      int  max;                   //MAX 函数中定义局部变量 max(仅本函数体内有效)
6      if (x>y)  max = x;          // if - else 判断语句
7      else  max = y;
8      return  max ;               //把 max 值返回到调用本函数处
9    }  //MAX 函数结束
10   int  main( )                  //主函数，有且仅有 1 个
11   {
12     int  a, b, max ;            //main 函数中定义局部变量(仅在 main 函数体内有效)
13     cout << "请输入 2 个整数：" ;
14     cin >> a >> b ;             //输入 a、b 的值，用空格分隔
15     max = MAX(a,b) ;            //调用 MAX 函数，函数返回值赋值给 max
16     cout << "最大值为：" << max << '\n' ;        // '\n' 的作用与 endl 相同
17     system("pause") ;
18     return 0 ;
19   }    //main 函数返回、程序退出
```

上面通过 3 个简单例子介绍了 C++ 程序概貌和一些基本语法规则，后续章节对这些语法作更详细的介绍。再强调一下，程序设计要秉持“先设计、后编程”的原则。在后续学习中要持之以恒、自觉训练设计思维，养成良好的设计思维习惯。

下面学习编程工具软件 VC++ 的使用，把上面 3 个例程变成真正的可执行程序，开发出自己的第一个 C/C++ 程序。

2.2　VC++ 集成开发环境

2.2.1　IDE 简介及编程步骤

集成开发环境(Integrated Development Environment，**IDE**)提供一个编程工作环境，**集成了**编辑器、编译器、连接器、调试器、图形界面(Graphical User Interface，GUI)等，提供编辑、编译、连接、运行、调试、分析等诸多功能，方便好用且功能强大。

各种编程语言通常有自己的 IDE，即使同一种编程语言也有不同公司开发的 IDE 产品。微软公司的 Microsoft Visual Studio(简称 VS)开发工具包(包括 VC++)是流行的 Windows 应用程序开发 IDE，本书基于 Visual Studio 2019 进行编程。

进入 VC++ IDE 之前，我们先要了解下面几个基本概念。

1. 编辑器(Editor)

编辑器是供我们编写和修改程序代码的软件。VC++ IDE 有自己的编辑器，用它编写程序更为方便，提供了诸多便利功能，如语法高亮、智慧提示、语句隐藏、语法缩进等。

2. 编译器(Compiler)

前面 3 个例程都是用 C/C++ 语言编写的程序代码，称为**源程序**。CPU 看不懂这些语句，它只认识 01 二进制指令。因此，需要翻译软件把源程序翻译为二进制指令，这种翻译软件就是编译器。不同语言有不同的编译器，同一种语言也有不同的编译器产品，有的编译器优化做得较好、编译质量高(指令少且执行效率高)。

根据翻译方式的不同，编程语言分为编译型语言和解释型语言。**C/C++ 是编译型语言**，把源代码全部翻译为机器指令并存放于**目标文件**(OBJ 文件)中，运行时不再翻译，故运行效率高。解释型语言如 Java、JavaScript、Python 等，不预先编译程序，而是边解释、边运行，因此运行效率相对较低。编译型语言适合于运行速度要求较高、跨平台运行要求不高的场合，解释型语言正好相反。随着解释器的不断进步，解释型语言的性能越来越接近编译型语言的性能。

3. 连接器(Linker)

源程序(或称源代码)编译后生成的机器指令存储于目标文件中，虽然已经是机器指令，但还不是一个完整的、可执行的程序。例如，一个程序可有多个源程序文件(称为**单元文件**)，每个单元文件编译成一个目标文件，于是有多个目标文件；而每个目标文件只是完整程序的一个组成部分，需要连接程序把它们组装起来。又如，程序通常有输入/输出功能，实现输入/输出的代码(VC++ 提供)并非是你编写的，需要连接器把它们与你的代码组装起来。再如，程序可能用到数学函数，这些数学函数(VC++ 提供)也不是你编写的。另外，有一些公司针对特定领域开发的高质量专业代码可供你选择使用。凡此种种，都需要连接器把你写的代码与他人写的代码连接起来，共同组成一个完整的可执行程序。

4. 编程步骤

图 2.5 的主要步骤为：**编辑→编译→连接→运行**。任何一步出错都将返回到编辑器进行查错并改正，直到没有任何错误才生成可执行程序(.exe 文件)。

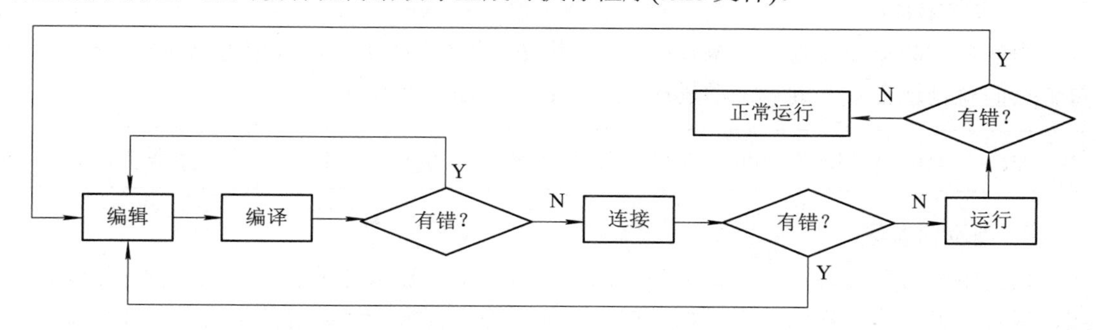

图 2.5　编程的主要步骤

编辑、编译、连接生成的文件如下：

编辑 —— *.CPP 源程序文件(源代码)。

编译 —— *.OBJ 目标文件(机器指令)。

连接 —— *.EXE 可执行文件(机器指令)。

2.2.2 VC++ IDE 概貌

Visual Studio 2019 的 VC++ IDE 开发环境分为 3 个主要区域(窗口)，见图 2.6。

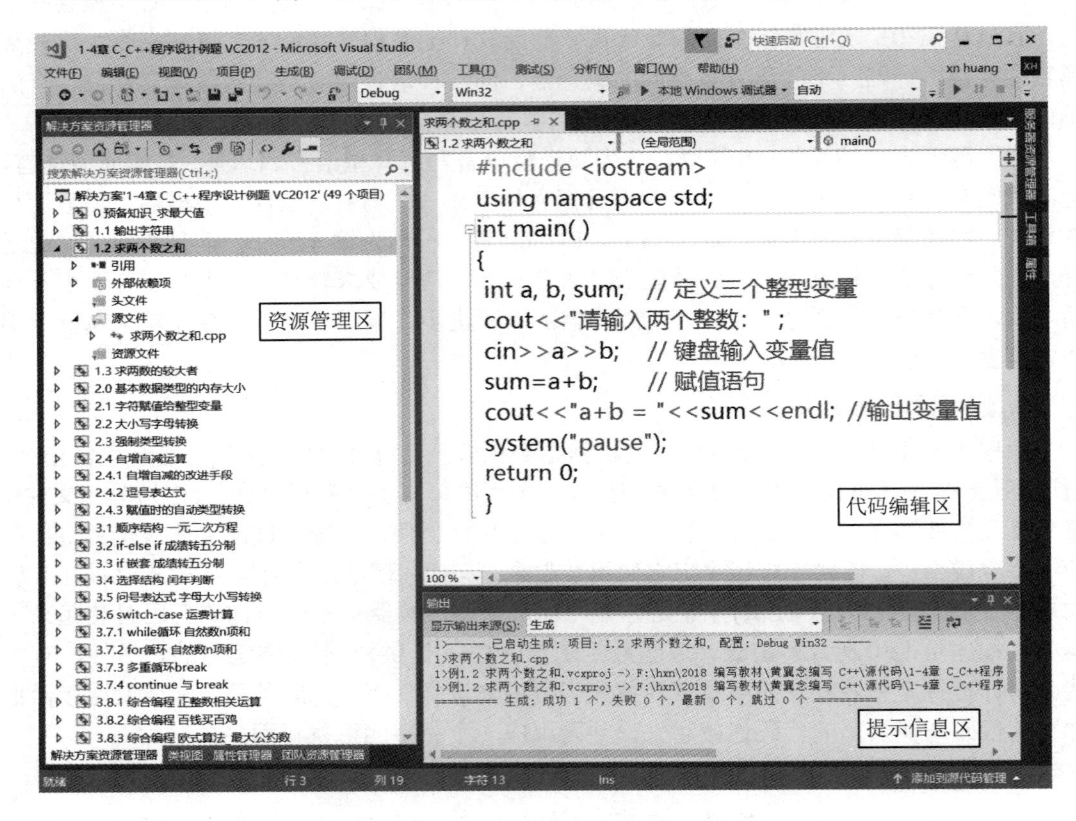

图 2.6　VC++ IDE 开发环境(区域布置可调)

1. 代码编辑区

中间最大的窗口就是代码编辑区，我们就在这里编写程序。该区域可以包含多个页面，每个页面就是现在打开的一个源程序文件，各个页面彼此独立。

> VC++ IDE 提供诸多有助于编写代码的“智慧”功能，使用时可以多体会和探索。

2. 提示信息区

代码编辑区下面较小的窗口就是提示信息区，用于显示各种提示信息。程序编译、连接、运行、调试等过程都会产生相关信息，如正确、警告、错误等信息将显示在这里。对于警告或错误，给出简要说明并告知其在源程序中的位置，便于定位错误(双击跳转)并加以改正。

- 编程不出错几乎是不可能的，出了错要能及时找到并加以改正。
- 平时多练习、多留意错误信息，不断地累积经验、提升改错能力。

---

3. 资源管理区

左边长条状窗口就是资源管理区。VC++ IDE 功能强大，支持同时开发多个项目。那么，VC++ IDE 如何管理多个项目呢？

资源管理窗口最上面有“**解决方案**‘1-4 章 C_C++程序设计例题 VC2012’(49 个项目)”，其中“1-4 章…VC2012”是笔者命名的解决方案名称，你也可以取不同的名称。

VC++ 用“**解决方案**”管理项目。一个解决方案可包含多个项目，本例中的解决方案共包含 49 个项目(49 个例题，每个例题作为一个项目)。

资源管理窗口内列出该解决方案的全部 49 个项目(每个项目前有一个空心三角形 ▷，单击展开下一级，再单击折叠)。目前展开了“1.2 求两个数之和”项目，其中“源文件”下面是“**求两个数之和.cpp**”源代码文件，双击打开它并显示于代码编辑区，方便编写。每个项目的源文件都是如此打开，通过单击不同的源文件或编辑窗口页实现切换。

资源管理窗口最下面是一个多页控件，目前有“解决方案资源管理器”“类视图”“属性管理器”和“团队资源管理器”4 个页面按钮，单击即可实现切换。

除了以上 3 个主要区域，VC++ IDE 开发环境窗口最上面是系统菜单，其下是工具栏(上面有若干快捷图标)，这些是目前大型软件的标准配置，至于它们的含义及使用将在下一小节介绍。

- VC++用“解决方案”管理“项目”，一个解决方案可包含多个项目。
- 一个“项目”有且仅有一个 main 函数，生成一个 .EXE 文件。

2.2.3　新建项目和解决方案

下面从零开始，新建一个项目和解决方案。用 IDE“文件”菜单创建，见图 2.7。

单击“**文件**”→“**新建**”→“**项目**”，弹出“创建新项目”窗口，见图 2.8。

图 2.7　用菜单新建项目和解决方案

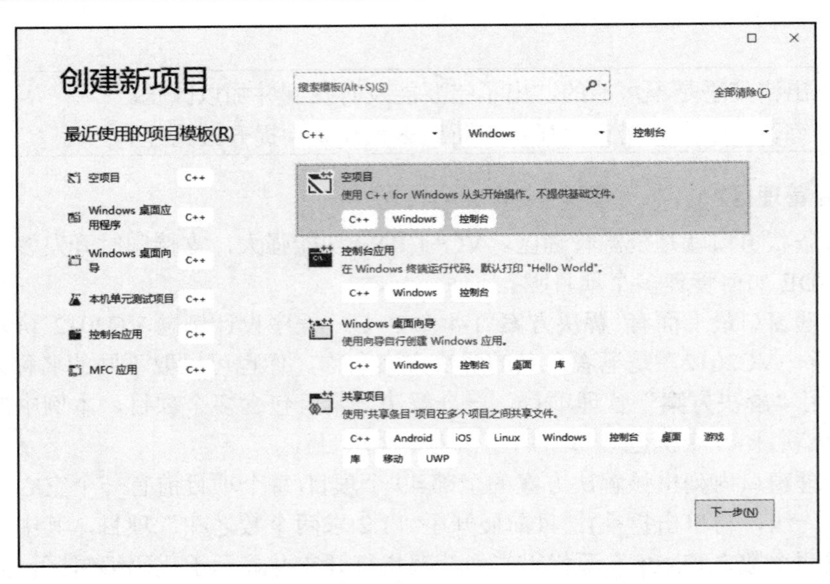

图 2.8　选择“空项目”并单击“下一步”

第一次创建项目时创建解决方案，解决方案中只有一个项目。创建新项目时，若有打开的解决方案(以前创建的)，则会显示“解决方案”项(见图 2.9)且右边有下拉菜单，单击下拉菜单选择“添加到解决方案”，则把新项目添加到该解决方案中。初学者往往会忘记或者无视用“位置”右边的“…”(浏览)来选择存放的文件夹，以至于不知道编写的程序存放在哪里，可能会去问老师。**编写程序不仅需要严密的逻辑思维，更需要非常耐心、非常细致地付诸实施**。提前准备好存放的文件夹，完成相关操作后观察文件夹中文件的变化情况，即操作后创建了哪些文件。现在做个测试：完成以上操作后，观察你的文件夹中创建了哪些文件夹和文件？项目文件名后缀为.vcxproj，解决方案文件名后缀为.sln，它们分别存放在什么地方？

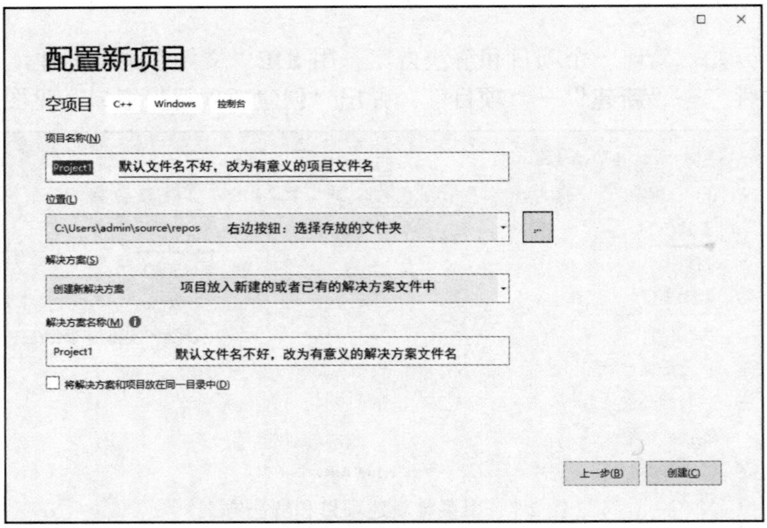

图 2.9　输入各项后单击“创建”

2.2.4　给项目添加源程序

观察图 2.10，可以发现“_新建项目例”下面的“源文件”是空的，因为目前还没创建任何源代码文件(*.CPP)。下面给项目添加源代码文件。

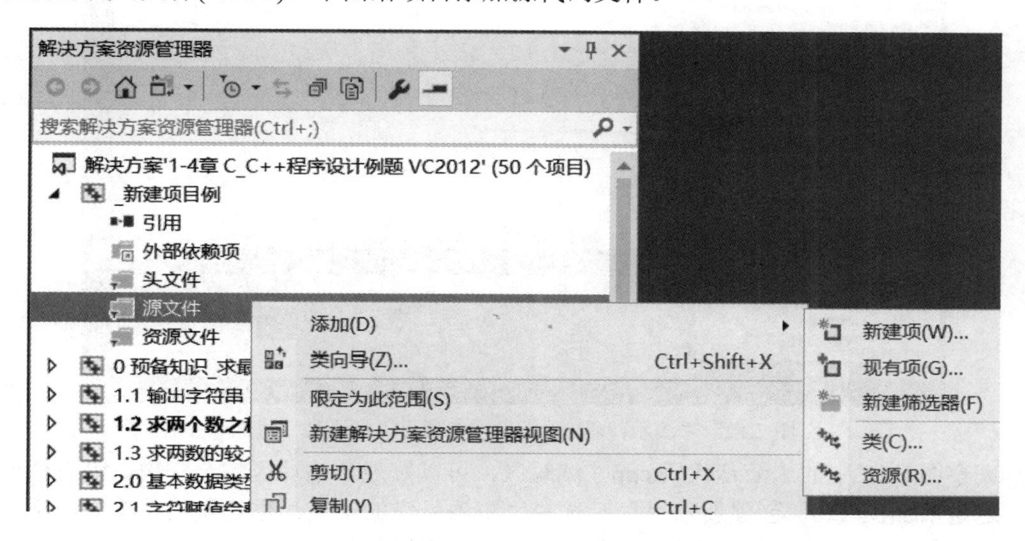

图 2.10　用右键弹出式菜单给项目添加源文件(*.CPP)

单击选中“源文件”并右击鼠标，在弹出的菜单中单击“添加”→“新建项”，弹出“添加新项”窗口，见图 2.11。在中间窗口选择“C++ 文件”(见图 2.11)，将下面的默认文件名“源.cpp”改为有意义的名字，如“演示代码.cpp”，然后单击“添加”按钮，结果见图 2.12。

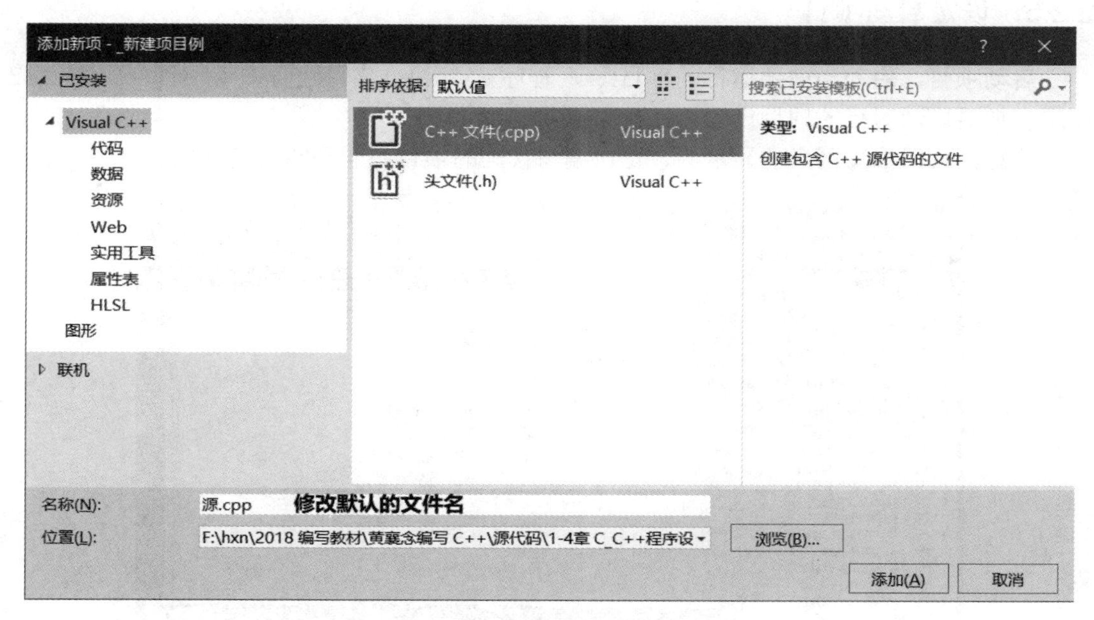

图 2.11　给项目添加源文件

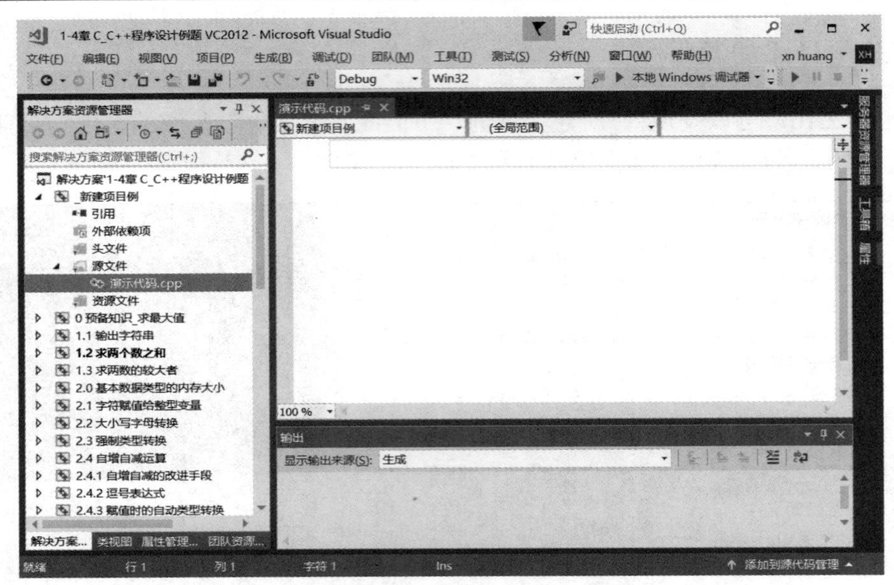

图 2.12　“演示代码.cpp”出现在项目“源文件”里面

观察图 2.12 中的“演示代码.cpp”编写区，可以发现该编写区完全空白，没有任何字符，这是前面图 2.8“创建新项目”时选择“空项目”的结果，也是我们希望的结果。如果前面选择“控制台应用”，则系统将自动生成一些代码和源文件，这对初学者不友好，初学者会因为不理解其含义而感觉闹心。

此时，即可在代码编辑区内开始编写源代码，试着输入例 2-2 的源代码。代码编辑器有很多有助于编程的“智慧”功能，以后使用时可以逐步体会。

2.2.5　设定启动项目

启动项目，启动当前要运行的项目(exe 程序)。解决方案可包含多个项目，如图 2.13 所示，把要启动运行的项目设为“启动项目”。

注意：代码编写区当前显示的、正在编写代码的项目并非一定是启动项目。

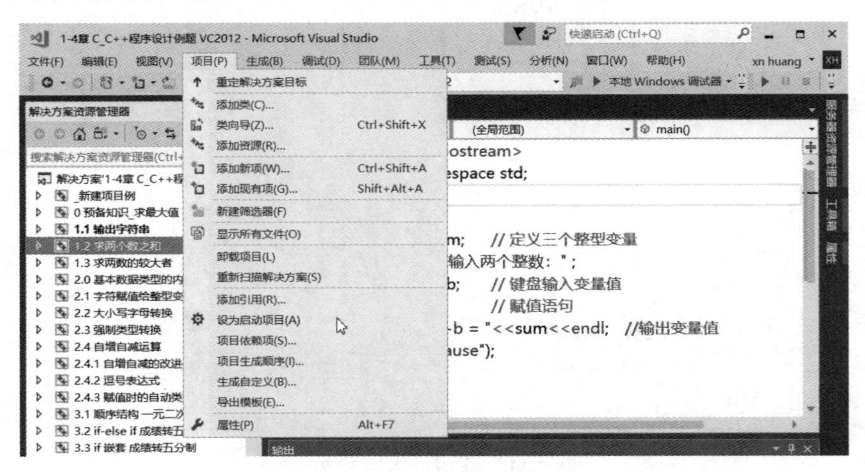

图 2.13　设定启动项目

当前启动项目用粗体字显示，如图 2.13 中的“1.1 输出字符串”。设定项目“1.2 求两个数之和”为启动项目的步骤：① 单击选中它；② 在“项目”菜单中单击“设为启动项目”。还有另一种快捷方法：直接用鼠标右击它，在弹出的菜单中单击“设为启动项目”。

2.2.6 生成与运行程序

假如例 2-2 的源程序已在编辑区写好了，目前它还不是可执行程序，需要经过编译、连接(无任何错误，见图 2.5 所示的编程步骤)才能最终生成该项目的 exe 程序。可用菜单“**生成**”→“**生成 1.2 求两个数之和**”生成该项目的可执行程序。

“生成”包括“编译”“连接”两步。“生成解决方案”则生成本解决方案的全部项目(全部重新生成，通常无必要)。另外，可以一次进行“**编译**”→“**连接**”→“**运行**”3 个步骤：“窗口”菜单下方有个快捷按钮“本地 Windows 调试器”(有绿色实心三角形▸)，鼠标指上去提示“**开始调试(F5)**”，单击它或按 F5 键直接运行程序；若有错就停止，不继续进行后续步骤，不会生成 exe 文件。

至此，已经学习了怎么编写、编译、连接和运行程序，可以开始下一步学习，并在以后的学习中不断熟悉开发工具。

第 3 章　数据类型与表达式

3.1　数据类型的划分

程序处理的对象是数据，C/C++ 把数据划分为多种类型，如图 3.1 所示。这些数据类型还可以组成更为复杂的组合类型或称复合类型，这些都将在之后陆续学习。

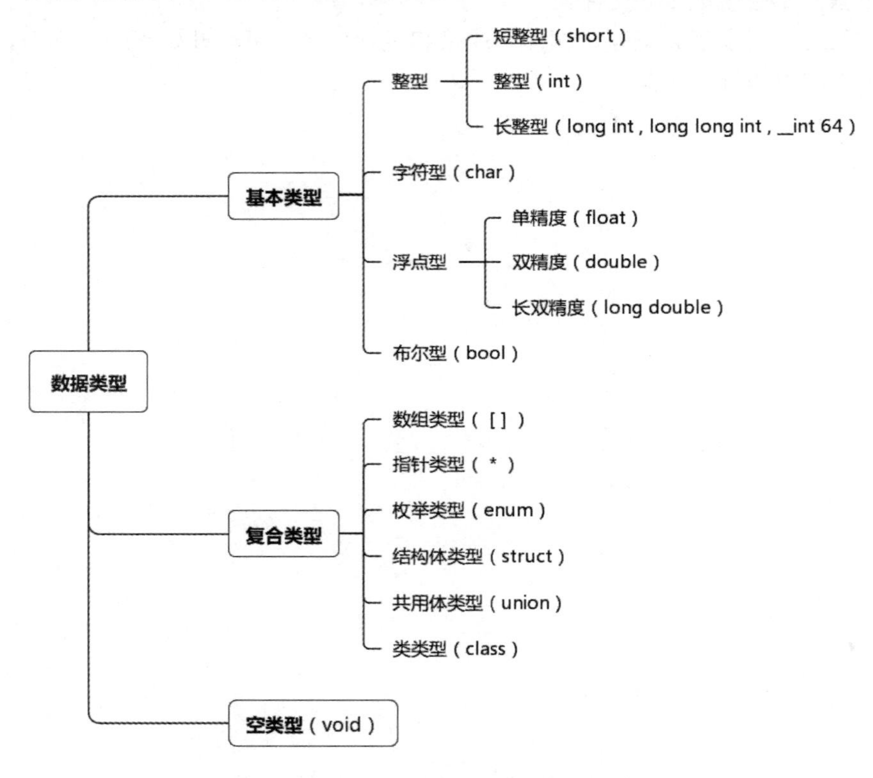

图 3.1　C/C++ 数据类型(C 不支持类类型)

3.1.1　C/C++ 数据类型

为什么把数据分为不同的类型？这是一个好问题，学新东西就是要经常问自己为什么，而不是死记硬背语法规则。这问题好比上课用教室，大班用大教室，小班用小教室，如果教室一样大，就浪费了空间。同理，内存是计算机宝贵的资源，存储数据要占用内存空间。**把数据分为不同类型，目的是确定数据所占用的内存空间大小**。基于理解的学习会容易很多、轻松很多、快捷很多。

3.1.2　数据类型与内存

数据类型简称类型，它是一个抽象概念，不占用内存空间，占用内存空间的是该类型的数据。比如“人”是一个抽象概念，世上并不存在“人”，而“人”类型的一个个“具体人”(张三、李四等)才是实体(有身高、体重等具体数据)，才占用物理世界空间。

➢ 说明：“某类型占用多少内存”是一种简化说法，意思是该类型的数据占用的空间。

下例用 sizeof 运算符来获得不同类型(数据)所占用的内存大小。

例 3-1　编程实验：获取编译系统的基本类型(数据)所占内存的大小。

程序输出结果见图 3.2。左列为类型，右列是该类型数据所占内存的大小(字节)。

不同编译系统规定的数据类型占用的内存大小有所不同。本例为 VC++ 2019，若换一个编译器，则其所占内存的大小可能不同。因此，若换用其他开发工具，则应编程测试数据类型占用的内存大小，从而做到心中有数。

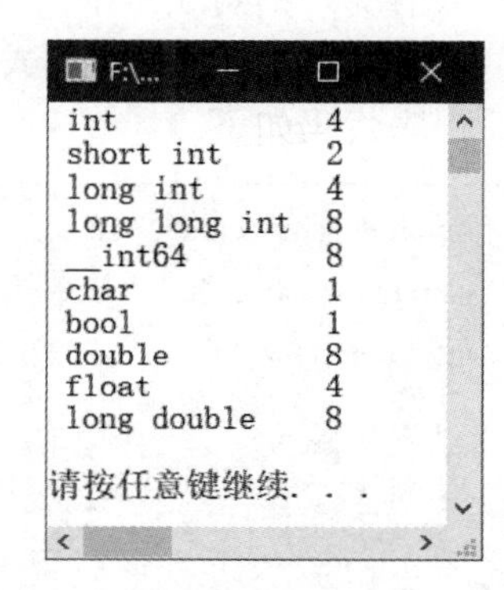

图 3.2　数据类型占用内存大小

本例源程序如下：

```
1   #include <iostream>
2   using namespace std;
3   void  main( )
4   {
5     cout << " int\t\t"<< sizeof( int ) <<endl;                  //删除和增加一个\t，测试其作用
6     cout << " short int\t"<< sizeof( short int )<<endl;
7     cout << " long int\t"<< sizeof( long int )<<endl;           //替换 endl 为 '\n' 结果如何？
8     cout << " long long int\t"<< sizeof( long long int )<<endl;
9     cout << " __int64\t"<< sizeof( __int64 )<<endl;
10    cout << " char\t\t" << sizeof(char) << endl ;               //char\t\t 前面的空格输出了吗？
11    cout << " bool\t\t" << sizeof(bool) << endl ;
12    cout << " double\t\t"<< sizeof( double )<<endl;             //与 long double 相同吗？
13    cout << " float\t\t"<< sizeof( float )<<endl;
14    cout << " long double\t"<<sizeof( long double )<<endl<<endl;   //2 个 endl
15    system (" pause");    //pause 前面的一个空格输出了吗？
16  }
```

本例的相关语法规则如下：

✧ main 函数可以返回 **void 类型，**表示没有返回值，最后不能写 return 0。
✧ **sizeof 运算符**：计算圆括号内数据类型或变量所占用的内存大小(Byte)。
✧ \t：水平制表符，跳到下一个 Tab 位置，本例用于对齐输出数据。
✧ endl：换行符，换到下一行行首，作用与 '\n' 相同。

3.1.3 数据类型的数值范围

不同数据类型占用的内存空间大小不同，所能存放的数值范围就不同，就像不同大小的教室能容纳的人数不同。一个 int 能够存放一个身份证编号(18 位十进制整数)吗？会发生什么情况？不妨编一个简单的验证程序来验证这个问题。

例 3-2　编程实验：测试 int 类型的数值范围。

程序代码如下：

```
1   #include <iostream>
2   using namespace std;
3   int   main( )
4   {
5       int   x = 1234567890 ;    //变量初始化：定义变量时赋值
6       int   y = 12345678901;
7       int   z = 123456789012345678;
8       cout << " x= " << x << endl ;
9       cout << " y= " << y << endl ;
10      cout << " z= " << z << endl;
11      cout << endl;
12      system("pause");  return 0 ;
13  }
```

```
F:\hx...
x= 1234567890
y= -539222987
z= -1506741426

请按任意键继续. . .
```

图 3.3　例 3-2 的输出结果

本例的输出结果见图 3.3，变量 y 和 z 值错误，x 值正确，为什么会这样？

先不按 F5 键运行程序，运行后输出窗口信息可能清空，看不到相关信息。用“生成”菜单最下面的“编译”源程序，观察输出窗口的信息，部分信息如下：

……cpp(**6**)：warning C4305：“初始化”：**从“__int64”到“int”截断**
……cpp(**6**)：warning C4309：“初始化”：**截断常量值**
……cpp(**7**)：warning C4305：“初始化”：**从“__int64”到“int”截断**
……cpp(**7**)：warning C4309：“初始化”：**截断常量值**

warning：警告。源程序无错误，但有疑问，可以运行(生成 exe 程序)。

error：错误。源程序有错误，不能运行(不生成 exe 程序)。

本例警告解释如下：

第 6、7 行有疑问，y 和 z 在“初始化”时从“__int64”到“int”截断。意思是 y 和 z 放不下该整数(__int64 整型)，故将常量 12345678901 和 123456789012345678 截断后存入

y 和 z。显然，y 和 z 值不正确。

y 和 z 为什么放不下呢？想要回答这个问题，需要知道数据的存储方式及存储范围。尽管有多种数据类型(见图 3.1)，但只有两种内存存储方式，即**整数存储和浮点存储**。

1. 整数存储

数据以整数形式存储于内存。根据占用的内存单元数分为 1 字节整数(8 bit)、2 字节整数(16 bit)、4 字节整数(32 bit)和 8 字节整数(64 bit)。不同编译器给数据类型分配的内存大小不同，VC++ 的 int 为 32 位整型、__int64 为 64 位整型、short int 为 16 位整型、char 是 8 位整型等，测试结果见图 3.2。

为区分正、负数，把最高(最前面) 1 位用于存放正、负号(0 为正，1 为负)。例如，int 整数 1234567890 转换为 32 位二进制整数 0100 1001 1001 0110 0000 0010 1101 0010。

int 类型存储的整数范围是 -2^{31}～$2^{31}-1$，即 −2147483648～2147483647。减 1 表示整数 0 占用正数位；short int 占 16 bit，存储的整数范围是 -2^{15}～$2^{15}-1$，即 −32 768～32 767。

有些情况不需要用负整数，如电话号码、学号、身份证号等，就不必浪费 1 位存放正负号，所有 bit 都用来存放数值以存放更大整数(近 1 倍)，这就是**无符号整数类型**，用 **unsigned** 声明 int 类型，如 unsigned int、unsigned short int 等。

---

unsigned 只能用于整型，不能用于浮点型(浮点数有符号)。

int 前面有 unsigned、short、long 时，int 本身可以省略。

---

2. 浮点存储

数据以浮点数形式存储于内存。浮点数的内存存储格式较复杂。为便于理解，以存储 12.3 为例给出简化的存储示意图(见图 3.4)，用十进制数表示(内存中只能是二进制)。其中，尾数的整数部分为 0。

+	0.123	2
数符	尾数(小数)	阶码(指数)

图 3.4　浮点数的存储示意图

浮点数加法注意“**大数吃小数**”现象，即一个很大的数 a 和一个很小的数 b 相加，结果小数被大数“吃掉”，即 a + b = a。

计算机加法(其他运算最终转换为加法和移位运算)先“**对阶**”，即两个数的阶码(指数)相同，小码向大码看齐，这使得 b 的尾数小数点向前移很多位(如 0.0000000005)，尾数有效数字(5)不断后移，最终可能被移出存储单元的字长之外而丢失。

3.1.4　ASCII 字符集

字符(Character)是计算机中单个数字、字母、标点、符号等的统称。计算机只认识二进制数，字符须用唯一的二进制数进行编码(称为内码)，该二进制数就代表该字符。不同的字符集有不同的编码，如 ASCII、Unicode、GB 汉字、BIG5 台湾繁体汉字等。

ASCII 是 American Standard Code for Information Interchange 的缩写，译为美国信息交换标准编码，包括数字、英文字母、符号等，见表 3-1。

表 3-1　部分标准 ASCII 编码表(十进制，32~126 为字符部分，其他为控制符号)

编码	字符	编码	字符	编码	字符	编码	字符	编码	字符	编码	字符
32	space	48	0	64	@	80	P	96	`	112	p
33	!	49	1	65	A	81	Q	97	a	113	q
34	″	50	2	66	B	82	R	98	b	114	r
35	#	51	3	67	C	83	S	99	c	115	s
36	$	52	4	68	D	84	T	100	d	116	t
37	%	53	5	69	E	85	U	101	e	117	u
38	&	54	6	70	F	86	V	102	f	118	v
39	'	55	7	71	G	87	W	103	g	119	w
40	(	56	8	72	H	88	X	104	h	120	x
41	)	57	9	73	I	89	Y	105	i	121	y
42	*	58	:	74	J	90	Z	106	j	122	z
43	+	59	;	75	K	91	[	107	k	123	{
44	,	60	<	76	L	92	\	108	l	124	|
45	-	61	=	77	M	93	]	109	m	125	}
46	.	62	>	78	N	94	^	110	n	126	~
47	/	63	?	79	O	95	_	111	o	127	Del

标准 ASCII 是单字节编码(7 位，最高位系统保留)，一共能够编码 $2^7 = 128$ 个字符。汉字如果采用双字节编码(有多种编码方式)，则一共能够编码 $2^{16} = 65\,536$ 个汉字。

观察 ASCII 表，记忆以下规律，便于后续学习及各种考试。

- 0～9、A～Z、a～z 的编码是连续的，记忆 0 和 A 的编码。
- 数字编码小于字母编码，大写字母编码小于小写字母编码。
- 大、小写对应字母的编码之差为 32(十进制)。

3.2　变量定义及使用

3.2.1　变量的概念及命名

变量(Variable)是程序设计语言用于存储数据，其值在程序运行期间可以改变的命名对象。可见，变量有 3 个特点：**存储数据、其值可变、有名称**。

变量是用来存储数据的，必然占用内存空间。变量占用内存空间的大小取决于其数据类型，故变量必须有类型，如 int x，变量 x 是 int 类型，double d，变量 d 是 double 类型。

> 不同类型的变量，占用内存空间的大小由其类型决定。

变量必须有名字，名字可以随便取吗？

C/C++ 命名规则(包括后续更多的命名对象)如下：

- 名字由字母、下画线、数字组成，且第一个字符不能是数字。
- 字母大小写敏感，如 One 和 one 名字不同，是两个不同的变量。
- 名字有意义，做到“顾名思义”，易于识别和理解。
- 名字不能与**系统保留字**相同。系统保留字是系统自己用的关键字，如 int、char、bool、double、short、long、if、else、main、return、unsigned 等。

> 微软 VC++ 中文版对命名放宽了限制，可以包含中文字符。

思考与练习：

8abc、Student Name、$bill、-myFun、C++ 这 5 个名字有错吗？

3.2.2　定义与使用变量

C/C++ 规定：变量在使用之前，必须遵循“**先定义后使用**”原则。

定义(创建)变量，意味着该变量在内存世界中“诞生”了(占有内存空间)。反之，如果变量没有诞生(无内存空间)，当然就没法存储数据(没地方放)。

例 3-3　编程实验：计算 y = ax + b 的值。

程序代码及程序输出结果(图 3.5)如下：

```
1  #include <iostream>
2  using namespace std;
3  int   main( )
4  {
5       double   a = 3, b = 1 ;   //定义变量时赋值，称为变量初始化
6       double   x ;              //未初始化，x 值不确定(随机值)
7       //cout << x << endl;      //思考：这句错在何处？(VC++ 2019)
8       //cout << y << endl;      //思考：这句错在何处？
9       cout << "a=" << a << "," << "b=" << b << endl;
10      cout << "y=ax+b, 请输入 x：" ;
11      cin >> x;
12      double   y = a*x + b;     //初始化 y
13      cout << "y=" << y << endl;
14      system("pause");
15      return 0;
16 }
```

```
F:\hxn\20...
a=3, b=1
y=ax+b, 请输入x：2.5
y=8.5
请按任意键继续. . .
```

图 3.5　例 3-3 的输出结果

3.3　常量定义及使用

C/C++ 常量分为两类：常变量和直接常量，统称为**常量**(Constant)。

3.3.1　常变量定义与使用

定义变量时前面加 const 限定词，限制该变量的值不能被修改。例如，

const int x = 3;　//定义常变量 x，赋初值 3

例 3-4　编程实验：计算圆的面积。

程序代码及程序输出结果(图 3.6)如下：

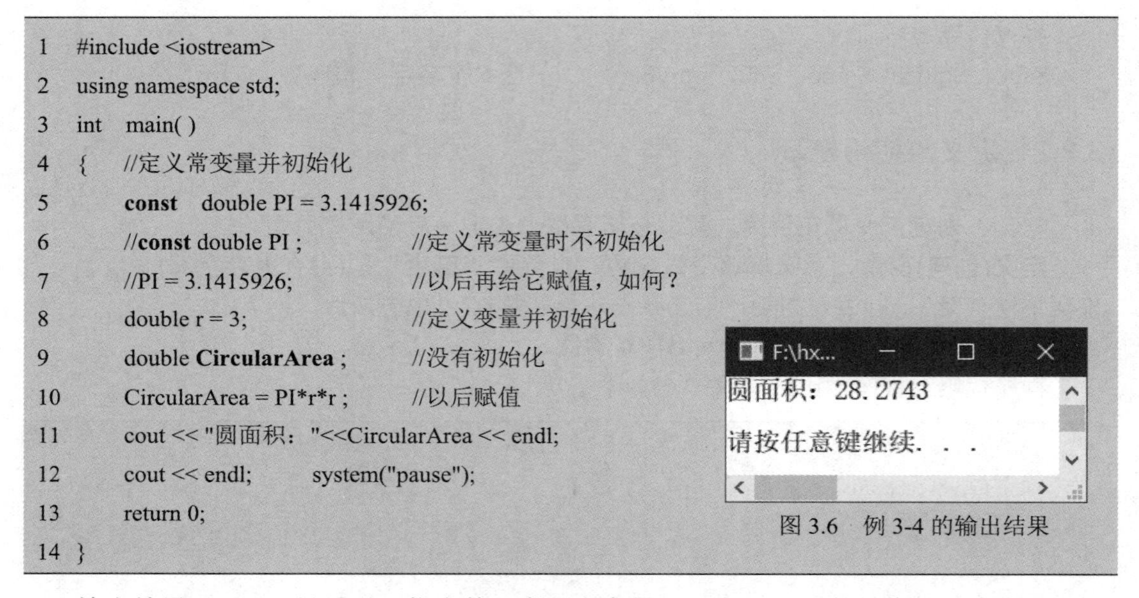

```
1  #include <iostream>
2  using namespace std;
3  int   main( )
4  {    //定义常变量并初始化
5        const   double PI = 3.1415926;
6        //const double PI ;            //定义常变量时不初始化
7        //PI = 3.1415926;              //以后再给它赋值，如何？
8        double r = 3;                  //定义变量并初始化
9        double CircularArea ;          //没有初始化
10       CircularArea = PI*r*r ;        //以后赋值
11       cout << "圆面积："<<CircularArea << endl;
12       cout << endl;        system("pause");
13       return 0;
14 }
```


图 3.6　例 3-4 的输出结果

输出结果 28.2743 只显示 4 位小数，实际上变量 CircularAreas 的精度比这个高得多，默认显示 6 位有效数字(第 13 章格式化输出可改变输出的有效数字位数)。

好习惯：常变量一般用大写表示，以区别于普通变量。

思考与练习：

注释第 5 行且不注释第 6、7 行，有语法错误吗？

3.3.2　直接常量的使用

直接常量(也称字面值)是具体的数值或字符(串)，程序中可直接使用，不需要定义。其类型可进一步划分如下(注意，以下是程序的写法，不是数学的写法)。

1. 整数直接常量

十进制整数：由数字 0～9 组成，如 123、−98 等。

长整数：在整数后面加上 L 或 l，如 123L、−98l。

无符号整数：在整数后加上 U 或 u，如 123U、123u。

十六进制整数：由 **0 1 2…9 A B C D E F** 共 16 个字符组成(不分大小写)，“逢十六进一”。十六进制整数写法是在数值前面加 0x 或 0X，如 0X2a、0xFFFF。二进制串太长、不便于书写，常用十六进制(Hexadecimal)替代。

$2^4=16$ 即 4 个二进制位表示 1 个十六进制位，1 个十六进制位代表 4 个二进制位。如 32 位地址表示为 0x00000000～0xFFFFFFFF，cout << 用十六进制整数输出内存地址。

八进制整数：八进制并不常用，写法为整数前加一个 0，如 010 是一个八进制数而非十进制数，这在写电话区号整数时容易错。

2. 浮点数直接常量

浮点数写法有小数形式和指数形式，每种形式有多种正确写法。

小数形式：如 0.123、.123、8.0、8. ，若整数或小数部分为 0，则可省略不写。

➢ 如果省略小数部分，则小数点一定要保留；否则，成为整数而不是浮点数。

指数形式：由数字和指数构成，如 1.23e3、0.123e4、123E−2 都正确。字母 e 或 E 其后数字为 10 的方次，如 1.23e3 表示 1.23×10^3，123E−2 表示 123×10^{-2}。

➢ 指数形式的浮点数，数字和指数都不能省略，且指数必须是整数。

---

3. 字符直接常量

字符直接常量是一对单引号括起来的一个字符，如 'A'、'5'、'a'、'%'、'@'、','、'_' 等都正确，而 'AB'、'A '、'12' 超过一个字符，故而是错误的写法。

字符类型 char 占 1 字节内存，也称**小整型**(8 位带符号)，还有 unsigned char 型。

例 3-5　编程实验：测试字符变量和常量。

程序代码及程序输出结果(图 3.7)如下：

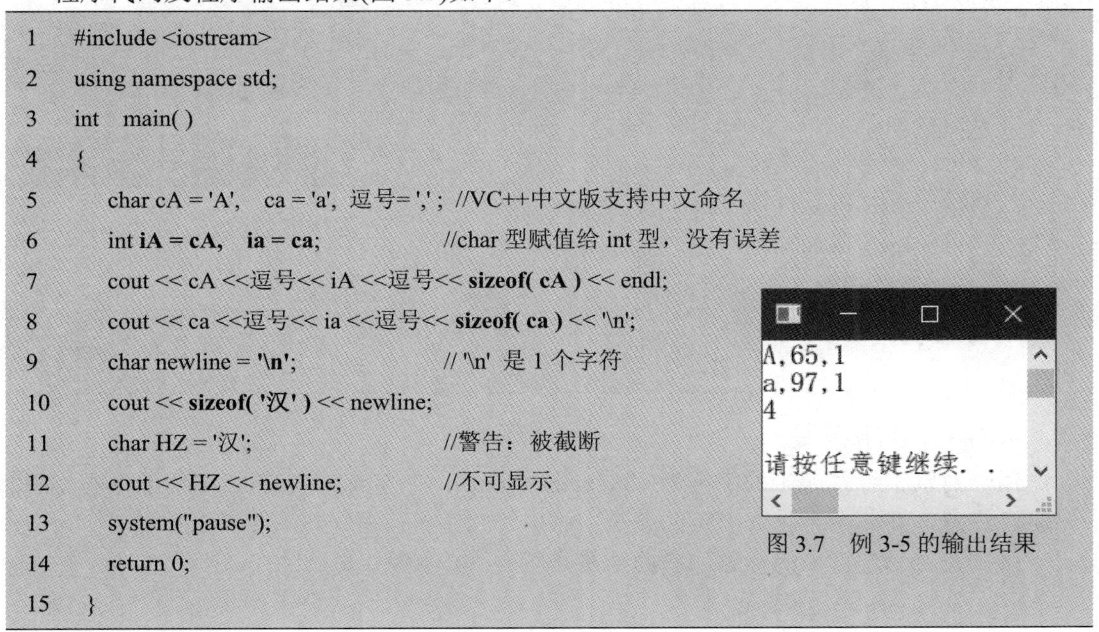

```
1   #include <iostream>
2   using namespace std;
3   int   main( )
4   {
5       char cA = 'A',   ca = 'a', 逗号= ',' ; //VC++中文版支持中文命名
6       int iA = cA,   ia = ca;                //char 型赋值给 int 型，没有误差
7       cout << cA <<逗号<< iA <<逗号<< sizeof( cA ) << endl;
8       cout << ca <<逗号<< ia <<逗号<< sizeof( ca ) << '\n';
9       char newline = '\n';                   // '\n' 是 1 个字符
10      cout << sizeof( '汉' ) << newline;
11      char HZ = '汉';                        //警告：被截断
12      cout << HZ << newline;                 //不可显示
13      system("pause");
14      return 0;
15  }
```


图 3.7　例 3-5 的输出结果

第 11 行有以下两条警告：

(1) “初始化”：从“int”到“char”截断；

(2) “初始化”：截断常量值。

因为 '汉' 占用 4 字节内存，所以不能存入 1 字节变量 HZ，将其截断后余下部分赋值给 HZ；由于截断后的字符不是 ASCII 表中的可显示字符，因此显示为空白。

'\n' 为什么是 1 个字符呢？这是因为斜线与随后 1 个字符共同构成 1 个**转义字符**(改变该字符的原意)。C/C++ 常用转义字符如下：

\n	换行符：换到下一行的行首，其 ASCII 十进制编码为 10。
\t	水平制表符：跳到下一个 Tab 位置。
\0	空字符：字符串结束符，ASCII 十进制编码为 0。
\\	反斜线字符：\ 。
\'	单引号(单撇号)字符：'。
\"	双引号(双撇号)字符："。
\xhh	十六进制编码表示的字符，hh 为十六进制数且不超过 2 个(1 字节)。

其他转义字符与后面的直接字符串常量一起介绍。

例 3-6　编程实验：大写字母转换为小写字母。

程序代码及程序输出结果(图 3.8)如下：

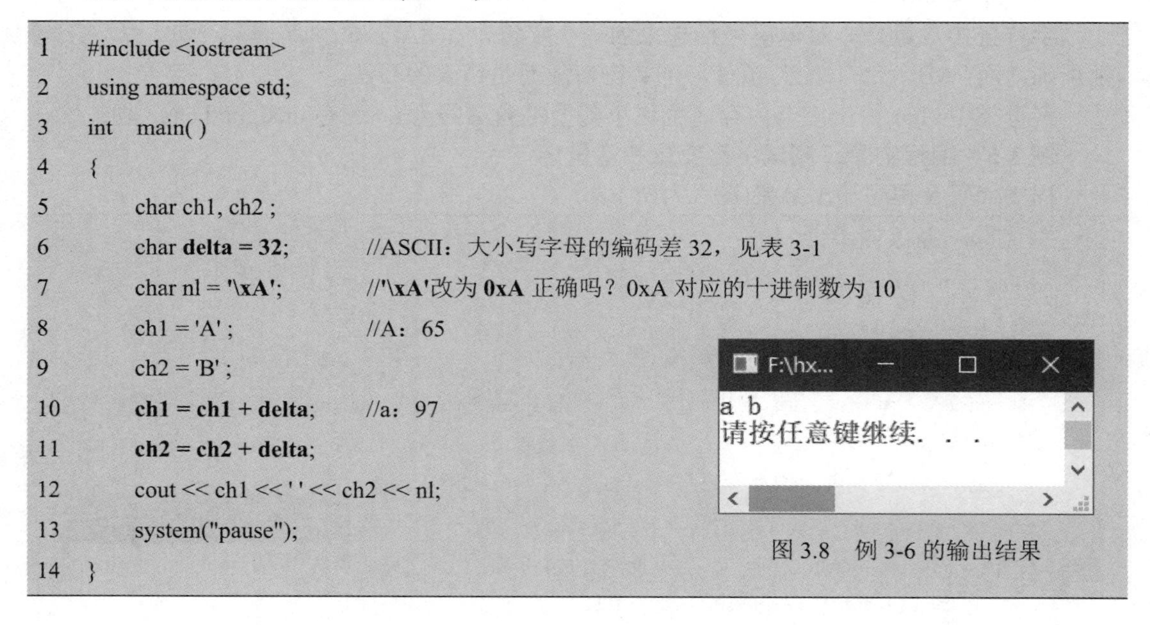

```
1   #include <iostream>
2   using namespace std;
3   int   main( )
4   {
5       char ch1, ch2 ;
6       char delta = 32;          //ASCII：大小写字母的编码差 32，见表 3-1
7       char nl = '\xA';          //'\xA'改为 0xA 正确吗？0xA 对应的十进制数为 10
8       ch1 = 'A' ;               //A：65
9       ch2 = 'B' ;
10      ch1 = ch1 + delta;        //a：97
11      ch2 = ch2 + delta;
12      cout << ch1 << ' ' << ch2 << nl;
13      system("pause");
14  }
```


图 3.8　例 3-6 的输出结果

4. 字符串直接常量

用一对双引号括起来的字符串(Character String)，如"abc"、"a1"、"A"都是字符串直接常量。注意，并非两个以上字符的就是字符串，空字符串就是没有字符的字符串。

区别是否为字符串的标志：**串的结尾是否有 '\0' 字符**。

> ➢ 字符串以 '\0' 作为结束符，否则，系统不知道串的结束位置。
> ➢ 没有结束标志 '\0' 的一串字符，无论其长短，都不是字符串。

'\0' 不是字符串的一部分，只是 1 个结束标志，但它与其他字符一样要占用 1 字节内存。系统自动在字符串末尾添加结束标志，也可人为地在字符串中某处添加 '\0'，使其提前结束；也可在非字符串末尾添加 '\0'，使其变成一个字符串。

字符串与非字符串在内存中的存储格式如图 3.9 所示。

非字符串：	**H**	**e**	**l**	**l**	**o**		**w**	**o**	**r**	**l**	**d**	**!**	
是字符串：	**H**	**e**	**l**	**l**	**o**		**w**	**o**	**r**	**l**	**d**	**!**	**\0**

图 3.9　字符串在内存中的存储示意图

例 3-7　编程实验：字符串直接常量的使用。

程序代码及程序输出结果(图 3.10)如下：

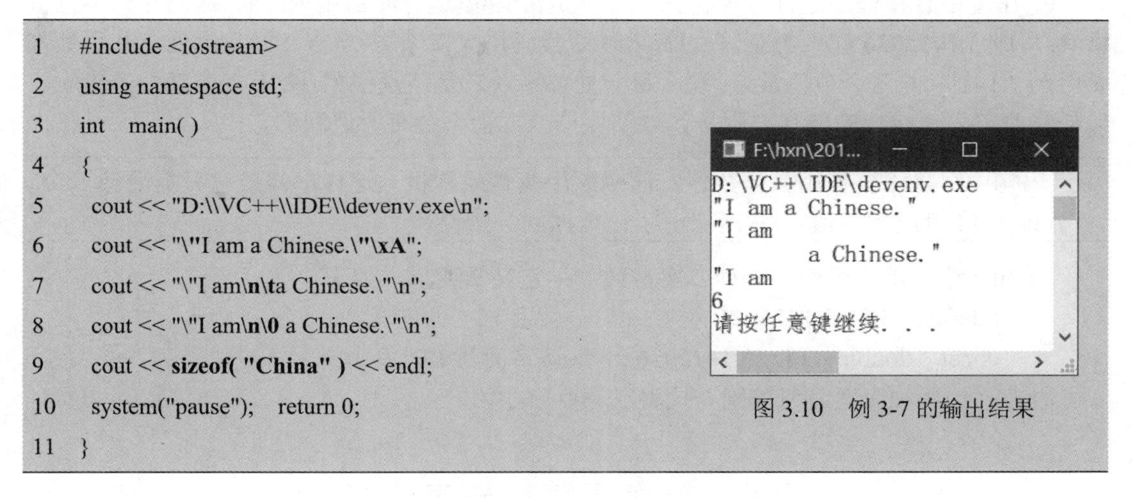

```
1   #include <iostream>
2   using namespace std;
3   int   main( )
4   {
5     cout << "D:\\VC++\\IDE\\devenv.exe\n";
6     cout << "\"I am a Chinese.\"\xA";
7     cout << "\"I am\n\ta Chinese.\"\n";
8     cout << "\"I am\n\0 a Chinese.\"\n";
9     cout << sizeof( "China" ) << endl;
10    system("pause");   return 0;
11  }
```


图 3.10　例 3-7 的输出结果

思考与练习：

(1) 第 5 行：注意字符串中斜杠的写法。若把双斜杠改为一个斜杠，则结果会如何？

(2) 第 6 行：注意字符串中双引号的写法。如果把前面的斜杠去掉，则结果会如何？

(3) 第 6 行：把末尾的\xA 改为 0xA，结果会如何？

(4) 第 7 行：注意\n\t 的位置。如果交换它们的位置，则结果会如何？

(5) 第 8 行：注意\n\0 的位置。如果交换它们的位置，则结果会如何？

(6) 第 9 行：输出结果为什么是 6 而不是 5？

5. 符号常量

符号常量是用预处理命令(第 9 章介绍)#define 定义的**宏**，编译前它被替换为一串字符，用法见例 3-8。

例 3-8　编程实验：符号常量的用法。

程序代码如下：

```
1   #include <iostream>
2   using namespace std;
3   #define  PI  3.1415926      //定义宏 PI 为 3.1415926(一串字符，不是浮点数)
4   int  main( )
5   {
6       double r = 1;
7       double area = PI *r*r;   //编译前，PI 被 3.1415926 替换
8       cout << area << endl;
9       system("pause");  return 0;
10  }
```

编译预处理命令以#开头，它不是语句，不能用分号作为结束符，不被编译为机器指令。预处理命令是在编译之前，预处理器对源代码作的一些处理。

PI 在编译时和程序运行时不存在，它不是常变量(运行时占用内存)。那为什么不直接将 PI 写成 3.1415926 呢？想想，程序较庞大(代码量大)，很多地方，如几十处、几百处都要用到 3.1415926 这个数值常量，那么每一处都敲入它是不是很累，会不会在某处敲错呢？如果修改它为 3.1415926**536**，则每一处都要修改，会不会有所遗漏呢？

➢ 语句中尽量不要使用具体数值，而应该用变量或常量。这样，修改它只需要改一个地方(变量或常量值)，从而保证了该数据的一致性。

#define 这种用法可用另一种方案替代——定义常变量，如下：

```
#define  PI  3.1415926              //宏 PI
const  double  PI = 3.1415926 ;     //常变量 PI
```

思考：这两种方案有何差别？这将在第 9 章学习。

3.4　算术运算符与表达式

运算符也称操作符(Operator)，它对一个以上的操作数进行规定操作，如加、减、乘、除。C/C++ 提供多种运算符，其功能非常丰富，使用方便灵活。

C/C++ 运算符有：算术运算符、赋值运算符、条件运算符、关系运算符、逻辑运算符、函数运算符、下标运算符、位运算符、逗号运算符、引用运算符、指针运算符、成员运算符、类型转换运算符、sizeof 运算符等。其中，只需 1 个操作数的称为**单目操作符或一元操作符**，需要两个操作数的称为**双目操作符或者二元操作符**，需要 3 个操作数的称为**三目操作符或三元操作符**。从本节开始，后续各章节将陆续学习这些操作符。

3.4.1　算术运算符

系统提供以下 5 种算术运算符，都是二元运算符：

+　：加法运算符，如 a + b，6 + 8。

-　：减法运算符，如 a－b，4－7。

*　：乘法运算符，如 a*b，5*9。

/　：除法运算符，如 a/b，9/5。

%　：取余运算符，如 a%b，9%5。**要求两个操作数都是整数**，结果也是整数。

例 3-9　编程实验：算术运算符的使用。

程序代码及程序输出结果(图 3.11)如下：

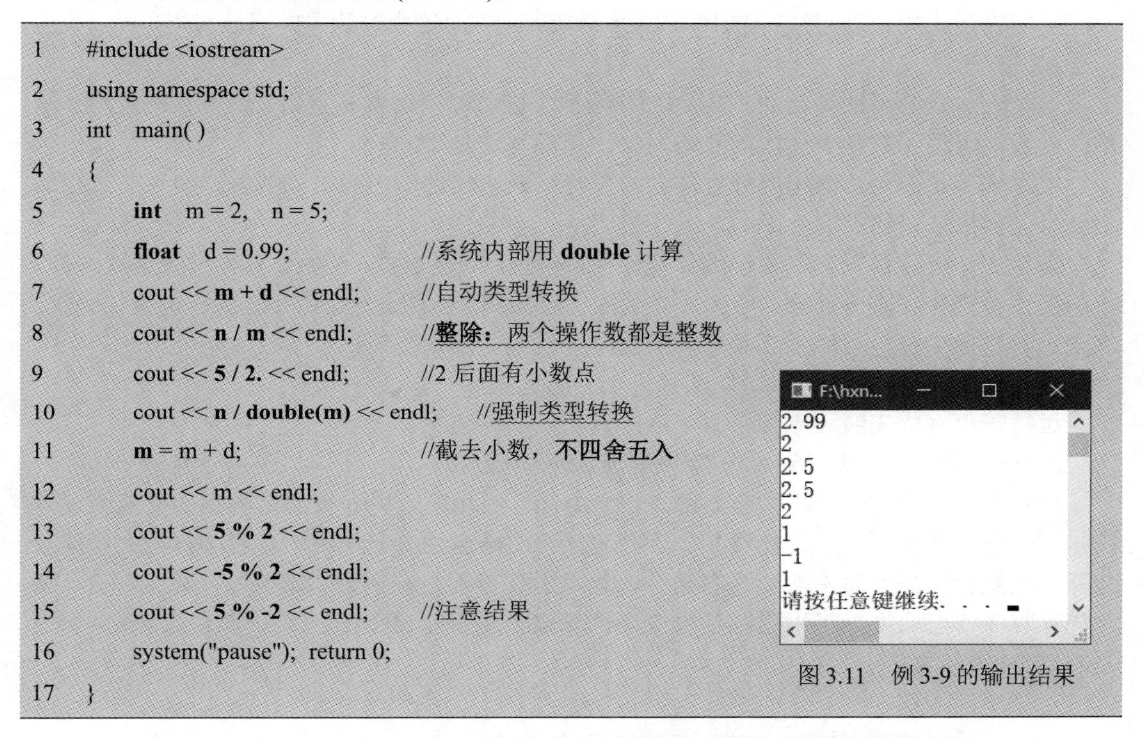

```
1    #include <iostream>
2    using namespace std;
3    int   main( )
4    {
5        int   m = 2,   n = 5;
6        float   d = 0.99;              //系统内部用 double 计算
7        cout << m + d << endl;         //自动类型转换
8        cout << n / m << endl;         //整除：两个操作数都是整数
9        cout << 5 / 2. << endl;        //2 后面有小数点
10       cout << n / double(m) << endl;     //强制类型转换
11       m = m + d;                     //截去小数，不四舍五入
12       cout << m << endl;
13       cout << 5 % 2 << endl;
14       cout << -5 % 2 << endl;
15       cout << 5 % -2 << endl;        //注意结果
16       system("pause");  return 0;
17   }
```


图 3.11　例 3-9 的输出结果

第 7 行：若表达式中有不同类型的数据，则**低精度向高精度类型自动转换**。

第 8 行：要**特别注意，两个整数相除采用的是整除，计算误差大**。

第 10 行：若一个操作数**类型强制转换**为 double，则系统自动进行类型转换。

第 11 行：高精度向低精度赋值时，会被截断，产生误差。

第 15 行：结果为 1 而不是 -1，这是怎么计算出来的呢？

取余运算规则： a 和 b 须为整数，取余 a%b 运算步骤如下。

(1) 计算整除：$c = |a| / |b|$；

(2) 计算余数：$|r| = |a| - c*|b|$，余数 r 的正负与 a 相同。

注：取余与取模运算不同(a 和 b 同号时相同)，C/C++的%表示取余运算。

思考与练习：

编程验证：上面的取余运算与“%”计算的结果相同。

3.4.2　算术表达式解析

表达式(Expression)就是用各种运算符、圆括号()将操作数连接起来的式子。算术表达式就是用算术运算符、圆括号()将操作数连接起来的式子，如 16%5 * (10.8 − 'A') 。

注意，下面的写法是错误的：

2*[b/(c+2)−1.5]+'a'

> ➢ 表达式中只能用**圆括号(可多层嵌套)**，而不能用方括号或花括号来连接操作数。
> ➢ 系统将方括号(数组)和花括号(复合语句、函数体等)用作其他用途。

上面表达式的正确写法：2*(b/(c+2)−1.5)+'a' 。下面这个表达式的写法对吗？

2(1+3) − 5

这个表达式的写法是错的。2 后面的乘号*不能省略，这容易犯错，还不易被发现，这是因为我们习惯了数学表达式的省略写法。正确写法是 2*(1+3) − 5。

表达式不是语句，语句用分号作为结束符。表达式是语句的组成部分，如果在末尾加上分号，就成了语句。

表达式如何计算呢？取决于编译器如何理解(解析)表达式。正如计算数学表达式一样，按照操作符优先级顺序计算，所谓“先乘除、后加减”。因此，C/C++运算符也有优先级，算术运算符优先级也遵循“先乘除、后加减”法则。例句如下：

```
int    result = 1+ 2*3 ;          //结果为 7，先乘后加
```

运算符仅有优先级还不够，看下面的例句：

```
double    result = 15/3*5 ;    //结果等于 25 还是 1？
```

操作数 3 两边有 / 和 * 运算符，它们的优先级相同，先计算哪个呢？如果两个运算符作用于同一个操作数且优先级相同，则运算符的**结合性**就起作用了；若运算符先计算左边即为**左结合**，先计算右边即为**右结合**，算术运算符都是左结合。本例先计算 15 / 3，若想先计算 3*5 怎么办？可以用圆括号改变计算顺序即 15 / (3*5)。另外，赋值运算符“=”是右结合(从右向左)。

对于下面的语句：

```
int    result = 2*3 + 4*5 ;  //先计算 2*3 还是 4*5？
```

运算符优先级规定先乘后加，但没规定先计算 2*3 还是 4*5，这取决于不同编译器的内部实现。鉴于并不影响计算结果，这里就不必细究。

以上对于多个运算符的表达式，编译器的解析规则如下：

(1) 如果优先级不同，则按运算符优先级从高到低的顺序运算。

(2) 如果优先级相同，则按运算符结合性规定的方向进行运算。

> ➢ 为提高程序的可读性，较长的表达式应该多用圆括号，使表达式更清晰。

3.5　数据类型转换

数据类型转换分为两种：自动类型转换(隐式转换)和强制类型转换(显式转换)。数据类型转换适用于各种表达式，如函数参数、函数返回值、赋值等需要类型转换的场合。数据类型转换不仅适用于系统定义的基本类型，也适用于自定义类型(第 8 章以后介绍)。

3.5.1　自动类型转换

自动类型转换是系统自动进行的，不需要用类型转换运算符进行强制转换。例如，表达式中常有不同类型的数据参与运算：

8 + 5.2 * 'A'　　　//整型 8、浮点型 5.2、字符型'A' 混合运算

C/C++进行自动类型转换：

- 把不同类型的数据转换为同一种类型的数据后进行运算。
- 转换规则：低精度类型向高精度类型转换。

数据类型的精度高低，由两个因素共同决定：类型的存储方式和占用的内存大小。由前面 3.1.3 小节已知，各种数据的内存存储方式只有两种：浮点存储和整数存储。存储方式决定浮点数的精度高于整数的精度。

同为浮点存储，double 比 float 占用的内存空间更多，故 double 型数据精度更高。

同为整数存储，占用内存空间的大小决定精度。VC++精度从高到低的顺序如下：

unsigned long long ＞ long long ＞ unsigned long ＝ unsigned int ＞ long ＝ int

这里 long 和 int 占用相同内存，上面没有 char、short 和 bool 类型，下面介绍。

自动类型转换分为如下两种。

1. 整型升级

char 和 short 只要参与运算就自动升级为 int，称为**整型升级**(Integral Promotion)。如果 int 的精度不够，则转换为 unsigned int。

测试 short 类型：

```
short  i1 = 20;  cout << sizeof( i1 ) << endl;        //结果：2
short  i2 = 30;  cout << sizeof( i2 ) << endl;        //结果：2
cout << sizeof( i1+ i2 ) << endl;                      //结果：4(整型升级)
```

测试 char 类型：

```
char   c1 = -20;   cout << sizeof( c1 ) << endl;   //结果：1
char   c2 = -30;   cout << sizeof( c2 ) << endl;   //结果：1
cout << sizeof( c1+ c2 ) << endl;                  //结果：4(整型升级)
cout << c1 + c2 << endl;                           //结果：−50(是 int、不是 unsigned)
cout << sizeof( 1 ) << endl;                       //结果：4(int 数值常量)
```

可见，只要参与运算，整型升级就会发生。

2. 不同类型混合运算

浮点类型自动转换只发生在不同类型混合运算时。为保证计算精度，系统将 float 转换为 double，浮点数值常量也是 double。如下测试：

```
float   x1 = 0.5,   x2 = 0.5;
cout << sizeof( x1 )<<endl;              //结果：4 (float)
cout << sizeof( x1*x2 )<<endl;           //结果：4 (同类运算不转换)
cout << sizeof( 2.0 ) << endl;           //结果：8 (double 型浮点常量)
cout << sizeof( 2.0 + x1 ) << endl;      //结果：8 (混合类型运算转换)
```

不要混淆：只有整型升级，没有浮点升级。

3.5.2　强制类型转换

仅有自动类型转换还不足以应对多种需求，有时需要用类型转换运算符对类型进行显式转换，即强制类型转换。下面举例说明强制类型转换的语法及应用。

例 3-10　编程实验：强制类型转换及应用。

程序代码及程序输出结果(图 3.12)如下：

```
1   #include <iostream>
2   using namespace std;
3   int   main( )
4   {
5       double   d1 = ( double ) 5 / 2;
6       double   d2 = double ( 5 / 2 );        //圆括号可省略
7       cout << "d1=" << d1 << endl;
8       cout << "d2=" << d2 << endl;
9       double   d3 = ( int ) d1*d2;
10      int      d4 = int ( d1*d2 );           //可以自动转换
11      cout << "d3=" << d3 << endl;
12      cout << "d4=" << d4 << endl;
13      system("pause");  return 0;
14  }
```

```
d1=2.5
d2=2
d3=4
d4=5
请按任意键继续. . .
```

图 3.12　例 3-10 的输出结果

通过观察和分析可知，强制类型转换的语法规则如下：

(1) 在待转换对象前面加上**类型名**(如 double、int)，类型名两端有圆括号(C 语言)，也可省略(C++)。待转换对象可以是表达式、变量或常量。

(2) 类型名后面的圆括号用于把待转换对象括起来。如果待转换对象为表达式，则是把表达式运算结果进行转换；如果省略圆括号，则是把类型名后紧跟的那一个变量或常量进行类型转换。类型名或转换对象两端的圆括号可以省略，但不能都省略。

第 10 行 d1*d2 的计算结果(double)转换为 int 后赋值给 d4，这是高精度类型向低精度类型转换，系统把 double 截去小数部分后(不四舍五入)赋值给 d4。若不用 int (...)强制转换，则系统也同样把 double 截为整型后赋值给 d4，编译时有警告(系统自动进行的转换而非你所为，故系统提醒你注意)。

C++ 还提供 static_cast 等几种强制类型转换，鉴于涉及较深入的语法，就不讨论了。对于初学者来讲，本节知识足够应付一般应用。

3.6　自增自减运算符与表达式

自增运算符“++”和自减运算符“--”因书写简便而大量应用。它们都是单目(一元)运算符，有且仅有一个操作数。功能是**使操作数加 1(自增)或减 1(自减)**，例如 k++、k--、++k、--k。

运算符(++、--)位于操作数的前面即为**前置(前缀)操作符**，如 ++i、--i 。

运算符(++、--)位于操作数的后面即为**后置(后缀)操作符**，如 i++、i-- 。

为了展示前置与后置运算符的差别，下面举例说明。

例 3-11　编程实验：++ 和 -- 前置与后置的差别。

程序代码及程序输出结果(图 3.13)如下：

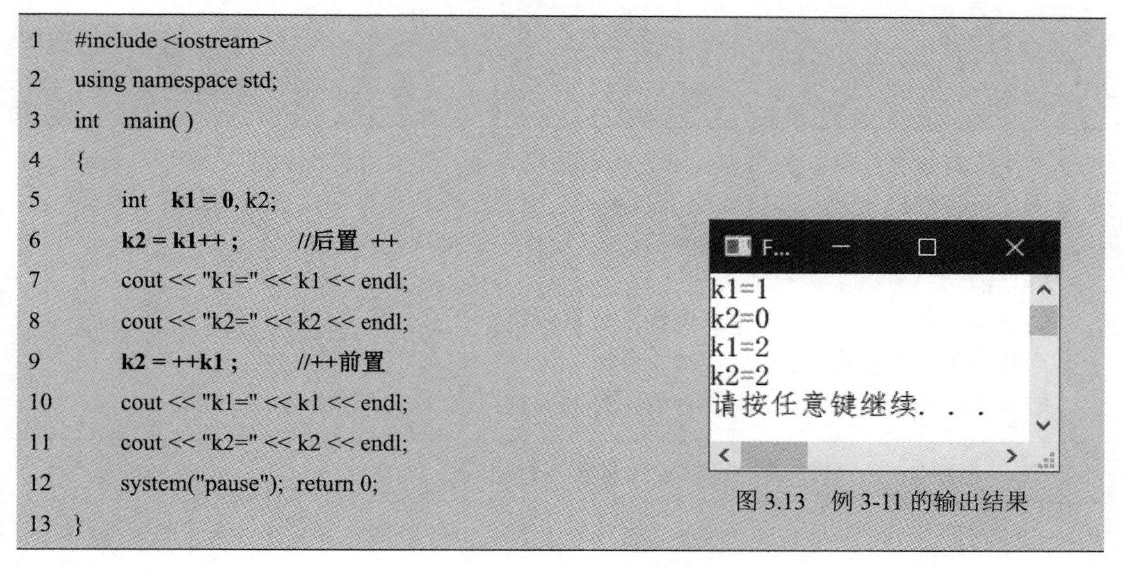

```
1   #include <iostream>
2   using namespace std;
3   int   main( )
4   {
5       int   k1 = 0, k2;
6       k2 = k1++ ;        //后置 ++
7       cout << "k1=" << k1 << endl;
8       cout << "k2=" << k2 << endl;
9       k2 = ++k1 ;        //++前置
10      cout << "k1=" << k1 << endl;
11      cout << "k2=" << k2 << endl;
12      system("pause");  return 0;
13  }
```


图 3.13　例 3-11 的输出结果

第 5 行：k1 初值为 0。

第 6 行：执行 k2 = k1++ 之后，为什么 k1 值为 1，k2 值为 0？

第 9 行：执行 k2 = ++k1 之后，为什么 k1 值为 2，k2 值为 2？

换一种等价写法，你就明白了。

后置：k2 = k1++ ;　等价于：k2 = k1;　　<u>k1 = k1 + 1</u>;　//先执行语句，后自增

前置：k2 = ++k1 ;　等价于：<u>k1 = k1 + 1</u>;　k2 = k1 ;　　//先自增，后执行语句

如果单独执行语句：k++ ; 或者 ++k ; 则结果相同吗？

自增或自减本质上就是 k = k + 1 或 k = k−1，前置、后置的区别就是执行的时间点不同。

操作数 k1 可以是常量吗？比如 3 = 3+1 正确吗？答案是错误，因为常量值不能被修改(赋值)。

自增自减运算符不能用于表达式，如 ++(x + y)错误，因不能确定 x 和 y 哪一个加 1，所以语义上有歧义。

➤ ++、-- 运算符只用于变量，不能用于常量，也不能用于表达式。

例 3-12　编程实验：++、-- 运算符的不当使用。

程序代码及程序输出结果(图 3.14)如下：

```
1  #include <iostream>
2  using namespace std;
3  int   main( )
4  {
5        int   i = 0;
6        cout << i++ << "," << i++ << endl;
7        cout << ++i*2 << endl;
8        int   n = (++i*2) + (++i*1);
9        cout << n << endl;
10       system("pause");  return 0;
11 }
```

```
F:\hxn\...
1, 0
6
15
请按任意键继续. . .
```

图 3.14　例 3-12 的输出结果

如果不告诉你结果，那么你知道正确答案吗？难。即便看答案也还要想半天，如此晦涩难懂，**可读性非常差！**即使代码没有错误，但编程风格也很坏，应避免这样写代码。

把较长的语句分成简单短句，可大大增加代码的可读性，例如：

```
int   k1=1, k2;
k2 = -k1++ ;               //不易理解，容易出错
```

用简单短句替代如下：

```
k2 = -k1;   k1++ ;         //容易理解，好的编程风格
```

➤ 代码可读性——是衡量代码质量的重要指标之一。

代码可读性好，会使程序容易理解、不易犯错，也可以节省开发成本和升级维护成本。

3.7　赋值运算符与表达式

3.7.1　赋值表达式

赋值表达式是用赋值运算符和圆括号将操作数连接起来的式子。这里，把赋值运算符“=”右边的值称为**右值**，左边的值称为**左值**。

(1) 右值：可以是任意类型的数据，包括变量值、常量值、表达式值、函数返回值等。

(2) 左值：只能是一个变量，不能是常量(初始化除外)。

(3) 左值：数据类型须与右边的数据类型相同或兼容。

“类型相同或兼容”如 int 赋值给 double 或者 double 赋值给 int 等，左值与右值类型不同但“兼容”。当高精度类型赋值给低精度类型时，系统有“警告”而非“错误”。使用指针、自定义类型等(后续章节介绍)时，初学者经常会犯“类型不匹配”的错误，这不易找出原因，这里先提示一下，希望引起初学者足够的重视。

找出下面代码段的错误并说明原因。

```
const int m = 8 ;
int   x=1, y=2, z=3;
x+1 = m ;
3 = y ;
z = ++x;
++x = z;
x = (x+y)*(y+1)*m / 5 ;
m = 8 ;
```

赋值操作符是右结合，即从右至左，下面的语句正确：

```
int   m, n ;            //定义 m 和 n
m = n = 3;              //先执行 n = 3，然后执行  m = n
```

下面的语句错误：

```
int   m = n = 3 ;    //错误：n 未定义
```

原因：赋值是右结合，执行 n = 3 时 n 还没定义。

下面的语句正确吗？

```
int   m, n, k;
m = (n = 2) + (k = 3);     // m?
(n = 2 * 3) = n*2;         // n?
```

正确性只是编程的最低要求，衡量代码质量的重要指标之一——可读性。可读性越好，越易看懂、越不易犯错。上面的语句虽然正确，但可读性很差！不易看懂就容易产生**逻辑错误**(数据不正确)，这比语法错误严重得多，要花费更多时间查找错误的原因和位置。

```
int   m, n, k;
n = 2;
k = 3;
m = n + k;
n = 2 * 3;
n = n * 2;
```

此写法简单明了、容易理解、不易犯错，要坚持培养自己良好的编程风格。

3.7.2　组合赋值表达式

用组合赋值运算符和圆括号将操作数连接起来的式子。

组合赋值运算符是赋值运算符“=”与另一个运算符组合而成的，属于赋值运算符的变型。由于书写简便，用者甚众。初学者开始可能不太习惯，渐渐就熟悉了。

组合赋值：　x += 3 ;　　　// += 是组合赋值运算符

等价写法：　x = x+3 ;

组合赋值：　m %= 2 ;　　　// %= 是组合赋值运算符

等价写法：　m = m%2 ;

当赋值符号右边是表达式时：

组合赋值：　x *= y+1;　　　// *= 是组合赋值运算符

等价写法：　x = x*(y+1) ;

并不等价：　x = x*y +1;

组合赋值一般形式：**左端 □= 右端**

组合赋值等价表示：**左端 = 左端 □ (右端)**

其中，□框内可以是 +、−、*、\、% 等运算符。

理解：先把右端加上圆括号后才计算。

组合赋值运算符有：

(1) +=、−=、*=、/=、%=，这些是数学运算。

(2) &=、|=、^=、>>=、<<=，这些是位运算(8.2 节中学习)。

第 4 章　程序流程控制结构

4.1　算法及描述

算法(Algorithm)就是解决问题的方法和步骤，且步骤要足够详细(能够编程实现)。盖房子先要有建筑设计图(按图施工)，造汽车先要有机械加工图(按图加工)。同样地，软件开发要遵循“先设计后编程”原则。比如开发围棋人工智能(Artificial Intelligence，AI)软件，首先要让机器学会下围棋(算法)，然后将算法设计的结果予以实现(编程)。算法设计结果用流程图、伪代码描述比较好，至于算法设计方法属于“算法设计与分析”及其他专业课程的内容，不在本书的讨论范围之内。

4.1.1　流程图

流程是程序的执行步骤和顺序，即先做什么、后做什么。程序流程图用规定的符号描述程序的执行流程，如图 4.1 所示。

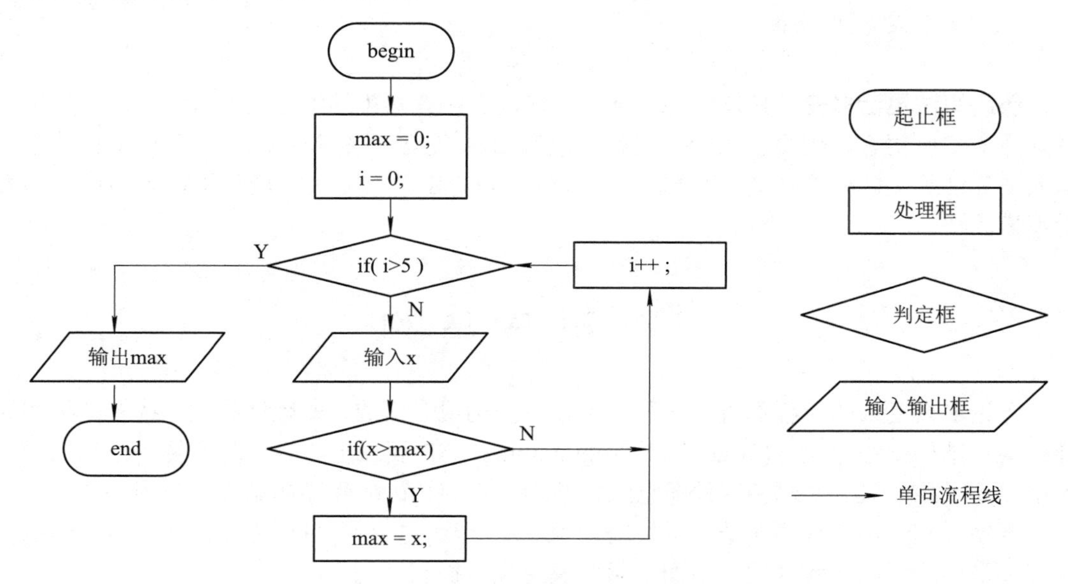

图 4.1　流程图画法

图 4.1 中，“Y”表示 Yes，“N”表示 No，也可用“T”表示 True 或“F”表示 False，也可用“真”或“假”等。阅读程序流程图 4.1，学习画法并说明该程序的功能。

流程图是常用的算法描述方法。其优点是用图形化的表示方式、容易理解，缺点是如果算法比较复杂，即处理步骤多，则会导致流程线多且杂乱，甚至成为一碗“面条”，不容易看明白。因此，流程图不太适合描述大型的算法。另外，流程图还有其他变型画法，比如 N-S 盒图，有兴趣者请自行查阅，本书不再赘述。

4.1.2　伪代码

伪代码简称伪码，可理解为“假代码”或者“像代码”，是不可以运行的。程序源代码必须符合语法，语法规则保证程序的语法正确、能被执行，但它对理解算法没有任何帮助，干扰了人们对算法步骤的理解，故源代码不适合用于描述算法。试图通过阅读源代码来理解算法，这比阅读伪码、流程图等困难得多，这是本末倒置，别忘了先有设计、后有代码。

伪码也常用于描述算法设计的结果。它不是代码，但像(类似)代码，去掉了语法规则的限制，对算法步骤的表达简洁明了。流程图 4.1 的伪码写法如下：

```
求最大值算法 (参数表)
{
    设最大值 max 的初值为 0   (或写作：max ← 0)
    循环：从 i = 0 到 i < 6
    {
        输入一个 x 值
        if ( x > max )   则  max ← x
        i ++       (或写作：i ← i+1)
    }
    输出或返回 max
}
```

伪码写法灵活多变，具体像哪一种代码取决于作者熟悉的编程语言或者偏好，如果作者熟悉 C/C++语言，则写出来的伪码就类似 C/C++ 代码。书写时注意：① 简洁性。不要写入与算法无关的东西。② 可读性。尽量做到与特定语言无关，避免不熟悉该语言的人看不懂。

4.2　顺 序 结 构

无论多么复杂的流程都可用 3 种基本控制结构组合而成，即**顺序结构、选择结构和循环结构**。结构化程序设计(Structured Programming，SP)要求用这 3 种基本控制结构完成，不用 goto 语句(C/C++ 支持)这种随意跳转结构，它们会破坏程序的结构化，容易犯错。

顺序控制结构简称顺序结构，按语句顺序从上至下执行。目前为止，前面所有的示例程序都是用顺序结构实现的。下面，举例说明顺序控制结构。

例 4-1　编程实验：显示当前时间，格式为“时：分：秒”。

time(0) 是 C/C++ 提供的函数库中的函数(称为库函数)，返回自 1970.01.01 00:00:00 GMT(Greenwich Mean Time，格林尼治时间)以来到此时此刻所流逝的秒数。

cout << time(0) ;　　//结果为 1534313465。想想：用 int 类型能容纳得下它吗？

本例源代码如下，注意该函数的用法。例 4-1 的输出结果如图 4.2 所示。

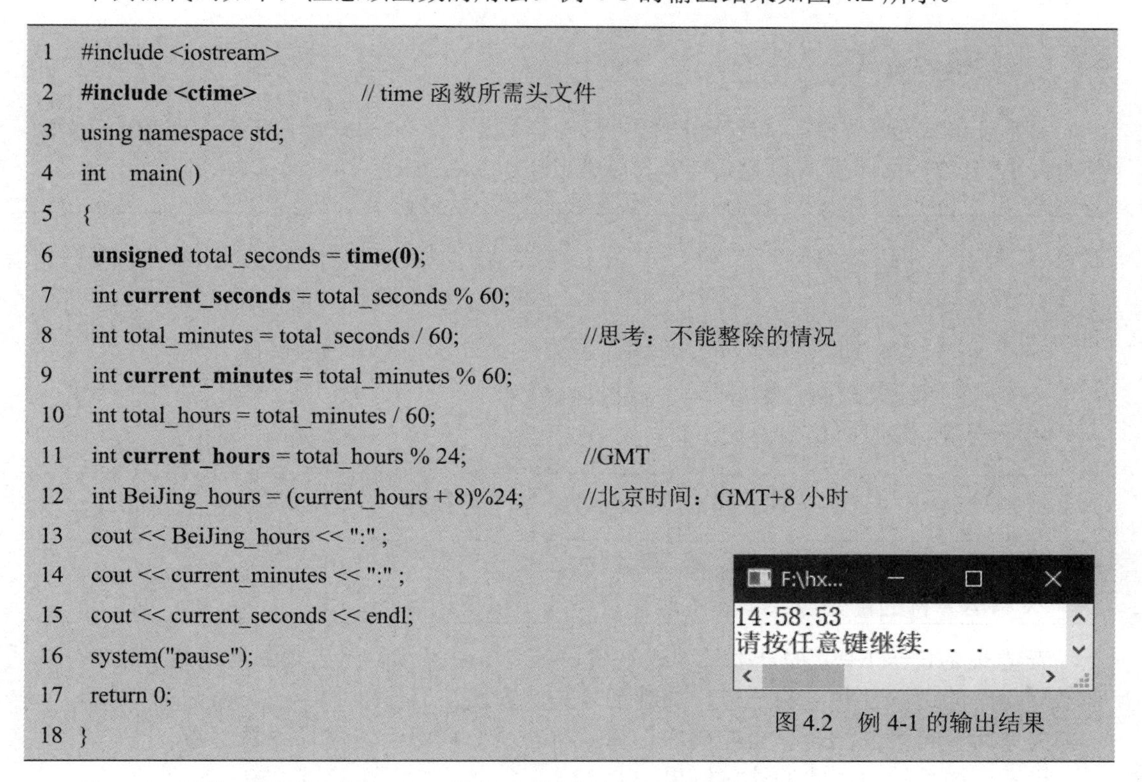

```
1  #include <iostream>
2  #include <ctime>                 // time 函数所需头文件
3  using namespace std;
4  int   main( )
5  {
6    unsigned total_seconds = time(0);
7    int current_seconds = total_seconds % 60;
8    int total_minutes = total_seconds / 60;              //思考：不能整除的情况
9    int current_minutes = total_minutes % 60;
10   int total_hours = total_minutes / 60;
11   int current_hours = total_hours % 24;                //GMT
12   int BeiJing_hours = (current_hours + 8)%24;          //北京时间：GMT+8 小时
13   cout << BeiJing_hours << ":" ;
14   cout << current_minutes << ":" ;
15   cout << current_seconds << endl;
16   system("pause");
17   return 0;
18 }
```


图 4.2　例 4-1 的输出结果

从 main 函数开始(程序入口)，按从上至下的顺序逐句执行。

思考与练习：

修改例 4-1，按 12 小时(AM/PM)格式显示。

4.3　选 择 结 构

选择结构也称分支结构或判定结构，**根据设置的判断条件二选一(if - else 结构)或者多选一(switch - case 结构)地选择执行路线**，流程如图 4.3 所示。先判断条件是否成立，若条件成立(T)，则执行语句 A；若条件不成立(F)，则执行语句 B。注意，判断框只有二个出口(二选一)，后面的 switch-case 语句允许有多个出口(多选一)，它实际上是多个二选一结构的组合。

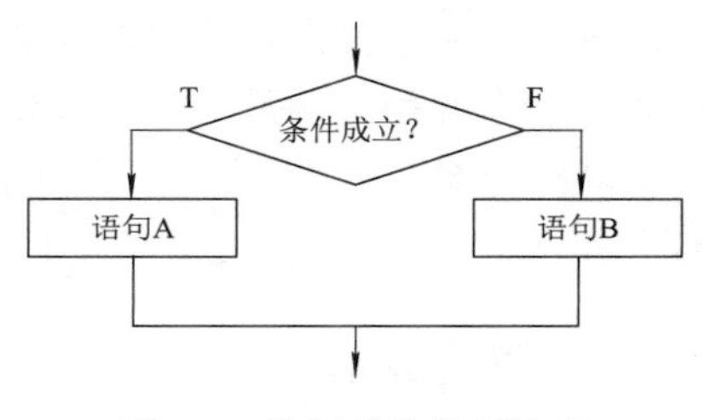

图 4.3　选择结构执行流程

条件判断依据的是条件表达式的运算结果，无论条件表达式简单还是复杂，结果只有两种，即**非 0 为真、0 为假**。“真”即条件成立，“假”即条件不成立。初学者往往错误地认为只有 1 才是“真”、0 和负数是“假”。

条件表达式可以很简单，也可以很复杂，通常包含有关系表达式和逻辑表达式。下面学习这两种表达式及其运算。

4.3.1 关系表达式

关系表达式是用关系运算符和圆括号将操作数连接起来的式子，它用于**比较两个操作数的大小**。C/C++ 提供下列关系运算符(Relational Operator)。

> 大于

>= 大于或等于

< 小于

<= 小于或等于

== 等于(注意与赋值运算符“=”的区别)

!= 不等于

例如，a != b、a+b == b+c、(a=3) > (b=5)、'A' <= 'B'等。

- 两个关系运算符不能连写，错误写法如 a < > b、1 < x < 10 等。
- 关系运算符的优先级低于算术运算符、高于赋值运算符。

表达式 a+b == b+c，先计算算术表达式 a+b 和 b+c 的值，然后判断结果是否相等(==)。为增加代码的可读性和避免记错，**加圆括号是好方法**，写作(a+b) == (b+c)更为清晰。

关系运算符为左结合，自左向右运算，符合我们的阅读习惯且不易出错。

思考下面关系表达式的计算结果：

- (a=3) > (b=5) 和 'A' <= 'B'，结果是 true 还是 false?
- 1+2+3 和 2*6%10 - '0'，结果是 true 还是 false?

浮点数使用“==”和“!=”要小心，因为浮点数通常有截断误差(字长限制)，直接判断两个浮点数相等或者不等都可能导致程序有逻辑错误(非语法错)。

- 对于浮点数，通常不要用 == 和 != 直接比较。

例如，求解一元高次方程 $y = 3x^8 + 2x^5 - 7x^2 + 6 = 0$。

近似算法：随机给一个初始解 x，代入表达式计算 y。当 y = 0 时，输出一个解 x；否则，按某种方法修改 x，如此继续直到 y = 0。这里，y = 0 是得到解的条件。

浮点数 y 是关系式近似计算结果，要求等于 0 非常困难，永不等于 0 怎么办？再者，近似计算本就存在误差，为什么要求 y 一定要等于 0 呢？

解决方案：y 近似于 0，即 $|y| < \varepsilon$，ε 是很小的正常数(计算精度)，比如取 10^{-8} 已经非常接近于 0，足以满足一般工程需要，从而避免直接判断浮点数等于零。

4.3.2 逻辑表达式

逻辑表达式、关系表达式的结果都是布尔值(真或假)。逻辑表达式是用逻辑运算符和圆括号将操作数连接起来的式子。逻辑运算符可连接多个表达式，实现多个条件的组合。

C/C++ 提供下列 3 个逻辑运算符(Logical Operator)。

!　　**非**：单目运算符，真变假、假变真。

&&　**与**：双目运算符，两个操作数都为真时表达式结果为真，否则为假。

||　　**或**：双目运算符，两操作数之一为真时表达式结果为真，否则为假。

例如，! m、m && n、m || n、(a+b) || (c+d)等。

! 优先级很高，高于算术运算符。

&& 和 || 优先级低于关系运算符、高于赋值运算符。

“与(&&)”“或(||)”是**左结合**，即从左向右运算，与习惯相符、不易出错。

“非(!)”是**右结合**，运算符写在操作数前面，与习惯相符、不易出错。

同样地，**给表达式加上圆括号是好方法**，增加了代码的可读性、不易出错。

思考下面表达式的结果，设 x 的值为 2。

- (true) && (6>8)
- ! (x>0) && (x>0)
- (x>0) || (x<0)
- (x!=0) || (x<0)
- (x!=2) == ! (x!=2)

根据逻辑运算符的结合性和运算规则可知：逻辑运算存在“**短路性**”。例如，已知 int a= 1, b=0, c= 1，判断下面表达式的结果为真或假。

<u>**a && b**</u> && (c+a) &&…　因 a && b 为假，所以后面的&&不必计算便可知表达式结果为假。

<u>a++</u> || ++b && ++c …　　因 a++为真，所以后面的 || 不必计算便可知表达式结果为真。

例 4-2　编程实验：输入一个整数，检查下列情况。

(1) 是否被 2 和 3 都整除。

(2) 是否被 2 或 3 整除。

(3) 是否只被 2 或 3 整除，不能被 2 和 3 都整除。

程序代码和输出结果(图 4.4)如下：

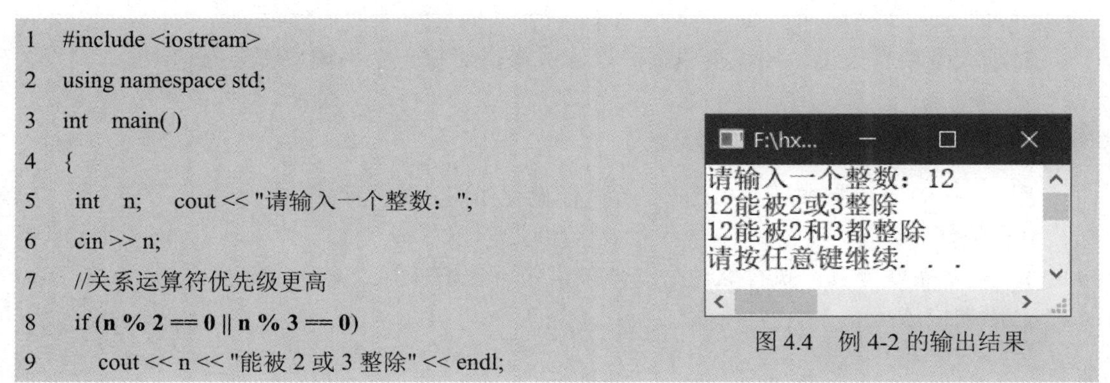

```
1  #include <iostream>
2  using namespace std;
3  int  main( )
4  {
5   int  n;   cout << "请输入一个整数：";
6   cin >> n;
7   //关系运算符优先级更高
8   if (n % 2 == 0 || n % 3 == 0)
9      cout << n << "能被 2 或 3 整除" << endl;
```


图 4.4　例 4-2 的输出结果

```
10  if (n % 2 == 0 && n % 3 == 0)
11      cout << n <<"能被 2 和 3 都整除" << endl;
12  if ((n % 2 == 0 || n % 3 == 0) && !(n % 2 == 0 && n % 3 == 0))
13      cout << n <<"能被 2 或 3 整除，但不能被 2 和 3 都整除" << endl;
14  system("pause");     return 0;
15 }
```

代码中有多处 n%2 和 n%3 的**重复计算**，每次计算都要花时间，若改为计算一次，就节约了计算时间，提高了代码的**时间效率**，修改后的代码如下：

```
1  //例 4-2 修改版(避免重复计算)
2  #include <iostream>
3  using namespace std;
4  int   main( )
5  {
6   int n;   cout << "请输入一个整数：";
7   cin >> n;
8   int   b2 = n % 2;            //用变量保存
9   int   b3 = n % 3;            //用变量保存
10  if (b2 == 0 || b3 == 0)
11      cout << n << "能被 2 或 3 整除" << endl;
12  if (b2 == 0 && b3 == 0)
13      cout << n <<"能被 2 和 3 都整除" << endl;
14  if ((b2 == 0 || b3 == 0) && !(b2 == 0 && b3 == 0))
15      cout << n <<"能被 2 或 3 整除，但不能被 2 和 3 都整除" << endl;
16  system("pause");      return 0;
17 }
```

尽管修改版节约的计算时间微不足道，但它蕴含了重要的算法分析思想。

➢ 代码正确性只是最基本的**要求**，运行的时间效率才是永恒的**追求**。

对于大型项目来说，要积少成多、聚沙成塔，对每一个小模块都要有追求。

4.3.3　if…else 语句

用 if … else 语句实现“二选一”，执行流程如图 4.3 所示。

```
if ( 条件 )
{        //条件为真：执行 A，只有一条语句可省略 { }
   语句块 A;
}
```

```
else   //条件为假：执行 B，整个 else 均可省略，只有一条语句可省略 { }
{
  语句块 B;
}
```

例如：

```
if (x > y) m = x ;   //省略 { }
else       m = y ;   //省略 { }
```

再如：

```
if (x > y) m = x ;   //省略整个 else 部分
```

条件表达式的结果为布尔值“真”或“假”。注意条件的简写形式如下：

if (**n**)　等价于　if (n !=0)

例 4-2 源代码的条件简写版如下：

```
1  #include <iostream>
2  using namespace std;
3  int  main( )
4  {
5      int n;   cout << "请输入一个整数：";
6      cin >> n;
7      int b2 = n % 2;
8      int b3 = n % 3;
9      if ( !b2 || !b3 )
10         cout << n << "能被 2 或 3 整除" << endl;
11     if ( !b2 && !b3)
12         cout << n <<"能被 2 和 3 都整除" << endl;
13     if (( !b2 || !b3 ) && !(!b2 && !b3 ))
14         cout << n <<"能被 2 或 3 整除，但不能被 2 和 3 都整除" << endl;
15     system("pause");   return 0;
16 }
```

思考与练习：

第 13 行中表达式（!b2 || !b3）两端的圆括号可省略吗？

4.3.4　if…else if 语句

if…else if 是 if…else 语句的一种变型，下面通过一个例子学习。

例 4-3　编程实验：将百分制成绩转换为五分制成绩。转换规则如下：

90～100“优”、80～89“良”、70～79“中”、60～69“及格”、0～59“不及格”。

程序代码如下：

```
1  //例 4-3 成绩转换源代码(if…else if…版)
2  #include <iostream>
3  using namespace std;
4  int   main( )
5  {
6    int   成绩 ;       //中文变量名：VC++简体中文版支持
7    cout<< "输入分数：" ;              cin >>成绩 ;
8    if (成绩  > 100 ||  成绩  < 0 )     cout << "无效分数";
9    else if (成绩  >= 90 )             cout << "优";
10   else if (成绩  >= 80 )             cout << "良";
11   else if (成绩  >= 70 )             cout << "中";
12   else if (成绩  >= 60 )             cout << "及格";
13   else cout<<"不及格"<<endl;
14   system( "pause" );      return 0;
15 }
```

思考与练习：

不用 if…else if 语句，仅用 if 且省略 else，该如何修改程序？

程序代码如下：

```
1  //例 4-3 成绩转换源代码(仅 if 版)
2  #include <iostream>
3  using namespace std;
4  int   main( )
5  {
6    int   成绩;
7    cout << "输入分数：";                   cin>>成绩;
8    if (成绩  >=90 &&成绩<=100)        cout<< "优";
9    if (成绩  >=80 &&成绩  <90)         cout<< "良";
10   if (成绩  >=70 &&成绩  <80)         cout<< "中";
11   if (成绩  >=60 &&成绩  <70)         cout<< "及格";
12   if (成绩  >= 0 &&成绩  <60)         cout<< "不及格";
13   //else   cout<< "不及格" <<endl;    //匹配最近的 if
14   system("pause");      return 0;
15 }
```

思考与练习：

(1) 注释第 12 行且不注释第 13 行，有语法错吗？有逻辑错(结果错)吗？

(2) 改用 if…else 结构，该如何修改程序？

程序代码如下：

```
1  //例 4-3 成绩转换源代码(if…else…版)
2  #include <iostream>
3  using namespace std;
4  int   main( )
5  {  int      score;                     //百分制成绩：0～100
6     char   grade;                       //五分制成绩：A,B,C,D,F
7     cout << "输入分数：";
8     cin >> score ;
9     if ( score < 0 || score > 100 )
10      { cout << "无效分数" ;   system("pause");    return 0; }
11    if ( score >= 60 )
12    {     if (score >= 70)              //嵌套 if
13          {     if (score >= 80)
14                {     if (score >= 90)   grade = 'A';
15                      else    grade = 'B';
16                }
17                else    grade = 'C';
18          }
19          else    grade = 'D';
20    }
21    else    grade = 'F';
22    cout << grade << endl;
23    system("pause");    return 0;
24 }
```

思考与练习：

(1) 每个 else 与哪个 if 配对？

(2) 第 11～20 行：不用“>”符号，该如何修改程序？

(3) if 结构有多种变型，哪一种写法的可读性更好？

以上几种写法中“比较”的次数：第一种 6 次，第二种 10 次，第三种 6 次。

➢　尽可能采用可读性更好、时间效率更高的写法。

4.3.5　问号表达式

有时为了简写，也采用问号表达式，它也是 if 语句的一种变型，形式如下：

<u>条件 c？</u> <u>真表达式 e1</u>：<u>假表达式 e2</u>

“？”和“：”将问号表达式分为 3 部分：条件表达式 c、表达式 e1、表达式 e2。

可用下面的等价 if 语句解释：

```
if (c)   e1;      //c 为真：执行真表达式
else   e2;        //c 为假：执行假表达式
```

问号表达式是一个三目运算符表达式，其优先级高于赋值运算符，例如：

```
int   a = 3,   b = 2,   max ;
max = ( a > b ) ? a +1 : b+1 ; // max =  右端是一个问号表达式
```

一定要注意可读性，不要写成下面这样：

```
w < x ? x + w : x < y ? x : y          //可读性极差，容易逻辑错
max = (a > b ? a : b) < c ? c : ( a > b ? a : b ) ; //可读性差，不易理解
```

例 4-4　编程实验：大写字母转小写。

程序代码如下：

```
1  #include <iostream>
2  using namespace std;
3  int   main( )
4  {
5         char   ch;
6         cin >> ch;
7         (ch >= 'A' && ch <= 'Z') ? (ch += 32 ) : ch ;
8         //           e1                      e2         e3
9         cout << ch << endl;
10        system("pause");   return 0;
11 }
```

e1、e2、e3 都是表达式而不是语句，且都不能省略。

思考与练习：

(1) e3 的作用是什么？

(2) 将问号表达式改为 if 实现。

4.3.6　switch…case 多分支语句

if 是二分支结构，有时需要用多选一分支结构，即多分支结构。例 4-3 中根据输入成绩分数，输出五种等级 A、B、C、D、F(五选一)，if 语句较多，逻辑上较复杂而不简明，可读性变差。为此，可改用 switch…case 语句实现。语法说明如下：

```
switch (e)     //表达式 e 的结果：不能是浮点数
{
   case   e1 :         // 第 1 个分支，相当于 if ( e == e1 )
       语句块 ;     // 可不用花括号 { }
       break ;       // 跳出 switch { … }，若省略，则直接进入 e2 语句块
   case   e2 :
```

```
        语句块;    // 第 2 个分支，相当于 if ( e == e2 )
        break ;
    ...
    case   en :    // 第 n 个分支，相当于 if ( e == en )
        语句块;
        break;
    default :      // 缺省分支，相当于 else，所有分支都不匹配时，可以省略
        语句块 ;
    }   // 括号外没有分号
```

注意：

(1) **e1、e2、…、en** 表达式的结果必须是**常量**，且不能是浮点数。

(2) **e1 != e2 != … != en**，相等则有多义性，不知道进入哪个分支。

(3) **default** 通常放在最后，但不是必须在最后。

例 4-5　编程实验：用 switch 语句改写例 4-3。

程序代码如下：

```
1   #include <iostream>
2   using namespace std;
3   int   main( )
4   {
5       int     score;     //分数(百分制：0～100)
6       char  grade;       //成绩(五分制：A,B,C,D,F)
7       cout << "输入分数：";          cin >> score;
8       if ( score < 0 || score>100 )
9       { cout << "无效分数";   system("pause");   return 0; }
10      int   n = score / 10;          //整除，理解为什么？
11      switch ( n )
12      {
13          case 0:     //case 0~4 什么都没有，但为什么不能省略？
14          case 1:
15          case 2:
16          case 3:
17          case 4:
18          case 5:   grade = 'F';   break;       //不及格
19          case 6:   grade = 'D';   break ;      //及格
20          case 7:   grade = 'C';   break;       //中
21          case 8:   grade = 'B';   break;       //良
```

```
22             case 9:
23             case 10: grade = 'A';                    //优
24         }
25         cout << grade << endl;
26         system("pause");    return 0;
27 }
```

思考与练习：

(1) 注释第 8、9 行，有语法错或逻辑错吗？

(2) 实验：各个 case 的顺序，哪些可以交换？哪些不能交换？

例 4-6　编程实验：用 switch 结构输出五分制成绩的分数段。

程序代码如下：

```
1  #include <iostream>
2  using namespace std;
3  int   main( )
4  {
5          char    grade ;              //五分制成绩
6          cin >> grade;                //输入：A 或 a、B 或 b、C 或 c、D 或 d、F 或 f
7          switch ( grade )
8          {
9                  case 'A':
10                 case 'a':        cout << "90-100\n";          break;
11                 case 'B':
12                 case 'b':        cout << "80-89\n";           break;
13                 case 'C':
14                 case 'c':        cout << "70-79\n";           break;
15                 case 'D':
16                 case 'd':        cout << "60-69\n";           break;
17                 case 'F':
18                 case 'f':        cout << "0-59\n";            break;
19                 default:         cout << "无效成绩\n" ;
20         }
21         system("pause"); return 0;
22 }
```

思考与练习：

(1) 实验：各个 case 的顺序可以交换吗？若交换第 9、10 两行，则结果如何？

(2) 实验：default 有什么作用？它放在最前面或中间某处，有什么不同吗？

4.4　循 环 结 构

顺序结构和选择结构不足以完成复杂任务。程序经常需要**重复做**某些操作，例 4-5 中用户只能输入一次分数，分数转换一次程序就退出了，这不满足需求，需求是程序不退出，用户可以多次输入、多次转换，直到不再输入为止，这就要用**循环结构**来实现。目前为止，前面所有的示例程序都是运行一次就退出了。

循环结构是 3 种基本控制结构之一，3 种基本控制结构可以实现任意复杂的运算。循环结构用循环语句实现，C/C++循环语句分为 while 循环和 for 循环及其变形。

4.4.1　while 循环

while 循环包括 while 和 do…while 两种形式，分别对应当型循环和直到型循环，见图 4.5。

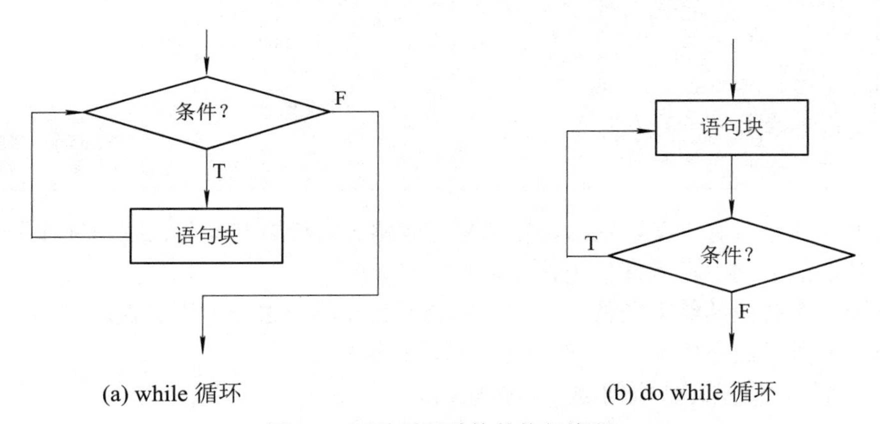

(a) while 循环　　(b) do while 循环

图 4.5　两种循环结构的执行流程

改变循环条件可将 do…while 转换为 while，或者说 while 可代替 do…while。相对地，while 循环用得较多。

```
while ( 条件 )      // while 循环
{  //循环体：一对花括号 { } 括起来，"条件"为真时进入，为假时退出
   语句块 ;
}  // 括号外没有分号
```

```
do          // do while 循环
{  //循环体：先执行后判断，循环体至少执行一次
   语句块 ;
}  //括号外没有分号
while ( 条件 ) ;    //"条件"为真时进入循环体，为假时退出，注意有分号
```

例 4-7　编程实验：计算 sum = 1 + 2 + … + n。

程序代码及输出结果(图 4.6)如下：

```
1  #include <iostream>
2  using namespace std;
3  int  main( )
4  {
5    int  n,  sum=0;
6    cout << "计算 1+2+3+...+n" << endl;
7    cout << "输入正整数 n= " ;
8    cin >> n;
9    int  i = 1;          //若不初始化，则会如何？
10   while( i <= n )
11   {   //省略｛｝会如何？
12       sum += i;        //sum 不初始化会如何？
13       i++ ;            //若注释掉这句，则会如何？
14   }
15   cout << "和：" << sum << endl;
16   system("pause");   return 0 ;
17 }
```

```
计算 1+2+3+...+n
输入正整数 n= 100
和：5050
请按任意键继续. . .
```

图 4.6 例 4-7 的输出结果

如果循环体中只有一条语句，则花括号可省略。若没有花括号，则循环体只包含第一条语句，其后的语句不在循环体中、不参与循环。

循环必须有有效的**结束条件**，否则，就会一直循环下去成为**无穷循环**，俗称**死循环**。

初学者常见问题举例如下：(不一定是语法错误)

(1) 下面的代码段有什么问题？怎么修改？

```
int  test = 0 ;
while( test < 10 )   cout << test ;
```

(2) 下面的代码段有什么问题？怎么修改？

```
int  test = 0 ;
while( test < 10) ;
{
    cout << test ;
    test ++ ;
}
```

(3) 下面的代码段输出什么？怎么修改？

```
int  num = 0 ;
while( num++ < 5 )
    cout << num << endl;
```

(4) 下面的代码段有什么问题？怎么修改？

```
int   i = 0;
while (1)   {   i++ ;   cout << i << endl ;   }
```

可见，初学者写一个正确的循环并非易事，不仅要保证没有语法错误，而且要保证没有逻辑错误。编写循环时要注意以下几点。

(1) **循环变量**。继续循环或结束循环的条件是什么？每次循环时，循环条件是否随之变化而最终结束循环？如果循环条件不随循环变化，则应如何控制循环呢？换言之，循环条件中要有随循环变化的**循环变量**，当循环变量达到预定值时结束循环。

循环条件并非一定要写在 while (...) 圆括号内，也可放在循环体中，用 if 语句结合 break 语句(稍后讲)或 return 语句来结束循环，例如：

```
int   i = 0;
while ( 1 )
{
    if ( i > 5 )   break ;       // 结束循环
    cout << i << endl;
    i++ ;        // 循环变量
}
```

(2) **循环体**。需要反复进行的操作应放在循环体中；反之，应放在循环体外。

(3) **写法**。应符合循环的语法规则，注意代码的可读性。

例 4-8　编程实验：改写例 4-4，允许用户多次输入并转换。

程序代码如下：

```
1  #include <iostream>
2  using namespace std;
3  int   main( )
4  {
5        char   ch = ' ';           //如果不初始化 ch，则应如何改写？
6        while ( ch != '-' )        //用循环实现，结束条件是什么？
7        {
8              cin >> ch;           //放在 while 前面(循环外面)会如何？
9              (ch >= 'A' && ch <= 'Z') ? (ch += 32) : ch;
10             cout << ch << endl;
11       }
12       system("pause"); return 0;
13 }
```

例 4-9　编程实验：改写例 4-5，允许用户多次输入。

程序代码如下：

```
1  #include <iostream>
2  using namespace std;
```

```
3  int    main( )
4  {
5       int     score = 0;        //不初始化会如何？
6       char   grade;             //成绩(五分制：A,B,C,D,F)
7       while ((score >= 0) && (score <= 100))          //循环结束条件是什么？
8       {
9          cout << "输入分数：";   //百分制
10         cin >> score;
11         int   n = score / 10 ;
12         switch( n )
13         {
14             case 0:
15             case 1:
16             case 2:
17             case 3:
18             case 4:
19             case 5:   grade = 'F';   break;
20             case 6:   grade = 'D';   break;
21             case 7:   grade = 'C';   break;
22             case 8:   grade = 'B';   break;
23             case 9:
24             case 10: grade = 'A';   break;       //注释掉 break 会如何？
25         }
26         cout << grade << endl;
27     }
28   system("pause");      return 0;
29 }
```

4.4.2　for 循环

for 循环写法简洁、使用灵活、应用甚广。for 循环的一般格式如下：

```
for ( 表达式 e1 ;   表达式 e2 ;   表达式 e3 )       // 3 个表达式之间用分号分隔
{                          e2 为循环条件
    语句 1 ;
    … ;
    语句 n ;
}    //这里无分号
```

关键点：注意 e1、e2、e3 这 3 个表达式的执行顺序。执行流程如下。

(1) 首先执行一次 e1，整个循环期间 e1 仅执行一次。
(2) 然后执行 e2。若 e2 结果为假，则结束循环；若 e2 结果为真，则进入循环体。
(3) 循环体本次执行完后(包括遇到 continue，4.4.5 小节介绍)，执行 e3。
(4) e3 执行完后，返回第(2)步继续执行。

以上步骤构成循环执行，直到 e2 为假时结束循环。

while 与 for 循环可以相互转换，用哪种都可以，要求熟练掌握。

for (e1;　e2;　e3) 中 e1、e2、e3 均可省略，如下：

(1) 省略 e1。

```
int  i = 0 , n = 5, sum = 0 ;
for (___;  i<=n ;  i++ )        // e1 放循环外，注意“;”不能省略
    sum +=i ;                   //循环体只有一条语句，可省略 { }
```

(2) 省略 e1、e2。

```
int  i = 0 , n = 5, sum = 0 ;
for (___;____;  i++ )           //注意“;”不能省略
{
   if ( i > n )  break ;        // break：跳出(结束)循环
   sum += i ;
}
```

(3) 省略 e1、e2、e3。

```
int  i = 0 , n = 5, sum = 0 ;
for (___;___;___)               //注意“;”不能省略
{
    if ( i > n )  break ;
    sum += i ;
    i ++ ;                      // e3 放在循环体最后
}
```

for(; ;) 等价于 while(1) 或 while(true)，是一种无限循环(死循环)，须在函数体中用判断条件及 break 语句终止循环。

表达式 e1、e2、e3 可以比较复杂，如下：

```
for( int i=1, sum=0 ;  sum<3000 && i<=100 ;  i++ )  sum += i;
          e1                     e2              e3
```

其他变形写法如下：

```
int  i, sum ;         //变量定义
for( i=1, sum=0;  sum<3000 && i<=100 ;  i++ )    sum += i;
```

4.4.3　多重循环

上述介绍的循环只有一层，逻辑比较简单，不能满足更复杂逻辑的需要。

多重循环也称多层循环，在**循环体中再嵌入循环**，构成循环嵌套。如果一层循环中再

嵌套一层循环，就构成**二重循环**；在二重循环的内层循环中再嵌入一层循环，就构成**三重循环**，以此类推。随嵌套层数的增加，程序逻辑更加复杂，更不易理解，因此一般不超过三重循环。语法上并无限制，可用四重及以上的循环。下面举例说明二重循环及其应用。

例 4-10　编程实验：输出若干字符组成的图形，如图 4.7 所示。

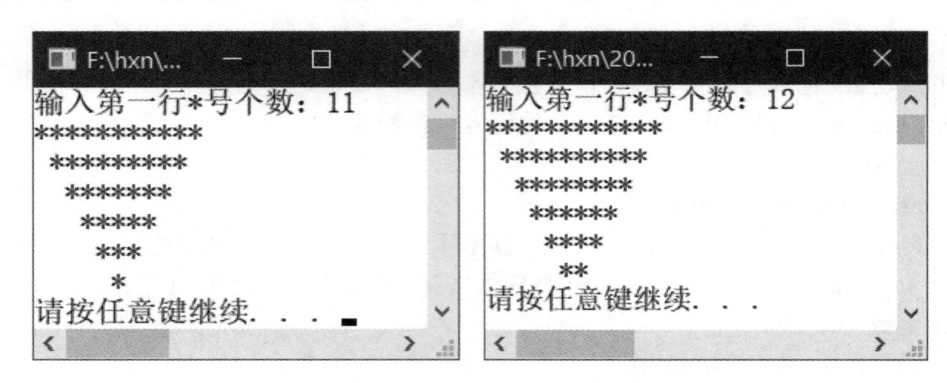

图 4.7　例 4-10 输出的图形

下面，按照“先设计后编程”原则进行程序设计。

1. 数据输入

数据个数：图形第一行字符“*”的个数(其他行可以推算出来)。

数据类型：图形由两种字符“*”和“ ”(空格)组成，类型都是 char。

数据来源：键盘输入。

2. 数据存储

字符“*”的个数：用 int　star 存储。

空格“ ”的个数：用 int　space 存储。

3. 数据处理(算法设计)

观察图形的组成规律，第一行由“*”组成(个数已知，键盘输入)，其左边没有空格，故 space 初始化为 0。第二行开始，每行“*”减少 2 个(左右各减少一个)，即 star -= 2，“*”左边空格数 space ++，因“*”右边空格不可见，故不用考虑右边空格数。

程序输出多行，每行做同样的事情(输出“*”和空格)，故用循环实现。行循环控制输出行数，每行输出的“*”和空格数不同，故行循环内需嵌入列循环，从而实现该行输出多少个“*”和空格(star -= 2，space ++)，构成二重循环。

4. 数据输出

输出数据及个数：输出“*”和空格，个数由算法确定。

输出数据的格式：按图 4.7 所示的格式输出。

本例程序的源代码如下：

```
1   #include <iostream>
2   using namespace std;
3   int  main( )
```

```
4  {
5       cout << "输入第一行 *号个数：";
6       int   star ;          // "*" 星星个数
7       cin >> star ;
8       int   space;          // " " 空格个数
9       for ( space = 0;   star > 0;   space++,   star -= 2 )   //外层行循环
10      {
11          for ( int i = 1;   i <= space;   i++ )    cout << ' ';      //内层列循环，输出空格
12          for ( int i = 1;   i <= star;   i++ )     cout << '*' ;     //内层列循环，输出"*"
13          cout << '\n';
14      }
15      system("pause"); return 0;
16 }
```

两重 for 循环，外层为行循环，控制图形的行数；内层为列循环，控制每行输出的“*”和空格个数。每行的“*”和空格数不同，用两个循环分别输出。

思考与练习：

(1) 外层循环的结束条件是什么？是否一定能够达到该条件？

(2) 两个内层循环的顺序是否可交换？

(3) 两个内层循环的结束条件是什么？是否一定能达到该条件？

(4) 两个内层循环都有“int i=1;”没有出现**重定义错误**的理由：变量 i 定义在 for 循环里，属于该语句范围的**局部变量**(后面学习)。

(5) 第 11、12、13 行：“cout << ' ';”“cout << '*' ;”“cout << '\n' ;”都可以把单引号改为双引号即 " "、"*" 和 "\n"，如何解释？

例 4-10 程序输出一次图形后就结束了。例 4-11 改写程序：允许多次输入数据(输入一次数据显示一个图形)，当输入数据超出 1～20 范围时，结束程序。

例 4-11　编程实验：改写例 4-10 如下，允许用户多次输入数据。

程序代码如下：

```
1  #include <iostream>
2  using namespace std;
3  int   main( )
4  {
5       while ( 1 )        //该层循环的作用是什么？如果禁用 if 语句，则应如何修改？
6       {
7            cout << "输入第一行*号个数：";
8            int star;
9            cin >> star;
10           if ( star < 1 || star >20 )       //循环出口(终止循环)
```

```
11              { cout << "范围越界！ " << endl;    break ; }
12          int    space;
13          for ( space = 0;    star > 0;    space++,    star -= 2 )
14          {
15              for ( int i = 1;    i <= space;    i++ ) cout << ' ';
16              for ( int i = 1;    i <= star;    i++ )         cout << '*' ;
17              cout << '\n';
18          }
19      }
20      system("pause"); return 0;
21  }
```

4.4.4　break 语句

前面的示例程序已经对 break 有所了解，break 既可用于 switch…case 中，又可用于循环中。表示“跳出…外”，如“跳出 switch…case 外”和“跳出循环外”。

语句可以嵌套，若干语句用 { } 括起来构成**语句块**或称**复合语句**。在嵌套循环(二重或多重循环)、嵌套 switch…case 中执行 break 语句时，流程会跳转到哪里？

例 4-12　编程实验：break 在嵌套 switch…case 语句中的应用。

程序代码及程序输出结果(图 4.8)如下：

```
1   #include <iostream>
2   using namespace std;
3   int    main( )
4   {
5       int         m = 1, n = 20;
6       char ch = 'B';
7       switch ( m )
8       {
9           case 1:
10              switch ( n )   //嵌套
11              {
12              case 10:   cout << "m=1,n=10" << endl;    break;
13              case 20:   cout << "m=1,n=20" << endl;  break;
14              case 30:   cout << "m=1,n=30" << endl;    break;
15              }
16          case 2:
17              switch ( ch ) //嵌套
18              {
```

```
19          case 'A':     cout << "m=2,ch=\' A\'" << endl;    break;
20          case 'B':     cout << "m=2,ch=\' B\'"<< endl;    break;
21          case 'C':     cout << "m=2,ch=\' C\'" << endl;    break;
22      }
23      cout << "执行了本句" << endl<<endl;
24   }
25   system("pause");    return 0;
26 }
```

```
m=1, n=20
m=2, ch=' B'
执行了本句

请按任意键继续. . .
```

图 4.8　例 4-12 的输出结果

分析结果：为什么输出第 20、23 行？

➢ **break** 只从它所在的 **switch…case** 中跳出，不能跳出多层嵌套。

思考与练习：

修改程序：使流程不进入 case2 分支。

例 4-13　编程实验：break 在多重循环中的应用。

程序代码及程序输出结果(图 4.9)如下：

```
1  #include <iostream>
2  using namespace std;
3  int  main( )
4  {
5    for ( int row = 0;   row < 3;   row++ )              //外层行循环
6    {
7       for ( int star = 0;   star < 20;   star++ ) //内层列循环
8       {
9           cout << '*' ;
10          if ( star == 5 )   break ;
11      }
12      cout << endl;       //输出了吗？
13   }
14   system("pause");   return 0;
15 }
```

```
******
******
******
请按任意键继续. . .
```

图 4.9　例 4-13 的输出结果

思考与练习：

(1) break 的作用是什么？

(2) break 跳出外层循环了吗？

➢ break 只跳出它所在的语句块，无论是嵌套 switch…case，还是多重循环。

4.4.5　continue 语句

continue 只用于循环结构，作用是**立即结束本次循环，进行下一次循环。**它与 break 都有“结束”循环的含义，但要分清两者的区别，continue 与 break 的执行流程如图 4.10 所示。

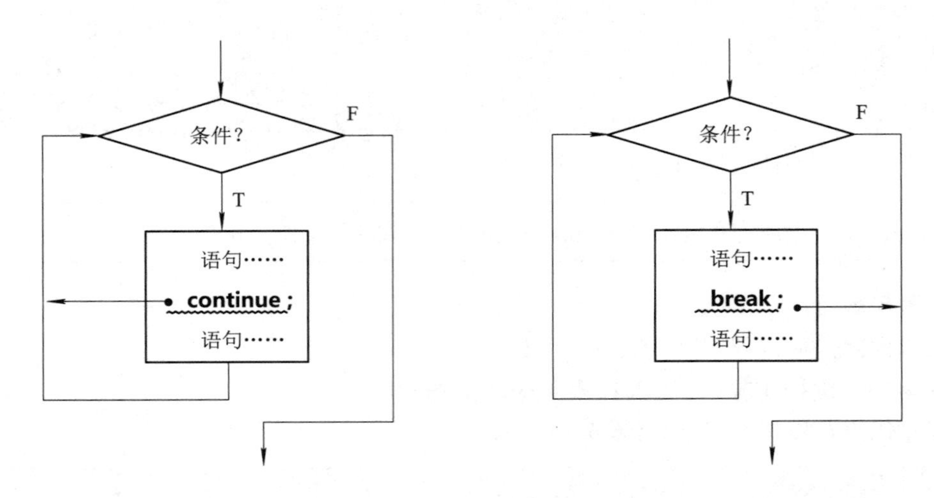

图 4.10　循环中 continue 与 break 的执行流程

例 4-14　编程实验：break 和 continue 在循环中的区别。

程序代码及程序输出结果(图 4.11)如下：

```
1  #include <iostream>
2  using namespace std;
3  int   main( )
4  {
5         for ( int i = 1;   i < 15;   i++ )
6         {
7                if ( i % 2 == 0)   continue ;
8                // if ( i % 2 == 0) break ;
9                cout << i << " " ;
10        }
11        cout << endl;
12        system( "pause" );
13        return 0;
14 }
```

```
F:\hx...
1 3 5 7 9 11 13
请按任意键继续. . .
```

图 4.11　例 4-14 的输出结果

思考与练习：

交替注释第 7 行与第 8 行，结果会如何？

4.5　流程控制结构的应用举例

4.5.1　解百鸡问题

例 4-15　编程实验：解百鸡问题。百鸡问题是一个数学问题，出自中国古代 5～6 世纪。

问题描述：鸡翁一值钱五，鸡母一值钱三，鸡雏三值钱一。凡百钱买鸡百只，问鸡翁、母、雏各几何？

问题翻译：公鸡一只 5 钱，母鸡一只 3 钱，小鸡三只 1 钱。共用 100 钱买 100 只鸡，问公鸡、母鸡、小鸡各买多少只？(“钱”泛指当时的货币)

本题设计思维过程如下。

1. 数据输入

数据个数：公鸡、母鸡、小鸡的价格不同，共 3 个数据，100 钱和 100 只鸡共 2 个数据，还有 3 个数据，即买公鸡、母鸡和小鸡的数量。

数据类型：可用整型或浮点型。

数据来源：输入数据是确定的，可不需要用户输入而在程序中固定。

2. 数据存储

已知数据(价格、总金额、总数)都是常量，用数值常量或常变量存储。

未知数据用变量存储“int x, y, z;”，其中 x 为公鸡数，y 为母鸡数，z 为小鸡数。

3. 数据处理

本题关键在算法设计——计算公鸡、母鸡、小鸡的公式或方法。

1) 直接解法(公式法)

根据已知条件，列出数学方程：

总数量方程①：　$x + y + z = 100$

总金额方程②：　$5x + 3y + z/3 = 100$

已知条件不足，不能列出第 3 个方程，即不能求 3 个未知量 x、y、z 唯一解。该问题导致三元一次**不定方程组**，重要意义在于它开创了“一问多答”(多解)的先例。

2) 穷举解法(试算法)

① 一一列举(穷举)问题的所有可能方案。

② 对每种方案，一一试算并判定是否符合条件；若是，则为**可行解**，丢弃**不可行解**。

3 个变量的穷举范围为：x 为 0～20，y 为 0～33，z 为 0～99。

只有 2 个是独立变量，剩余一个变量可从方程中导出，不需要穷举它。不妨把 x 和 y 选为独立变量，z 作为导出变量(非独立)。至此，设计没有结束，设计结果必须详细到能够编程实现，因此还需要设计穷举的详细步骤，如下：

x 变化：0 增加到 20，一一列举不能漏掉一个，故每次 x 加 1。(20 减到 0 也可)

y 变化：0 增加到 33，一一列举不能漏掉一个，故每次 y 加 1。(33 减到 0 也可)

x 和 y 组合：x 每次加 1，y 都要从 0～33 一一变化试算，故采用二重循环结构，不妨设 x 为外层循环，y 为内层循环。

4. **数据输出**

输出数据：x、y、z 的值。

输出格式：按图 4.12 格式输出。

输出设备：无其他要求，输出于屏幕。

设计结束以后，按设计结果进行编程实现，源代码如下。

```
1  #include <iostream>
2  #include <iomanip>   // setw( )函数需要的头文件
3  using namespace std;
4  int   main( )
5  {
6        const   int   money = 100,    num = 100;
7        int   x, y, z ;            //公鸡、母鸡、小鸡数量
8        cout << " 鸡翁数   鸡母数   小鸡数\n";
9        for ( x = 0;   x <= 20;   x++ )      //公鸡数
10           for ( y = 0;   y <= 33;   y++ ) //母鸡数
11           {
12            if (( z = num - x - y) % 3 )   continue ;
13            // z = num - x - y ;
14            if ( x * 5 + y * 3 + z / 3 == money )
15               cout << setw(5) << x << setw(8) << y << setw(8) << z << endl;
16           }
17       system("pause") ;
18       return 0 ;
19 }
```

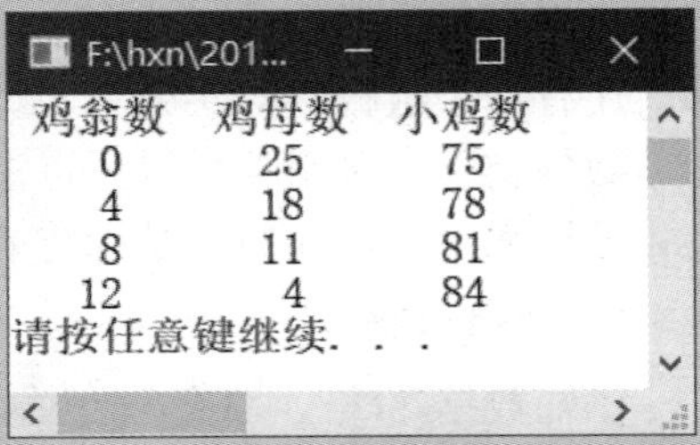

```
F:\hxn\201...
鸡翁数  鸡母数  小鸡数
   0      25      75
   4      18      78
   8      11      81
  12       4      84
请按任意键继续. . .
```

图 4.12　例 4-15 的输出结果

setw 是控制输出格式的库函数，在头文件<iomanip>中声明，第 13 章再详细讨论。现在，改变“5”和“8”的值，观察输出格式的变化。

思考与练习：

(1) 第 12 行如何理解？

(2) 注释第 12 行、不注释第 13 行的结果是什么？修改第 14 行得到正确结果。

4.5.2　求最大公约数

例 4-16　编程实验：用欧几里得算法(Euclidean Algorithm)求最大公约数。

欧几里得算法简称欧氏算法，也称辗转相除法。Euclidean(约公元前 330—275 年)是古希腊著名数学家，所著几何学著作《几何原本》闻名于世。

求两个数的最大公约数(Greatest Common Divisor, GCD)的欧氏算法如下。

设有两个正整数 m 和 n，且 m > n：

(1) t = m%n，如果 t 等于 0，则 n 就是最大公约数。

(2) 否则，n 赋值给 m，t 赋值给 n，转(1)继续。

例如，正整数 m = 96 和 n = 64，辗转相除过程如下：

(m，n)→(96，64)→(64，32)→(32，0)

当 m%n 余数为 0 时，得到最大公约数为 32。

本例源代码及输出结果(图 4.13)如下：

```
1  #include <iostream>
2  using namespace std;
3  int   main( )
4  {
5       int   m, n;
6       cout << "输入两个整数：";
7       cin >> m >> n;
8       m = abs(m);                          // abs( )是库函数，求 m 的绝对值
9       n = abs(n);
10      if ( m < n )   swap(m, n);           // swap( )是库函数，交换 m 和 n
11      //for ( int   t ;   t = m%n ;   )      //注意“;”
12      for( int   t = m%n ;   t > 0 ;   )
13      {
14            m = n;   n = t;
15            t = m%n ;
16      }
17      cout << "最大公约数是：" << n << endl;
18      system("pause"); return 0;
19 }
```

```
输入两个整数：64 -96
最大公约数是：32
请按任意键继续. . .
```

图 4.13　例 4-16 的输出结果

思考与练习：

(1) 另一写法：注释第 12 行且不注释第 11 行，有错吗？

(2) 第 11 行：如何理解循环条件？采用此种写法，如何修改循环体？

4.5.3　判定素数

例 4-17　编程实验：判定输入的正整数 N 是否为素数。

素数也称质数，其定义是：在大于 1 的自然数中，除了 1 和它本身以外不再有其他因数，即不能被其他正整数(2～N-1)整除。

据此编程，采用穷举法，即用 2～N-1 之间的每个整数去除 N，源代码及输出结果(图 4.14)如下：

```
1  #include <iostream>
2  using namespace std;
3  int   main( )
4  {
5         while (1)
6         {
7                cout << "请输入一正整数：";
8                int   N;
9                cin >> N;
10               if ( N < 1 )   break;
11               //int   b = sqrt(N);        //求N的平方根的库函数
12               int   b = N - 1;
13               int   k ;
14               for ( k = 2;   k <= b;   k++)
15               {   if ( N%k == 0)   break;   }
16               if ( k > b )  cout << N <<"  是素数";
17               else          cout << N <<"  非素数";
18               cout << endl;
19        }
20        system("pause");        return 0;
21 }
```

```
请输入一正整数：31
31 是素数
请输入一正整数：63
63 非素数
请输入一正整数：57
57 非素数
请输入一正整数：17
17 是素数
请输入一正整数：0
请按任意键继续. . .
```

图 4.14　例 4-17 的输出结果

思考与练习：

(1) while 循环的作用是什么？结束条件是什么？

(2) 第 11 行：改进算法改进了什么？

(3) 第 15 行：为什么用 break？改为 continue 有什么区别？两端的 { } 可去掉吗？

(4) 注释第 13 行：在第 14 行 k = 2 前面加上 int，即 int k = 2，为什么语法错？

(5) 第 16 行：为什么 k > b 时，N 是素数？

(6) 修改：外层 while 循环改为 for 循环，内层 for 循环改为 while 循环。

4.5.4　生成斐波那契数列

斐波那契数列(Fibonacci Sequence)以兔子繁殖为例而引入，又称兔子数列。它是无穷整数数列 **1、1、2、3、5、8、13、21、34、…**，从**第 3 项开始，后 1 项是前 2 项之和**。相邻两项的比值(1、2 项除外)，即 2/3、3/5、5/8、8/13、13/21、…随项数增加，比值逼近黄金分割比 0.618，又称黄金分割数列。用递推式表示为：

$$\mathbf{F(n) = F(n-1) + F(n-2)} \qquad n\in N^*(\text{正自然数}) \tag{4-1}$$

其中，n = 1 时 F(1) = 1，n = 2 时 F(2) = 1。

例 4-18　编写实验：生成斐波纳契数列的前 n 项。

程序代码及程序输出结果(图 4.15)如下：

```
1  //例 4-18 源代码：生成斐波纳契数列的前 N 项(N>1)
2  #include <iostream>
3  #include <iomanip>
4  using namespace std;
5  int   main( )
6  {
7        while (1)
8        {
9              cout << "输入项数 N=";
10             int   N;      cin >> N;
11             if ( N < 1 ) break;
12             long   F1 = 1,   F2 = 1,   F3;
13             cout << setw(6) << F1 << setw(6) << F2;
14             for (int   i = 2;   i < N ;   i++ )
15             {
16                   F3 = F1 + F2 ;
17                   if ( i % 4 == 0 )    cout << endl;
18                   cout << setw(6) << F3 ;
19                   F1 = F2 ;          //端点移位
20                   F2 = F3 ;          //端点移位
21             }
22             cout << endl;
23       }
24       system("pause");        return 0;
25 }
```

```
F:\hxn\2018...
输入项数N=7
     1     1     2     3
     5     8    13
输入项数N=12
     1     1     2     3
     5     8    13    21
    34    55    89   144
输入项数N=24
     1     1     2     3
     5     8    13    21
    34    55    89   144
   233   377   610   987
  1597  2584  4181  6765
 10946 17711 28657 46368
输入项数N=0
请按任意键继续. . .
```

图 4.15　例 4-18 的输出结果

常用循环实现递推过程，常用端点移位技术(第 19、20 行)来使得循环能正常进行。理解这两句(第 19、20 行)的作用，类似的用法很有用，希望读者能做到举一反三。

思考与练习：

修改：每一行只输出 3 列数据。

4.5.5　生成随机数

随机数(Random Number)应用十分广泛，如各种验证码、摇号等。随机数分为真随机数和伪随机数。真随机数彼此独立，后一个随机数与前一个随机数没有任何关系，不能由数学公式推导出来，只能由物理过程产生，如掷钱币、骰子、转轮、电子元件噪声等，真随机数的缺点是实时性差(等待物理过程、数据采集与转换等)；伪随机数用数学方法产生，数学公式本身能够保证生成的伪随机数在相当大的周期内不会重复出现，可以当作随机数使用。除特殊的应用场景外，一般使用伪随机数(简称随机数)。

本书并不详细介绍如何用数学方法生成随机数，有兴趣者可自行查找相关资料。本小节学习由 C/C++ 提供的生成伪随机数的库函数 rand 及其用法。

rand 函数生成区间为 [0, RAND_MAX) 的一个随机整数。系统定义 RAND_MAX 是一个 16 位的符号常量：

#define　RAND_MAX　0x7FFF

0x7FFF 对应的二进制为 0111 1111 1111 1111，对应的十进制为 32767，即 $2^{15}-1$。

rand 函数生成的伪随机数服从均匀分布，函数没有参数、写法简单，例如：

```
1  #include <iostream>
2  using namespace std;
3  int  main( )
4  {
5        cout << rand( ) << "   " << rand( ) << "   " << rand( ) << endl;
6        system("pause"); return 0;
7  }
```

第 5 行：调用 rand 函数 3 次，输出结果为 6334　18467　41。

运行该程序 3 次(程序结束后再次运行)，注意不是运行一次(重复写 3 行该语句)，3 次的运行结果都是 6334　18467　41，为什么会这样呢？

rand 函数需要一个**种子**进行初始化，种子不同生成的随机数就不同。系统提供 srand 函数改变种子 seed 的值，srand 函数原型如下：

void　**srand** (unsigned　int　**seed**)

srand 函数没有返回值，有一个参数 seed。

修改本例程序，加入如下的种子函数 srand。

```
3  int  main()    //省略 #include 和 using 两行
4  {
5        srand(0);
6        cout << rand( ) << " " << rand( ) << " " << rand( ) << endl;
7        system("pause"); return 0;
8  }
```

同样运行程序 3 次，每次输出的结果还是相同。这是因为 srand(0) 种子参数 0 没改变，同样的种子产生相同的结果。如何使每次的种子不同呢？还记得 time() 函数吗？用它的返回值(从 1970.1.1 00:00:00 到此刻已流逝的秒数)作为种子，来保证种子不断变化且不重复，生成的随机数就不一样了，继续修改程序如下。

```
3  #include <ctime>            //time 函数所需头文件
4  int  main( )
5  {
6      srand( time(0) ) ;      //种子不断变化、不会重复
7      cout << rand( ) << " " << rand( ) << " " << rand( ) << endl;
8      system("pause"); return 0;
9  }
```

例 4-19　编程实验：生成随机数。

源代码及输出结果(图 4.16)如下：

```
1  #include <iostream>
2  #include<ctime>
3  using namespace std;
4  int  main( )
5  {
6      for ( int i = 0; i < 3; i++ )
7      {
8          srand( time(0) );
9          cout << rand( ) << " ";
10         cout << rand( ) << " ";
11         cout << rand( ) << endl;
12     }
13     system("pause"); return 0;
14 }
```

```
F:\h...
11695 12593 29651
11695 12593 29651
11695 12593 29651
请按任意键继续. . .
```

图 4.16　例 4-19 的输出结果

问题：为什么每次循环输出的 3 个随机数相同呢？

因为 time(0) 返回秒数，本例中的循环速度很快(做的事情简单)，两次循环之间所耗费的时间远达不到秒级，即两次循环的 time(0) 返回值相同，种子没有发生变化，故产生相同的随机数。

思考：如何修改程序，使每次循环产生的随机数不同？

解法办法：把 srand 函数移出循环体，即把第 8 行提前到第 6 行 for 循环之前。

思考：去掉 srand 会如何？相信你能得到正确答案。

rand 函数生成 0～RAND_MAX 之间的一个随机整数。如果要随机生成 0～1 之间的一个浮点数应该如何做呢？或生成任意区间 [a, b) 内一个整数或浮点数应该如何做呢？办法如下：

(1) 先生成 [0, 1) 区间的随机数 x1。

(2) 再将 x1 换算到任意区间 [a, b) ：$x2 = x1(b - a) + a$。

例 4-20　编程实验：生成 [0,1) 和 [a,b) 区间内的随机数。

程序代码及程序输出结果(图 4.17)如下：

```
1   #include <iostream>
2   #include <ctime>
3   using namespace std;
4   int   main( )
5   {
6           double   x1;       // [0,1)
7           double   x2;       // [a,b)
8           cout << "请输入 a,b:";
9           double   a, b;
10          cin >> a >> b;
11          srand( time(0) );
12          for ( int i = 0; i < 5; i++ )
13          {
14                  x1 = rand( ) / double (RAND_MAX);   // [0,1)
15                  x2 = x1*(b - a) + a;   // [a,b)
16                  cout << x1 << "\t" << x2 << endl;
17          }
18          system("pause"); return 0;
19  }
```

```
F:\hxn\...
请输入a,b:-10 0
0.623615        -3.76385
0.153356        -8.46644
0.783166        -2.16834
0.773278        -2.26722
0.0545366       -9.45463
请按任意键继续. . .
```

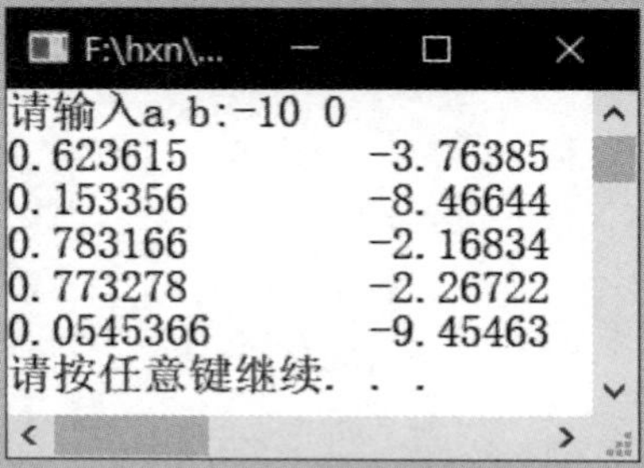

图 4.17　例 4-20 的输出结果

第 5 章　函　数

5.1　模块化程序设计与函数

目前，我们对函数已有一些初步认识，了解如 main、abs、rand、srand、time 函数的使用，但函数的内容远不止这些，本章开始逐步学习函数的定义与使用。

图 5.1 是 C/C++ 源代码组成图，有一定规模的项目通常包含若干个**单元文件**(.cpp)，编译器单独编译这些单元文件，故称为**编译单元**。每个单元文件包含若干个函数，每个函数可作为一个模块，函数设计遵循模块化设计原则。

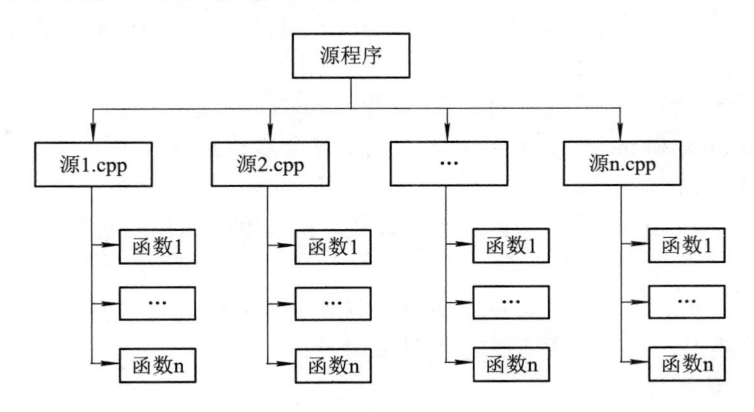

图 5.1　C/C++ 源程序组成

函数即模块，项目采用“自顶向下、逐步求精”的模块化设计方法：将项目分成若干个较大的功能模块，这些较大的功能模块继续分解为更小的模块，模块化设计的一般原则如下。

1. 模块功能独立

每个模块的功能尽可能独立，模块与模块之间的联系尽可能少，避免牵一发而动全身，以增加软件的“代码复用”(重复使用，也称代码重用)，降低开发与维护成本。

2. 模块规模适当

模块规模(代码量)不能太大(通常不应超过 50 行代码)，功能尽量单一而不是相反；否则，代码的可读性变差，不易理解、容易出错、不易维护。

软件设计应采用“自顶向下、逐步分解”的分治法策略，按功能划分为一些功能单一、独立、结构清晰、接口简单的模块。

main 函数中可调用其他函数，其他函数不能调用 main 函数。main 函数就像公司的CEO，他安排(调用)其他人(函数)做事情，但是其他人不能安排他去做事情。既然是 CEO，设计 main 函数功能时注意与其身份相符，不能把一些琐事都让他去做，如会议记录、打印文件、整理报表、保洁卫生、门卫等，这些事情应该由其他专职人员(函数)去做。因此，划分函数模块、设计模块功能时应注意各司其职、层次清楚、有条不紊。否则，如果职责不清、层次不明，那么整个公司(程序)就乱套了。初学者在以后的学习中，应该充分意识到和关注这方面，形成良好的思维习惯和编程风格。

5.2 函数的定义

函数可以自己编写，也可以由别人编写，如 VC++库函数就是由微软工程师编写、存放在系统库里的函数，可直接调用而不再重新编写。VC++不是开源的，你看不见库函数的源代码(机器指令形式)，但是不影响使用(连接程序把它们连接到你的项目中)。另外，还有第三方的公司或个人为某些领域专门开发的函数(收费或免费、开源或不开源)。

随着其他专业课的进行，你应该把新知识、新算法编成函数，同时学习借鉴别人编写的函数，这样便可积少成多、日积月累，不断提升自己的专业能力和编程水平。

下面用简例说明函数的定义语法。

```
int   myMax ( int   x,   int   y )      //函数名 myMax，返回值类型 int
{     //参数 int x 和 int y，用逗号分隔它们，每个参数必须有类型
      double   m ;
      if ( x > y )   m = x ;       //自动类型转换，低精度向高精度转换
      else           m = y ;
      return   m ;                 //将 double 转换为 int 返回
}     //函数体由一对 { } 括起来，此处无分号
```

函数的相关语法如下。

- 函数必须有名字，myMax 是**函数名**(需遵循命名规则)。
- myMax 后面的圆括号“( )”是**函数的标志**，表示 myMax 是函数。
- (int x, int y)中 x 和 y 是函数的参数，称为**形式参数**，简称**形参**。每个函数可以有多个形参，形参之间用逗号分隔，每个形参的类型可以相同或不同。若不需要参数，则在圆括号中写 void(也可以不写，写上是一种好的编程风格)。
- 函数名前面的 int 是函数的**返回类型**，不需要返回值时用 void 表示。
- return 只能返回一个值。如果 return 类型(double)与函数的返回类型(int)不同，则系统进行类型转换；如果系统不能正确转换类型，则报语法错。
- **函数原型**也称函数头或函数首部，不包括函数体。本例的函数原型如下：
  int   myMax (int x, int y)
- 函数原型反映了函数的特征(函数名、参数表、返回类型)，可以区分不同的函数。

- **空函数**：函数体中没有语句，但不能省略花括号(函数体的标志)。
- **函数定义不能嵌套**：不能在一个函数体中定义另一个函数，注意区别于函数调用。
- **函数必须先定义、后使用**。如果一个函数还没定义(编写)，那么怎么能让它做事呢？

思考与练习：

下面这个函数的定义犯了哪些错误？

```
double   my-Add ( double x , y )
{   int   sum = x + y ;
    return ( sum, x, y ) ;
}
```

5.3　函数的调用与参数传递

正确定义了一个函数后，表示该函数已编写好了，可以调用该函数做事情了。

例 5-1　编程实验：函数定义与调用(求最大值)。

程序代码及程序输出结果(图 5.2)如下：

```
1    #include <iostream>
2    using namespace std;
3    void   ShowInfo( void )                //不需要返回值和参数
4    {   cout << "输入两个整数：";   }
5    int   myMax( int x,   int y )          //需要返回值和 2 个参数
6    {
7        return   x > y ? x : y ;
8    }
9    void   ShowMax( int m,   int n )       //不需要返回值，需要 2 个参数
10   {
11       cout << "最大值：" << myMax(m, n);     //调用 myMax 函数
12   }
13   void   myEmpty( int xx ) { }       //空函数
14   int   main( void )
15   {
16       ShowInfo( );               //调用函数
17       int   a, b;
18       cin >> a >> b;
19       ShowMax(a, b);             //调用函数
20       myEmpty(9);                //调用函数
21       cout << endl;
22       system("pause");           //调用库函数
```

```
F:\hxn\...
输入两个整数：18 60
最大值：60
请按任意键继续. . .
```

图 5.2　例 5-1 的输出结果

```
23        return 0;
24    }
```

1. 功能设计

函数功能设计比较灵活、自由，设计哪些函数取决于开发者的经验。一个项目可有不同的功能分解方案，产生不同的函数设计方案。但是，设计函数时，并非随心所欲地设计，而是需要遵循模块化设计的一般原则；否则，设计出的方案可能不是一个好的方案，甚至可能是很差的方案。

本例如果不编写 myMax 函数，而把相关功能代码放在 main 中就不是好的方案，这是因为别处没法调用它，不仅违反“代码复用”的原则，也与 main 函数的 CEO 身份不符。

main 可负责一些简单的输入/输出工作，其他工作应交给(调用)相关函数完成。如果输入/输出比较复杂，那么还应编写专门的函数进行相应处理。

本例函数 ShowInfo、ShowMax 和空函数 myEmpty 的功能简单，可不单独编写，这里单独编写仅为展示函数设计方案的灵活性和多样性。

2. 函数调用

本例 main 函数定义在其他函数之后。如果把 main 提到最前面，则有语法错，因为编译器从上至下编译(区别于运行)，此时 main 调用的其他函数还没定义，违反了“先定义后使用”的原则。同理，ShowMax 调用 myMax，myMax 定义须在 ShowMax 之前。

main 反映程序的主要功能，放在最前面更好，便于最先被看到。若程序规模较大(代码多)，则 main 放在后面或者中间某处就不便于找到。这就好比盲人摸象，应先了解程序全貌(主要功能)，然后逐步了解细节(其他功能)。那么，如何把 main 函数提到前面而不犯语法错呢？这就是函数的“**提前声明**”，见例 5-2。

1) 函数的参数传递

本例 main 中调用 ShowMax(a, b)，此时参数 a、b 有具体的值，称为实际参数(简称实参)。要求实参(a, b)与形参(int m, int n)个数相同且类型兼容(如果类型不同，则系统可以进行自动转换)，实参数据一一传给对应形参，即赋值 m = a，n = b。ShowMax(int m, int n) 调用 myMax(x, y)，m 和 n 值赋给对应形参 x = m，y = n。

2) 函数返回值

如果函数有返回值，则调用后将**值返回到调用点**。注意，返回的是值而不是名称。例如，return (x > y ? x : y) 返回 x 和 y 之间较大的值而非变量名 x 和 y，x 和 y 是**局部变量**(该函数范围内有效)，该函数执行完毕后，它的局部变量被系统删除，而系统定义一个临时变量保存其值，并返回到该函数的调用处。

例 5-2　编程实验：函数的定义与调用(数据交换)。

程序代码及程序输出结果(图 5.3)如下：

```
1    #include <iostream>
2    using namespace std;
3    void  mySwap( int x, int y );      //函数的提前声明
4    //void  mySwap( int , int );        //也正确。形参名 x 和 y 可省略，类型不能省略
```

```
5    int   main( void )                //main 位于 mySwap 函数的定义之前
6    {
7        int   a = 10, b = 20;
8        mySwap(a, b);                 //调用函数
9        cout << "a=" << a << "\t" << "b=" << b << endl;
10       system("pause");
11   }
12   void   mySwap( int x, int y )     //定义函数
13   {
14       int   t;
15       t = x;   x = y;   y = t;
16       cout << "x=" << x << "\t" << "y=" << y << endl;
17   }
```

```
x=20      y=10
a=10      b=20
请按任意键继续. . .
```

图 5.3　例 5-2 的输出结果

第 3 行：用函数原型提前声明 mySwap 函数，告诉编译器这个函数的特征(函数名、参数个数与类型、返回值类型)。声明时(非定义)形参名可省略，类型不能省略。

第 8 行：调用 mySwap 函数时参数传递(赋值)x = a，y = b，结果看 x 和 y 值交换了，但 a 和 b 值没交换，这是参数**“单向传值”**。要交换 a 和 b 值，可用 5.5 节“引用变量”实现。

例 5-3　编程实验：求 10～1000 范围内所有的 x，使 x、x^2、x^3 都是回文数。

回文数是正读和反读相同的数，如 12321、1221 等。

算法策略：穷举法。对 10～1000 的整数逐个试算 x、x^2、x^3 并判断其是否为回文数。

回文判断：如果反向数等于正向数，则为回文数。

关键算法：生成反向数。下面以生成 123 的反向数为例(思考算法)。

(m，n)→(0，123)→(3，12)→(32，1)→(321，0)

本例代码及输出结果(图 5.4)如下：

```
1    #include <iostream>
2    #include <iomanip>
3    using namespace std;
4    bool   hw( int n );            //提前声明。若返回真，则 n 是回文数；若返回假，则 n 不是回文数
5    int   main( void )
6    {
7      int   x, x2, x3;            //表示 x, x^2, x^3
8      cout << " x        x*x      x*x*x" << endl;
9      for ( x = 10;   x <= 1000;   x++ )
10     {
11         x2 = x*x ;   x3 = x2 * x ;
12         if ( hw(x) && hw(x2) && hw(x3) )
13              cout << x << setw(8) << x2 << setw(8) << x3 << '\n';
```

```
14      }
15      system("pause");
16  }
17  bool   hw( int n )               //返回 n 是否为回文数
18  {
19  int   m = 0,   n1 = n;           //n 是变化的，故暂存于 n1
20  while ( n )                      //生成 n 的反向数
21  {
22      m = m * 10 + n % 10;         // n % 10：取 n 的个位
23      n /= 10;                     //去掉 n 的个位
24  }
25  return ( m == n1 );              //返回什么？
26  }
```

```
F:\hxn\2...
 x      x*x    x*x*x
11      121     1331
101    10201  1030301
111    12321  1367631
请按任意键继续. . .
```

图 5.4　例 5-3 的输出结果

5.4　形 参 缺 省 值

函数调用时，实参值传递给形参。可以指定部分或全部形参的缺省值(默认值)，具有缺省值的形参可以不给它传递实参值；如果传递了实参值，则覆盖形参的缺省值。

例 5-4　编程实验：函数形参的默认值。

程序代码及程序输出结果(图 5.5)如下：

```
1   #include <iostream>
2   using namespace std;
3   void   stars( int, int = 5 );    //指定形参缺省值(部分)：从右向左、连续指定
4   int   main( )
5   {
6       //stars( );              //正确吗？
7       stars(2);                //实参 2 传递给哪个形参？
8       stars(3, 4);             //实参值覆盖默认值
9       system("pause");
10  }
11  //不能再指定形参缺省值
12  void   stars( int rows,   int cols )
13  {
14      for ( int i = 0;   i < rows;   i++ )
15      {
16        for (int j = 0; j < cols; j++)   cout << "★";
17        cout << endl;
```

```
F:\hxn\2...
★★★★★
★★★★★
★★★★
★★★★
★★★★
请按任意键继续. . .
```

图 5.5　例 5-4 的输出结果

```
18    }
19  }
```

第 3 行：形参缺省值须在函数提前声明处，第 12 行函数定义处不能再指定缺省值。若第 3 行不指定缺省值，则编译器认为形参没有缺省值，编译第 7 行时认为：少 1 个实参而语法错。如果函数不提前声明，则第 12～19 行函数定义需放在 main 之前，这样就只能在函数定义处指定形参缺省值。

- 若有函数声明，则形参缺省值在声明处指定。
- 若无函数声明，则形参缺省值在定义处指定。

第 3 行：指定部分而不是全部形参值时，须**从右向左、连续指定**。C/C++调用函数时，实参**从左向右**依次赋值给相应的形参。

思考与练习：

将第 16 行 "★" 改为 '★' ，解释运行结果。

5.5　引 用 变 量

引用变量(Reference Variable)简称**引用**，是 C++对 C 的重要扩充，给变量取一个别名，**引用变量与原变量是同一个变量，修改引用变量就是修改原变量**。

5.5.1　声明引用变量

声明引用变量是在变量名前加“&”，并用“=”指明所引用的变量，例如：

```
int   x, y = 200 ;     //定义：整型变量 x 和 y
int   &z = x ;         //声明：引用变量 z，它是变量 x 的别名(两者的类型相同)
z = y;                 //使用：修改 z 就是修改 x
&z = y;                //使用：错误，使用时前面不能加“&”
int   &z = y;          //声明：错误，不能重复声明 z
int   &m ;             //声明：错误，须指明 m 引用的变量(例外的情况是 m 作形参时允许)
```

“声明”不是“定义”，定义变量是指在内存中创建变量，而引用变量不是独立变量，它没有在内存中创建新变量。

5.5.2　引用变量作形参

形参引用实参，形参与实参是同一个变量。引用变量用作函数形参，可节约参数传递时间、减少变量占用内存。前面例 5-2 调用函数时，实参数据传递给形参是**“单向传值”**，改变形参变量值不影响实参变量值。

有些场合，希望实参和形参的传递是双向的，修改形参变量值也就修改了实参变量值，这就可以通过将形参变量声明为引用变量来实现。

例 5-5　编程实验：修改例 5-2，将参数“单向传递”改为“双向传递”。

程序代码及程序输出结果(图 5.6)如下：

```
1   //例 5-5 源代码：“引用传递”(双向)
2   #include <iostream>
3   using namespace std;
4   void  mySwap( int& , int& ) ;    //提前声明函数，形参为引用
5   int  main( void )
6   {
7       int  a = 10, b = 20;
8       mySwap(a, b);           //引用实参 a、b
9       cout << "a=" << a << "\t" << "b=" << b << endl;
10      system("pause");   return 0;
11  }
12  void  mySwap( int& x, int& y )
13  {  //x 和 y 为引用，但没有指定所引用的变量
14      int  t;
15      t = x;    x = y;    y = t;
16      cout << "x=" << x << "\t" << "y=" << y << endl;
17  }
```

```
F:\hxn\...
x=20    y=10
a=20    b=10
请按任意键继续. . .
```

图 5.6　例 5-5 的输出结果

由输出结果可见，实参 a 和 b 值也发生了交换。

第 4、12 行：2 个形参为引用变量，函数调用时才确定引用的实参。

思考与练习：

(1) 第 7 行将 a、b 定义为常量，即“**const**　int a = 10, b = 20;”，语法有错吗？

(2) 将第 8 行改为“mySwap(10, 20);”，语法有错吗？

5.5.3　常引用作形参

如果形参引用常量(直接常量、常变量)，则须声明为**常引用**，即在声明引用变量时加上关键字 const，见例 5-6。

例 5-6　编程实验：常引用作形参。

程序代码及程序输出结果(图 5.7)如下：

```
1   //常引用作形参
2   #include <iostream>
3   using namespace std;
4   void fun( int &, const int &, const int &) ;
5   int  main( )
6   {
```

```
7    const   int   x = 1, y = 2;
8    const   int& m = x ;   //声明常引用
9    const   int& n = y ;
10   int   sum = 0;
11   cout << "x=" << x << " y=" << y << " sum=" << sum <<endl;
12   fun( sum, x, y );
13   cout << "x=" << x << " y=" << y << " sum=" << sum << endl;
14   fun( sum, m, n );              // fun( sum, 1, 2 );
15   cout << "x=" << m << " y=" << n << " sum=" << sum << endl;
16   system("pause"); return 0;
17 }
18 void   fun( int &s, const int &a, const int &b )
19 {
20      s = a + b;
21      //a++;     b++;              //ERROR
22 }
```

```
F:\hx...
x=1 y=2 sum=0
x=1 y=2 sum=3
x=1 y=2 sum=3
请按任意键继续. . .
```

图 5.7　例 5-6 的输出结果

思考与练习：

(1) 第 8、9 行的 const 可以去掉吗？

(2) 将第 10 行改为“**const** int sum = 0;”，正确吗？

(3) 将第 12 行改为“fun(sum, 1, 2);”，正确吗？

(4) 将第 18 行形参 a 和 b 前的 const 去掉，正确吗？

(5) 第 21 行 a++ 和 b++ 为什么错误？

5.6　全局变量与局部变量

变量可以定义为全局变量或局部变量。此前介绍的都是局部变量，即局限在某个区域内使用，例如在函数体、循环体等语句块中定义的变量，只在其定义区域内有效。

5.6.1　全局变量

变量(包括常变量)可定义为**全局变量**(Global Variable)，其特点如下：

(1) 全局变量也称外部变量，是定义在函数体及各种语句块 { } 外部的变量。

(2) **生命期**。从诞生(变量创建、占用内存)到死亡(被系统删除，收回所占内存)的全过程称为生命期。全局变量的生命期等于程序运行期，即程序开始运行时诞生、运行结束时死亡。

(3) **作用域**。作用域也称可见性，指变量能被访问(使用)的源代码区域。全局变量虽然在程序运行期一直存在，但并非源代码的任何地方都可以使用它，全局变量的作用域并不等于生命期。全局变量的作用域：从定义处开始到本单元文件(.CPP)结束，本项目的其他单元文件不在作用域内，看不见它则不能使用它。

例 5-7　编程实验：全局变量的定义与使用。

程序代码如下：

```
1   #include <iostream>
2   using namespace std;
3   int  sum ; //定义全局变量(不在任何函数体中)，初值为 0 (即使不初始化)
4   int  add( int x, int y )  //函数中可以使用 sum
5   {
6       return sum += x + y;
7   }
8   // int  sum ;            //将全局变量改在此处定义，会怎么样呢？
9   int  main( )             //函数中可以使用 sum
10  {
11      add( 10, 20 );
12      cout << sum << endl;       //输出结果：30
13      system("pause");    return 0;
14  }
```

第 3 行：定义全局变量 sum，本源文件中的所有函数均可以使用它。

第 8 行：注释第 3 行而改在此处定义会如何？编译器从上至下编译到 add 时，sum 还没有定义，故报 sum 未定义的错误。鉴于此，通常将全局变量的定义放在源程序的最前面。

编程时使用全局变量“好像”更简便(无须参数传递)，但需要注意它的下列缺点：

(1) 该源程序文件处处可以访问并修改全局变量，一旦全局变量值发生了错误，则很难定位是哪个函数、在何时修改了它，不利于错误定位及纠错。

(2) 全局变量降低了函数的独立性和可读性。因为函数要与全局变量打交道，故函数不能单独使用，需要与全局变量一起使用。

(3) 污染名称空间。由于全局变量具有全局性，因此局部变量最好不要与之同名，以免造成对程序逻辑的误解。特别是多个全局变量不能同名(重定义错误)，这在多人开发的项目中尤其有可能出错(见第 9 章文件包含部分)。

(4) 全局变量的生命期为程序运行期，程序在运行期间所占的内存不会释放。

➢ 谨慎使用全局变量，不得滥用全局变量，确需使用时须有充分的理由。

5.6.2　局部变量

变量(包括常变量)可定义为**局部变量**(Local Variable)，大多数情况下使用局部变量。局部变量有如下特点：

(1) 局部变量也称内部变量，定义在函数体及各种语句块 { } 之内。

(2) **生命期**：从变量定义(创建)开始到所在语句块 { } 结束(被系统删除)。

(3) **作用域**：等于生命期，所在语句块 { } 内可访问它。

(4) **同名覆盖**：若局部变量与全局变量同名，则**局部优先**；若两个局部变量同名，则**本块优先**。

例 5-8　编程实验：变量的同名覆盖。

程序代码及程序输出结果(图 5.8)如下：

```
1   //不同 { } 语句块内定义同名局部变量
2   #include <iostream>
3   using namespace std;
4   const  int  x = 1;      //全局变量 x
5   void  show( int  x )  //函数形参 x(函数内有效)
6   {
7        cout << "show(x)：" << x << endl << endl;
8   }
9   int  main( )
10  {
11   int  x = 100 ;          //main 的局部 x
12   for ( int  x = 1;  x <= 4;  x++ )
13   {   //循环内定义的局部 x
14        if ( x % 2 == 0 )
15        {
16          int  x = 0;      //if 块中的局部 x
17          x++ ;
18          cout << "if(x)：" << x << endl;
19        }
20        cout << "for(x)：" << x << endl;
21        cout << "------------" << endl;
22   }
23   show(x);
24   system("pause"); return 0;
25  }
```

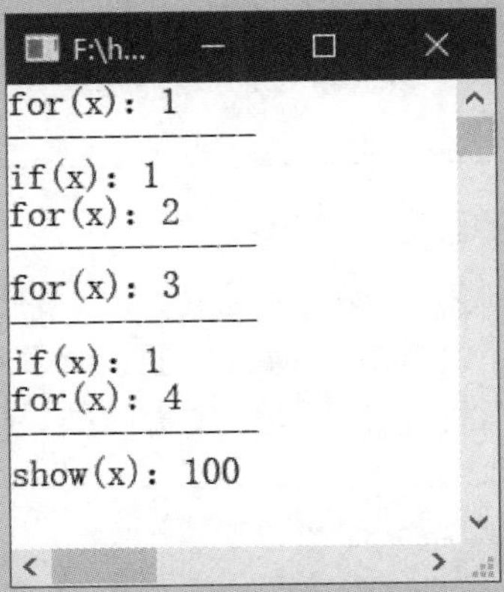

```
for(x): 1
------------
if(x): 1
for(x): 2
------------
for(x): 3
------------
if(x): 1
for(x): 4
------------
show(x): 100
```

图 5.8　例 5-8 的输出结果

思考与练习：

(1) 第 18 行：为什么每次循环输出的 x 值都是 1？

(2) 第 23 行：为什么输出 x 的值为 100？

5.6.3　静态局部变量

函数执行完后，其局部变量都将被删除。如果希望保留局部变量不被删除，则可以将它声明为**静态局部变量**(Static Local Variable)，其定义及特点如下：

(1) 定义局部变量时加上 static 关键字成为静态局部变量。

(2) **生命期**。静态局部变量具有全局生命期，即生命期与全局变量相同。

(3) **作用域**。静态局部变量具有局部作用域，即作用域与局部变量相同。

可见，静态局部变量是全局变量与局部变量相结合的产物，兼有全局性和局部性。

例 5-9　编程实验：静态局部变量的定义与使用。

程序代码及程序输出结果(图 5.9)如下：

```
1   #include <iostream>
2   using namespace std;
3   void   fun(void)
4   {
5     static   int b;          //定义静态局部变量，初值为 0 (即使不初始化)
6     int   a=0 ;
7     a++;      b++;
8     cout << "a=" << a << " b=" << b << endl;
9   }
10  int   main( )
11  {
12   for( int i=0;   i < 5;   i++ )     fun( );
13   system("pause");   return 0;
14  }
```

```
a=1 b=1
a=1 b=2
a=1 b=3
a=1 b=4
a=1 b=5
请按任意键继续. . .
```

图 5.9　例 5-9 的输出结果

思考与练习：

为什么局部变量 a 和 b 的值不同？

例 5-10　编程实验：计算整数 n 的阶乘。

程序代码及程序输出结果(图 5.10)如下：

```
1   #include <iostream>
2   using namespace std;
3   int   fac( int n )
4   {
5     static int   f = 1;    //定义静态局部变量并初始化
6     f *= n ;
7     return   f ;
8   }
9   int   main( )
10  {
11    int i;
12    for (i = 1; i <= 5; i++)
13      cout << i << "!=" << fac(i) << endl;
```

```
1!=1
2!=2
3!=6
4!=24
5!=120
请按任意键继续. . .
```

图 5.10　例 5-10 的输出结果

```
14     system("pause");
15  }
```

5.6.4　程序内存分区

C/C++程序的内存分为下列 5 个区，栈与堆的分配在后面陆续学习。

(1) 全局和静态区。该区存放全局变量和静态局部变量，由系统分配和释放。

(2) 栈区。该区存储局部变量，由系统分配和释放。

(3) 堆区。该区动态内存分配，**由编程者自行分配和释放**，使用灵活。

(4) 常量区。该区存储常量，不允许修改其值，由系统分配和释放。

(5) 代码区。该区存储程序的二进制指令，由系统分配和释放。

5.7　多个单元文件

此前，源代码都写在一个单元文件(.CPP)中，实际项目一般有若干个单元文件，多个 .CPP 文件组成一个项目，本节学习在不同单元文件中的变量和函数。

5.7.1　extern 全局变量

全局变量作用域是从定义开始到本单元文件(.CPP)结束，本项目的其他单元文件不在其作用域内，即不能使用它。如果要允许其他单元文件使用本单元定义的全局变量，则需在其他单元文件内用关键字 extern 声明它为外部全局变量，见例 5-11。

例 5-11　编程实验：extern 全局变量的使用。

本例包含 File1.cpp 和 File2.cpp 两个单元文件。

程序代码及程序输出结果(图 5.11)如下：

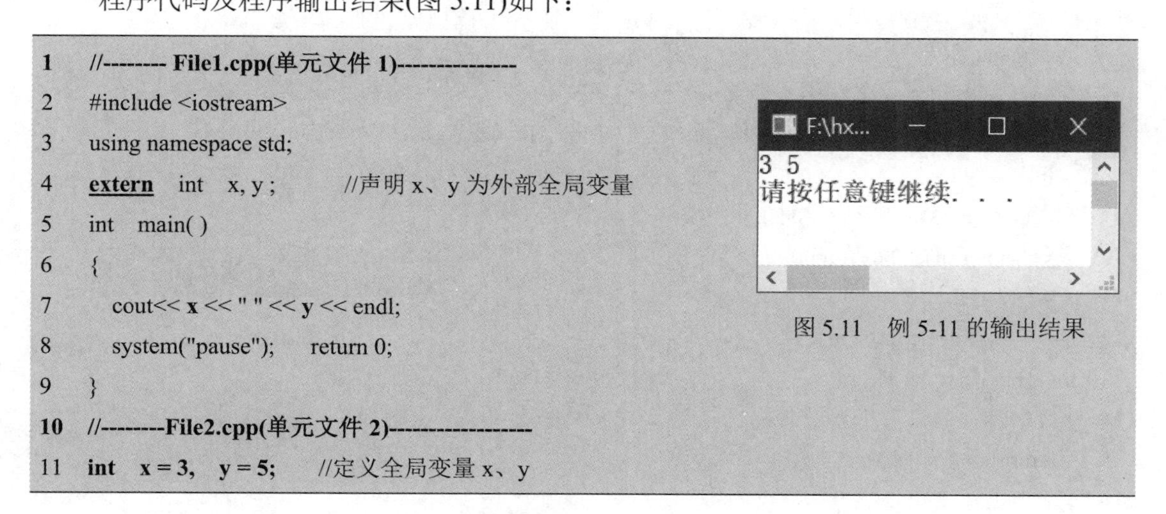

```
1   //-------- File1.cpp(单元文件 1)---------------
2   #include <iostream>
3   using namespace std;
4   extern   int   x, y ;          //声明 x、y 为外部全局变量
5   int   main( )
6   {
7     cout<< x << " " << y << endl;
8     system("pause");    return 0;
9   }
10  //--------File2.cpp(单元文件 2)-----------------
11  int   x = 3,   y = 5;     //定义全局变量 x、y
```


图 5.11　例 5-11 的输出结果

extern 全局变量增加了文件之间的关联性，谨慎使用。另外，文件名不区分大小写。

思考与练习：

注释 File1.cpp 第 4 行，会有什么错误？

5.7.2　static 全局变量

一个人通常不能完成整个项目，需要团队成员合作。为避免不同人开发时出现命名冲突，可在定义全局变量时用 static，**限制全局变量仅本单元文件使用**，其他单元文件不能使用。

修改例 5-11，在 File2.cpp 第 3 行前面加 **static**，其他不改动。重新编译和连接时则出现连接错误“2 个无法解析的外部命令”，这表明 File1.cpp 中用 extern 声明的 x 和 y 没找到。由此可见，File2.cpp 用 static 限制了 x 和 y 不能被其他单元文件使用。

用 static 限定全局变量作用域是好的编程风格，这样做可以避免命名冲突，增强单元文件的独立性。

5.7.3　extern 与 static 函数

函数不能嵌套定义，本单元文件定义的函数是全局的，可以相互调用。与全局变量一样，定义在本单元文件的函数，其他单元文件不能调用。其他单元如要调用本单元文件的函数，则可用 extern 声明为外部函数(告诉编译器非本单元文件中定义)，见例 5-12。

例 5-12　编程实验：extern 函数。

程序代码及程序输出结果(图 5.12)如下：

```
1   //---------- File1.cpp(单元文件 1)------------
2   #include <iostream>
3   using namespace std;
4   extern  int  myMax(int x1,  int x2) ;          //声明外部函数(全局声明)
5   int  main( )
6   {
7     //extern  int  myMax(int ,  int );           //在这里声明也可(局部声明)
8     int a = 5, b = 3;
9     cout << myMax(a, b) << endl;
10    system("pause");  return 0;
11  }
12  //---------- File2.cpp(单元文件 2)------------
13  int  myMax( int x,  int y )
14  {
15    return  x > y ? x : y ;
16  }
```

```
F:\h...
5
请按任意键继续. . .
```

图 5.12　例 5-12 的输出结果

思考与练习：

(1) 注释 File1.cpp 第 4 行，会有什么错误？

(2) File1.cpp 第 4 行与第 7 行有什么区别？

(3) File2.cpp 第 2 行前面加上 static，会有什么错误？

5.8　栈与函数调用过程

大致了解函数调用的内部过程，对于理解函数调用的时空效率很重要，也有助于理解后面递归函数、内联函数、宏函数的优缺点。

5.8.1　栈与系统栈

栈(Stack)是一种线性数据结构，具有**后进先出**(Last In First Out，LIFO)的特性。数据只能从栈顶进(进栈)、出(出栈)；先进栈的数据在栈的下面，后进栈数据“压在”先进栈数据的上面，最后进栈的数据在最上面(栈顶)，如图 5.13 所示。随着数据的进出，栈顶位置是浮动的，而栈底位置是固定的。

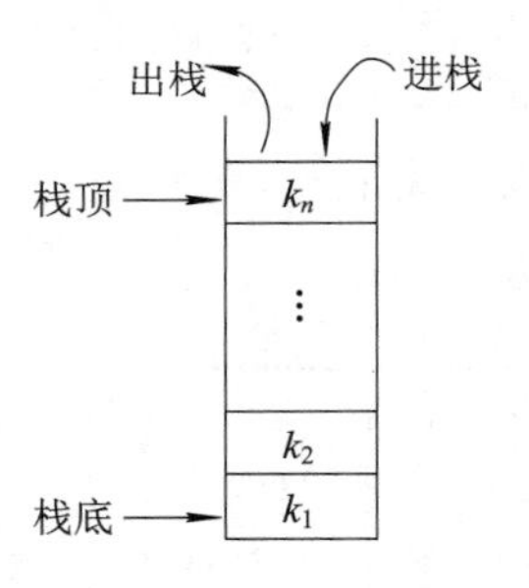

图 5.13　栈示意图

VC++系统栈用于存放局部变量，包括函数实参，默认大小为 1 MB，菜单“项目 / 属性 / 链接器 / 系统 / 堆栈保留大小”可见。

5.8.2　函数调用的大致过程

函数调用时，大致的内部步骤如下：

(1) 调用点地址入栈，调用结束后返回该地址。

(2) 函数实参入栈，若有多个实参，则从右至左、依次入栈。

(3) 从栈中弹出实参赋予形参，进入被调函数体执行。

(4) 被调函数执行完毕，从栈中取出调用点地址，返回该地址继续执行。

例 5-13　编程实验：函数调用与栈过程示例。

程序代码及程序输出结果(图 5.14)如下：

```
1    #include <iostream>
2    using namespace std;
3    void   F2( int& x )
```

```
4   {
5       x += 5;
6   }
7   void  F1( int A, int B, int C )
8   {
9       cout << "A=" << A << "  地址:" << &A << endl;//&：获取 A 的地址
10   cout << "B=" << B << "  地址:" << &B << endl;
11   cout << "C=" << C << "  地址:" << &C << endl;
12   int  k = A + B + C;
13   F2( k ) ;
14   cout << "k=" << k << "  地址:" << &k << endl;
15  }
16  int  main( )
17  {
18   F1( 10, 20, 30 ) ;        //实参从右至左入栈
19   system("pause");        return 0;
20  }
```

```
F:\h...
A=10 地址:00AFFE28
B=20 地址:00AFFE2C
C=30 地址:00AFFE30
k=65 地址:00AFFE14
请按任意键继续. . .
```

图 5.14　例 5-13 的输出结果

例 5-13 函数调用的系统栈变化过程(栈顶低地址、栈底高地址)如图 5.15 所示。

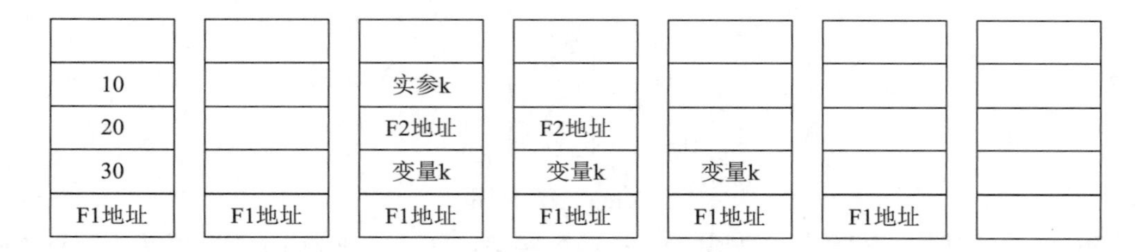

图 5.15　函数调用的栈过程示意图

例 5-13 的大致调用过程：

① main 调用 F1 函数，调用点地址入栈；

② F1 函数的实参入栈；

③ 流程转向 F1 函数，依次从栈中取出实参，赋给相应形参；

④ 进入 F1 函数中执行到第 12 行时局部变量 k 入栈；

⑤ 调用 F2 函数，调用点地址和实参 k 入栈；

⑥ 流程转向 F2 函数，从栈中取出实参 k 赋予形参 x；

⑦ 进入 F2 函数执行完毕，从栈中取出 F2 调用点地址，返回该地址继续执行 F1 函数；

⑧ F1 执行完毕并删除局部变量 k(出栈)；

⑨ 从栈中取出 F1 调用点地址，返回该地址继续执行 main；

⑩ 执行 return 结束 main。

通过上述调用过程可得出以下重要结论：

➢ 函数调用会耗费时间和内存空间。

时间主要耗费在数据进栈与出栈、实参与形参结合(参数传递)上。

思考与练习：

若实参数据量过大(如递归函数)，使系统栈大小不足(上溢错误)，则该怎么办？

提示：问题是怎么产生的？应从根源上解决问题，而非简单加大系统栈。这个问题可能读者现在还无法回答，只是提醒读者注意在后面的学习中加深理解。

5.9　inline 函 数

inline 函数称为内联函数或内置函数，是在定义函数时加上关键字 inline，见例 5-14。

例 5-14　编程实验：内联函数定义与使用。

程序代码如下：

```
1   #include <iostream>
2   using namespace std;
3   /*inline*/ bool   isDigit( char );    //inline 放在这里没用
4   int   main( )
5   {
6    char ch;
7    while (cin >> ch)                    //按组合键“Ctrl+z”结束循环
8    {
9          if ( isDigit(ch) )   cout << "是数字\n";
10         else                 cout << "非数字\n";
11   }
12   system("pause"); return 0;
13  }
14  inline bool isDigit( char ch )      // inline 放在函数实现处
15  {
16   return (ch >= '0' && ch <= '9' ? true : false);
17  }
```

为什么使用内联函数？通过上节已知，函数调用的时间耗费主要在调用点地址、局部变量，包括实参的进栈与出栈、实参与形参结合。如果某函数的使用频率非常高，例如位于大循环中(循环次数很多)，则每次调用函数所耗费的时间累积起来不可小觑。为了提高时间效率，可采用内联函数。那么，内联函数是如何提高时间效率的呢？

本例 main 执行到第 9 行时调用 isDigit 函数。为了节约该函数调用耗费的时间，声明 isDigit 为 inline 函数。它虽然有函数的样子，但不是函数，编译时将其代码嵌入调用函数

(main 第 9 行调用处)，这样就没有了函数调用，节约了函数调用的时空开销。

既然 inline 可以提高时空效率，是不是可以把所有函数都声明为 inline 函数呢？编译器为何不把所有函数都设为inline函数？因为内联函数把函数代码复制到调用处(称为**代码展开**)；每次调用都复制函数代码，增加了代码长度，占用更多的内存空间(特别是大循环中)。另外，有的函数不能声明为内联函数。对于内联函数，有如下的限制：

- inline 只是我们提出的建议，编译器视情况采纳或不采纳。
- 若函数中有循环、switch、嵌套 if 或为递归函数等，则不采纳为内联函数。
- 内联函数的定义需放在每个使用它的 CPP 文件中。

建议把使用频率高、短小精干的函数定义为内联函数。把它放在头文件中，用#include 预处理命令(第 9 章介绍)将头文件包含在使用它的 CPP 文件中。

5.10　递 归 函 数

递推算法(Recursion Algorithm)是通过将问题分解为规模更小的子问题而求解的方法。例如，计算阶乘 $n! = n \times (n-1)!$，问题大小规模为 n，每次递推使问题规模减一，即(n − 1)；经有限次递推使问题规模最终减到 1，则停止递推而得到问题的解。

如 n = 5 的递推解法如下：

$$\underline{5}! = 5 \times \underline{4}! = 5 \times 4 \times \underline{3}! = 5 \times 4 \times 3 \times \underline{2}! = 5 \times 4 \times 3 \times 2 \times \underline{1}$$

再如斐波那契数列递推式如下：

$$F(\underline{n}) = F(\underline{n-1}) + F(\underline{n-2})，其中 F(1) = F(2) = 1$$

递推算法是一种解决问题的重要方法，应用广泛。对某些问题，可能递推法较易建立起计算模型，非递推算法可能较难直接设计出来。

递归函数是在函数内调用本函数，称**直接递归**；在函数内调用其他函数，而其他函数再调用本函数，称为**间接递归**。例如：

直接递归：在 F 函数内调用 F 函数。

间接递归：在 F 函数内调用 F1 函数，F1 函数再调用 F 函数。

递归函数是一种程序设计方法，递推算法是一种算法设计方法。两者不要混淆，递推算法可以用递归函数实现(不好)，也可用非递归函数实现(好)。

例 5-15　编程实验：用递归函数计算阶乘。

程序代码如下：

```
1  #include <iostream>
2  using namespace std;
3  long   F( long n )                //理解：执行过程
4  {
5     long   y;
```

```
6      if ( n <= 1 )   y = n;         //递归出口：停止递归
7      else   y = n*F(n - 1);         //下次递归：问题规模减一，即 n-1
8      return   y;
9    }
10   int   main( )
11   {
12     cout << "5!=" << F(5) << endl;
13     system("pause");     return 0;
14   }
```

➢ 递归函数把执行过程隐藏在递归内部，可读性很差、不易理解。

本例递归比较简单，若递归在循环内或函数中有多个不同的递归，则更难理解。不妨以 F(4) 为例看看递归函数的执行过程，如图 5.16 所示。

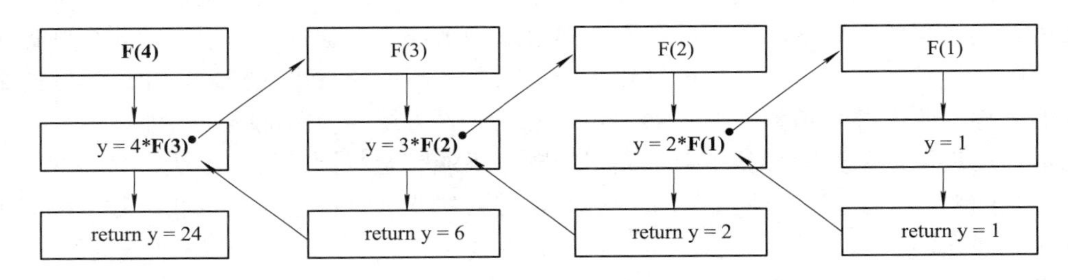

图 5.16　递归函数的执行过程

例 5-16　编程实验：用非递归函数计算阶乘。

程序代码如下：

```
1    #include <iostream>
2    using namespace std;
3    long F( long n )
4    {
5      long sum = 1;
6      while ( n )              //用循环代替递归
7      {
8        sum *= n;              //累乘计算阶乘
9        n-- ;
10     }
11     return   sum;
12   }
13   int   main( )
14   {
15     cout << F(5) << endl;
```

```
16    system("pause");        return 0;
17  }
```

可见，非递归版比递归版更容易理解。重要的是，每次递归都是一次函数调用，非递归不是函数调用，提高了时空效率。**递归深度**(嵌套层次)很大时，不仅可能使系统栈溢出，还降低了时间效率。因此，递归函数不是好的方案。借助循环或栈，可以把递归函数改为非递归实现。

- 递归函数是一种程序设计方法，应尽可能将其改写为非递归实现。

5.11　函 数 重 载

重载函数(Function Overloading)是指功能相同或相似，**形参类型、个数或顺序不全相同的同名函数**。例如，编写判断整数、浮点数是否相等的函数。判断整数、浮点数相等的方法有差别，需要分别编写不同的函数。如果这些函数名不同，则编程者就要准确记忆每个函数的名称及参数，可能记错而导致错误。为此，利用函数重载技术，允许这些函数有相同的名称，**调用哪个函数由编译器决定**，避免人为错误。为保证编译器能区分同名的重载函数，**规定重载函数的形参个数、类型或顺序不能完全相同**，否则没法区分。注意：不能用函数的返回类型来区分同名的重载函数，因为先要确定调用哪个重载函数，被调函数执行完后才返回。

例 5-17　编程实验：重载函数的定义与调用。

程序代码及程序输出结果(图 5.17)如下：

```
1   #include <iostream>
2   using namespace std;
3   bool  isEqual( int a, int b )             //重载函数：判定 2 个整数相等
4   {
5     return  a == b ? true : false;
6   }
7   bool  isEqual( double a, double b )       //重载函数：判定 2 个浮点数相等
8   {
9     return  ( abs(a - b) < 1e-10 );         //表达式结果：true / false
10  }
11  bool  isEqual( int a, int b, int c )      //重载函数：判定 3 个整数相等
12  {
13    if (a == b && a == c)  return  true;
14    else  return  false;
15  }
16  int  main( )
17  {
```

```
18    int   m = 10.99,   n = 10,   k = 9.99;
19    double   x = 1.0,   y = 1.0000000001;
20    cout << boolalpha ;   //bool 变量输出 true 或 false
21    cout << "m=n?\t" << isEqual(m, n) << endl;
22    cout << "x=y?\t" << isEqual(x, y) << endl;
23    cout << "m=n=k?\t" << isEqual(m, n, k) << endl;
24    system("pause");
25    return 0;
26  }
```

```
m=n?    true
x=y?    false
m=n=k?  false
请按任意键继续. . .
```

图 5.17　例 5-17 的输出结果

第 3 行、第 7 行、第 11 行：定义 3 个同名函数 isEqual，形参满足重载函数的要求，则它们 3 个是重载函数。

注意：形参有默认值时，小心二义性错误。以下代码段定义 3 个重载函数 P：

```
void   P(void) { ... }                         // ①
void   P(int x, int y) { ... }                 // ②
void   P(int x, int y=0, int z=1 ) { ... }     // ③ 2 个形参有缺省值
int   main( )
{
   P( );        //正确：调用①
   P(6);        //正确：调用③
   P(3, 8);     //错误：调用②或③均可，二义性错误
}
```

5.12　函 数 模 板

5.12.1　模板的概念与用途

函数重载实现了函数名的多用，即多个函数有相同的名称。对于函数体完全相同的重载函数仍需要分别编写各自的代码，如下的 max 函数需要编写 2 个重载函数：

```
int   max( int a, int b )                    //数据类型为 int
{
   return a > b ? a : b ;
}
double   max( double a, double b )           //数据类型为 double
{
   return a > b ? a : b ;
}
```

这 2 个 max 函数不具有通用性，即不适用于各种数据类型。我们希望编写一个函数适用于多种数据类型，这就要用到函数模板技术。

为便于理解**模板(Template)**，以冲压制造铝锅为例。冲压加工需要模具，铝合金板材放在模具上面，经冲压成型得到铝锅。显然，模具和铝锅是两样不同的东西，而模具是用来生产铝锅的。模具就是模板，**函数模板**用来生产具体的函数，称为**模板实例化**，实例化的具体函数称为**模板函数**。

制作(定义)一个函数模板，它可以生产出一系列的模板函数，这些模板函数可适用于不同的数据类型，以满足不同的需要。

5.12.2　模板定义与实例化

为便于理解，下面举例说明如何定义和使用函数模板。

例 5-18　编程实验：函数模板的定义与使用。

程序代码及程序输出结果(图 5.18)如下：

```
1   #include <iostream>
2   using namespace std;
3   template< class T1, class T2 > void   mySwap(T1&, T2&);      //提前声明函数模板
4   int   main( )
5   {
6     int   x = 5;
7     char y = 'c';
8     cout << x << "   " << y << endl;
9     mySwap(x, y);        //泛型实例化
10    cout << char(x) << "   " << int(y) << endl;
11    system("pause");   return 0;
12  }
13  template< class T1, class T2 > void   mySwap( T1 &a, T2 &b )
14  // 声明 2 个泛型 T1、T2(类型待定，非具体类型)
15  // mySwap 函数模板用于生产具体的函数(实例化)
16  {
17    T1 t;
18    t = a;
19    a = T1(b);       b = T2(t);  //强制类型转换
20    //a=b;     b=t;
21  }
```

```
F:\hxn\...
5  c
c  5
请按任意键继续. . .
```

图 5.18　例 5-18 的输出结果

template< >括号内是泛型列表，这里 T1 和 T2 表示 2 个泛型(泛类型)。模板实例化就是把泛型确定为具体的类型。泛型的名称及个数按需要设计，声明多个泛型时，泛型之间用逗号分隔，每个泛型前面都要加上 class 或 typename 关键字。由于 main 在 mySwap 定义之前，故第 3 行提前声明函数模板。

第 9 行调用 mySwap 函数。函数模板(有类型待定的参数)不是具体函数，不能直接使用。这里，函数模板实例化生产一个具体的模板函数 mySwap，T1 和 T2 由实参 x 和 y 的

类型确定，即 T1 为 x 类型 int，T2 为 y 类型 char。实例化得到的模板函数如下：

```
void    mySwap( int &a,    char &b )
{
    int    t;
    t = a;
    a = int (b);        b = char (t);
}
```

第 9 行就是调用这个模板函数(参数类型已确定)。

思考与练习：

(1) T1 和 T2 可否实例化为相同的类型？

(2) 不注释第 20 行而注释第 19 行，会如何？

(3) 将 x、y 的类型都改为 double，有错吗？

例 5-19　编程实验：函数模板有部分泛型参数。

程序代码及程序输出结果(图 5.19)如下：

```
1    #include <iostream>
2    using namespace std;
3    template <class T > int sum( T a, char b )       // a 为泛型，b 为具体类型
4    {
5      return a + b;
6    }
7    int   main( )
8    {
9      char c = 'A';
10     for (int i = 0; i < 9; i++)       // T 实例化为 int
11         cout << char( sum( i, c ) ) << " ";
12     cout << endl;
13     system("pause");     return 0;
14   }
```

```
F:\hxn\...
A B C D E F G H I
请按任意键继续. . .
```

图 5.19　例 5-19 的输出结果

5.12.3　模板的特化处理

对于某种特定数据类型，模板实例化生成的模板函数在处理这种特定数据类型时会出错，如例 5-20。对此，系统提供了模板的**特殊实例化**方案，简称**模板特化**。

例 5-20　编程实验：修改例 5-17，用函数模板实现。

程序代码如下：

```
1    //函数模板特化
2    #include <iostream>
3    using namespace std;
```

```
4   template<class T> bool isEqual( T a, T b )          //泛化版：若 T 为浮点型，则可能出现逻辑错
5   {
6     return   a == b ? true : false ;                   //浮点数不用==比较
7   }
8   template < > bool isEqual( double a, double b )      //特化版：a、b 是具体类型
9   {
10    return   abs(a - b) < 1e-5 ? true : false;
11  }
12  int   main( )
13  {
14    int    m = 10.99,    n = 10 ;
15    double    x = 0.0, y = 0.000001;
16    cout << boolalpha;
17    cout << "m=n?\t" << isEqual( m, n ) << endl;          //调用泛化版
18    cout << "x=y?\t" << isEqual( x, y ) << endl;          //调用特化版
19    system("pause");        return 0;
20  }
```

思考与练习：

(1) 怎么证明第 18 行调用的是特化版而非泛化版？理由是什么？

(2) 注释第 8 行的 **/* template < > */**，isEqual 成为普通函数而非模板函数，程序依然正确，这属于函数模板重载(下节介绍)。

(3) 注释第 8～11 行，结果有何区别？理解计算精度(10^{-5})对近似计算的作用。

5.13　函数模板重载

函数可以重载，函数模板同样可以重载。

例 5-21　编程实验：函数模板的重载。

程序代码及程序输出结果(图 5.20)如下：

```
1   #include <iostream>
2   using namespace std;
3   template<class T> T sum( T a, T b )                  //重载函数模板
4   {   return   a + b;   }
5   template<class T1, class T2> T1 sum( T1 a, T2 b )    //重载函数模板
6   {   return   a + b;   }
7   double   sum( double a, double b )                   //重载具体函数
8   {   return   a + b;   }
9   template<class T> T sum( T a, T b, T c )             //重载函数模板
```

```
10  {   return    a + b + c;   }
11  int   main( )
12  {
13      int   i1 = 1, i2 = 2,   i3 = 3;
14      cout << sum( i1, i2 ) << endl;            //调用谁？
15      cout << sum( i1, i2, i3 ) << endl;        //调用谁？
16      double   d1 = 3.8,   d2 = 4.3;
17      cout << sum( d1, i1 ) << endl;            //调用谁？
18      cout << sum( i1, d1 ) << endl;            //调用谁？
19     cout << sum( d1, d2 ) << endl;             //调用谁？
20     system("pause");   return 0;
21  }
```

```
3
6
4.8
4
8.1
请按任意键继续. . .
```

图 5.20　例 5-21 的输出结果

思考与练习：

(1) 根据函数重载规则说明它们为什么是重载。

(2) 你用什么方法证明每次调用的是哪个重载函数？

第6章　数　　组

6.1　数组的用途

不妨先考虑这样一个问题：如何编程计算n个数之和？

首要问题是如何存储它们？不可能定义n个变量来存储n个数，n可以变化。类似问题还有很多，如全班、全年级、全校学生的全部课程成绩及身份证号码、姓名、电话号码等应如何存储。为此，系统提供了一种数据结构——**数组**(Array)，专门用来存储同类型的数据。

- 数组用于存储**同一类型**的数据，数组必须有一个名称，即**数组名**。
- 数组中的数据称为**元素**，每个元素的数据**类型必须相同**。

6.2　一维数组

6.2.1　一维数组的定义

就像变量和函数一样，数组也必须先定义、后使用。一维数组的定义规则如下：

数据类型　数组名[下标]

举例说明：

```
int    days[7];                  //定义一个数组 days，存储 7 个 int 数据
const  int  numDays = 5;         //常变量
#define COUNT 8                  //宏(符号常量)
int    workDay[ numDays ];       //定义一个数组 workDay，存储 5 个 int 数据
double    num[ COUNT ];          //定义一个数组 num，存储 8 个 double 数据
```

数组相关的概念与规则如下：

(1) 数组名：数组的名称，做到顾名思义。

(2) 方括号：数组的标识，表示这是一个数组。

(3) **下标**：定义数组时表示数组大小(元素个数)，须为常量(直接常量或常变量)。使用数组时表示数组的第几个元素(从0开始)，可以是变量。

(4) **数据类型**：数组元素的类型。days数组的7个元素都是int类型，num数组的8

个元素都是 double 类型。错误的数组定义如下：

```
int  arr(10);                //数组标识：圆括号错
int  a1{10};                 //数组标识：花括号错
int  n=6;  int score[n];     //下标不能是变量
int  b[0...5];               //下标不能是范围
int  m[4.8]                  //下标不能是小数
double d[ ];                 //下标不能为空
char  ch[-5]                 //下标不能是负数
```

定义一个数组就是在内存中创建数组，占用内存空间。一个数组占用多大的内存空间？这取决于元素的类型和个数。

例 6-1　编程实验：数组占用的内存大小。

程序代码及程序输出结果(图 6.1)如下：

```
1  #include <iostream>
2  using namespace std;
3  int  main( )
4  {
5      int  data[10];                        //定义数组
6      cout << sizeof( data ) << endl;       //使用数组
7      system("pause");  return 0;
8  }
```

```
40
请按任意键继续. . .
```

图 6.1　例 6-1 的输出结果

data 数组有 10 个 int 元素，每个 int 占 4 B，共占 40 B 内存。sizeof(data)写法也可改为 10*sizeof(int)、10*sizeof(data[0])，请尝试修改。

6.2.2　一维数组的使用

使用数组就是访问(读或写)数组的元素，用“**数组名[下标]**”访问数组的元素，称为“**下标访问**”方式，第 7 章将介绍数组的“**指针访问**”方式。

例 6-2　编程实验：访问数组的元素。

程序代码及程序输出结果(图 6.2)如下：

```
1  #include <iostream>
2  using namespace std;
3  int  main( )
4  {
5    int  data[10];  //定义数组：开辟内存空间。局部数组，元素值为随机值
6    for (int i = 0; i < 10; i++)   //循环访问每个元素
7    {
8      data[ i ] = 2 * i;               //写数组
9      cout << data[ i ] << " ";        //读数组
```

```
10    }
11    cout << endl;
12    system("pause");   return 0;
13  }
```

0 2 4 6 8 10 12 14 16 18
请按任意键继续. . .

图 6.2　例 6-2 的输出结果

➢ 注意：系统不检查数组下标是否越界，由编程者负责。

尝试把第 6 行的循环条件改为 i < 11。data 数组最多放 10 个元素，放不下第 11 个元素(没空间)，系统不检查它是否越界，直接存放到 data 数组之外的后续内存单元中，如果后续内存单元恰好存有其他有用数据，则可能造成难以预估的错误。系统不提示任何错误信息，程序运行时有很大风险，编程者务必小心。

➢ 访问数组元素时必须逐个进行，不能整体访问。

例如：

```
int data[10];
data = 80;            //错误
cout << data;         //错误
```

下面是例外情况，允许对数组进行整体访问。

```
char   str[ ] = "abcd12345" ; //存放字符串的字符数组
cout << str ;                 //正确(整体访问数组 str)
```

str 存放的是字符串(回顾字符串)，操作符“<<”对字符串进行了特殊处理，可以用它整体输出 str 数组的各个元素。

6.2.3　一维数组初始化

前面的变量初始化，就是在定义变量时赋值。数组也可以理解为广义变量，定义数组时给各个元素赋值称为数组初始化或初始化数组。

例 6-3　编程实验：一维数组的初始化。

程序代码及程序输出结果(图 6.3)如下：

```
1    #include <iostream>
2    using namespace std;
3    int   main( )
4    {
5       int   a[5] = { 1,2,3,4,5 };   //完全初始化(全部元素都赋值)
6       for (int i = 0; i < 5; i++)
7            cout << a[i] << " ";
8       cout << " sizeof(a):" << sizeof(a) << endl;
9       int   b[5] = { 1,2,3 };        //部分初始化(部分元素赋值)
10      for (int i = 0; i < 5; i++)
```

```
11          cout << b[i] <<" ";
12      cout << " sizeof(b):" << sizeof(b) << endl;
13      int   c[ ] = { 1,2,3 };               //省略下标
14      cout << "sizeof(c):" << sizeof(c) << endl;
15      system("pause");   return 0;
16  }
```

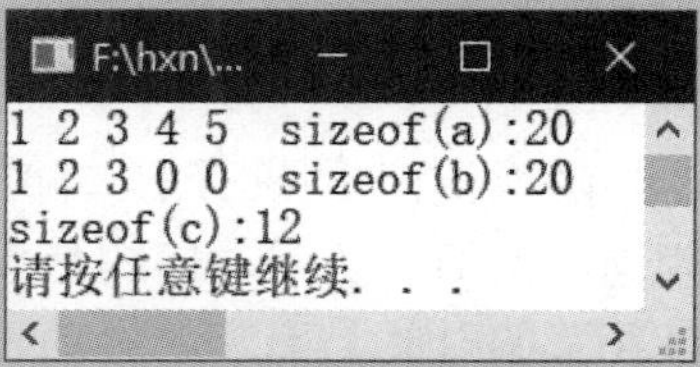

```
1 2 3 4 5  sizeof(a):20
1 2 3 0 0  sizeof(b):20
sizeof(c):12
请按任意键继续. . .
```

图 6.3　例 6-3 的输出结果

思考与练习：

(1) 数组 b 部分初始化后，没初始化的元素值是多少？

(2) int d[5] = { }；数组的每个元素值是多少？

(3) 第 13 行定义数组 c 省略了下标，下标能从初始化表推导出来，其值是多少？

6.2.4　一维数组的存储特点

一维数组在内存中是如何存放的？这对学习二维数组及指针运算很重要。下面，结合一个示例程序学习。

例 6-4　编程实验：一维数组在内存中的存储特点。

程序代码及程序输出结果(图 6.4)如下：

```
1   #include <iostream>
2   using namespace std;
3   int   main( )
4   {
5       int   a[5] = { 10,20,30,40,50 };
6       cout << "数组元素内存地址" << endl;
7       for (int i = 0; i < 5; i++)
8           cout << "a[" << i << "]: " << &a[i] << endl;
9       system("pause");
10      return 0;
11  }
```

```
数组元素内存地址
a[0]: 0019FC70
a[1]: 0019FC74
a[2]: 0019FC78
a[3]: 0019FC7C
a[4]: 0019FC80
请按任意键继续. . .
```

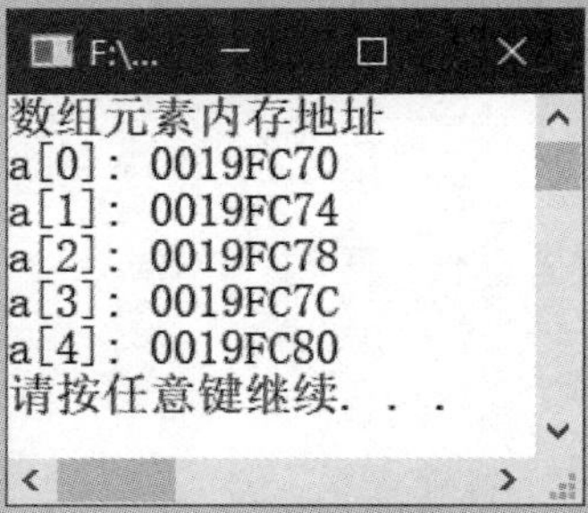

图 6.4　例 6-4 的输出结果

说明：&表示获取数据的内存地址(将在第 7 章“指针”学习)。

a 数组的每个元素都是 int 类型，每个元素占 4 B 内存。观察结果，相邻元素地址值(十六进制)刚好相差 4 B。数组有下面两个特点，对于后面学习数组的指针访问很重要。

- 数组的相邻元素在内存中连续存放，即相邻元素的地址相邻。
- 数组元素从低地址向高地址连续存放，数组下标增加、地址值增大。

数组占用一片连续的内存区。当数组太大而连续内存区不足时，程序不能运行。由于局部数组在系统栈上分配内存(默认 1 MB)，因此超过栈的大小将产生溢出错误。对此，静态局部数组、全局数组、内存动态分配(7.4 节介绍)等都可避免在栈上分配内存。

6.2.5　数组的随机访问

随机访问(随机存取、随机读写)数组是指访问每个元素的算法相同，故花费的时间也相同。与随机访问对应的是顺序访问(Sequential Access)，顺序访问就好比磁带机，卷动磁带花费的时间与磁带的卷动长度有关，故访问磁带前面的元素所花费时间较少，访问磁带后面的元素花费时间更多。

数组如何进行随机访问呢？这与数组元素在内存的存储方式有关。见图 6.4，相邻元素在内存中连续存放，第一个元素的内存地址称为**首地址**或基地址。由于每个元素的类型相同，即所占内存大小相同，故数组任一元素的内存地址按下面的公式计算：

$$\textbf{a[i]地址} = \textbf{a[0]地址} + \textbf{i*sizeof(元素类型)}, \quad \textbf{i = 0,1,2,}\cdots \tag{6-1}$$

由于访问每个元素的地址计算公式相同，因此花费的计算时间相同。

6.2.6　一维数组应用简例

例 6-5　编程实验：求 N 个整数的最大值与平均值。

程序代码及程序输出结果(图 6.5)如下：

```
1   #include <iostream>
2   using namespace std;
3   int   main( )
4   {
5       const   int   N = 7;          //元素个数
6       int   data[N] = { 1,2,3,4,5,6,7 };     //数组初始化
7       int   max = data[0];          //最大值
8       int   sum = 0;                //元素和
9       double   avg;                 //平均值
10      for (int i = 0; i < N; i++)   //循环访问每个元素
11      {
12          if ( max < data[i] )   max = data[i];
13          sum += data[i];           //下标访问方式
14      }
15      avg = sum / double(N);
16      cout << "max=" << max << "\navg=" << avg;
17      cout << endl;
18      system("pause");   return 0;
19  }
```

```
F:\h...
max=7
avg=4
请按任意键继续. . .
```

图 6.5　例 6-5 的输出结果

思考与练习：

分别设计求最大值和平均值的两个函数，把 main 中定义的数组 data[N] 作为参数传给这两个函数。数组作为函数参数进行传递将在 6.4 节学习，不妨先思考一下。

6.3　二维数组

我们经常要处理各种二维表，见表6-1，其数据可用二维数组来存储。

表6-1　学生课程成绩表

学　号	姓名	英语	高数	C++	…
312010080605101	张三	90	95	85	…
312010080605101	李四	86	90	92	…
…	…	…	…	…	…

6.3.1　二维数组的定义

一维数组增加一个下标则成为二维数组，其形式如下：

数据类型　数组名[行下标][列下标]

举例：

```
const   int   m=3, n=4;          //行下标m、列下标n须是正整数常量
double   data[m][n];              //定义二维double数组(3行4列)
```

表6-2　二维数组的行列下标

data[0][0]	data[0][1]	data[0][2]	data[0][3]
data[1][0]	data[1][1]	data[1][2]	data[1][3]
data[2][0]	data[2][1]	data[2][2]	data[2][3]

二维数组由多个一维数组构成，每行为一个一维数组。当然可以定义多个一维数组代替二维数组，本例可定义三个一维数组。是否定义多个一维数组代替二维数组的使用，取决于是否便于理解和使用，定义的一维数组个数太多就不好。

6.3.2　二维数组的使用

与一维数组一样，也可通过下标方式访问二维数组的元素。

例6-6　编程实验：访问二维数组。

程序代码及程序输出结果(图6.6)如下：

```
1   #include <iostream>
2   using namespace std;
3   int   main( )
4   {
5     const   int   row = 3, col = 4;            //行 row、列 col
6     int   data[row][col];                      //定义二维数组(局部数组，未初始化)
7     for ( int i = 0;   i < row;   i++ )        //行循环(外层)
```

```
8         for ( int j = 0;   j < col;   j++ )     //列循环(内层)
9         {
10            data[i][j] = i + j ;                //写数组元素
11            cout << data[i][j] << " ";          //读数组元素
12            if ((j + 1) % 4 == 0)   cout << endl;
13        }
14    system("pause");   return 0;
15  }
```

```
0 1 2 3
1 2 3 4
2 3 4 5
请按任意键继续. . .
```

图 6.6　例 6-6 的输出结果

二维数组有行下标和列下标，常用二重循环访问数组元素。

思考与练习：

交换第 7 行与第 8 行，结果会如何？为什么？

6.3.3　二维数组的一维存储

二维数组是逻辑结构而非内存中的存储形式。内存地址是一维编号，内存是一维结构。如何把二维数据存入一维内存中？C/C++采用“行优先”即“**按行存储**”的方式，把二维数组转为一维存储。

如有下面的二维数组：

$$\mathbf{A[m][n]}=\begin{bmatrix} \mathbf{a_{00}} & \mathbf{a_{01}} & \cdots & \mathbf{a_{0,n-1}} \\ \mathbf{a_{10}} & \mathbf{a_{11}} & \cdots & \mathbf{a_{1,n-1}} \\ \cdots & \cdots & \underline{a_{i,\ j}} & \cdots \\ \mathbf{a_{m-1,0}} & \mathbf{a_{m-1,1}} & \cdots & \mathbf{a_{m-1,n-1}} \end{bmatrix}$$

将该二维数组按行存储，即下一行紧接在上一行的后面存储，如下所示：

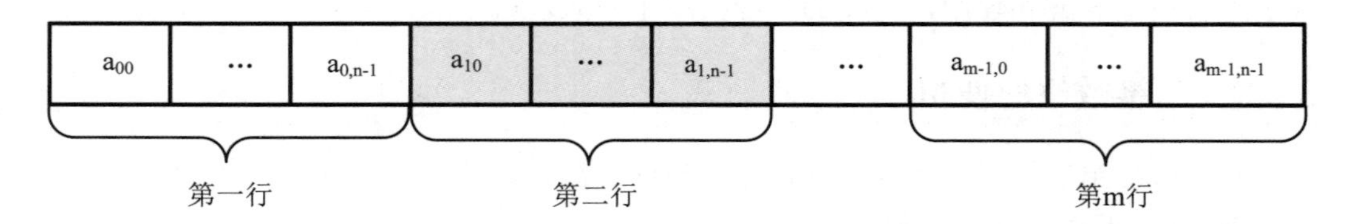

问题：二维数组任一元素 $a_{i,\ j}$ 在一维内存的哪个位置？二维数组的下标如何换算为一维数组的下标？简单分析可知两者的换算关系如下：

$$\mathbf{a[i][j] \leftrightarrow a[i*n+j]} \tag{6-2}$$

这个换算式对于灵活使用二维数组及后续的指针访问数组非常重要，下面将用到。

6.3.4　二维数组初始化

同变量一样，全局或静态数组每个元素的初值为 0，局部数组每个元素的初值不确定。

类似于一维数组，二维数组初始化也可分为完全初始化和部分初始化。

(1) **完全初始化**。数组的所有元素都初始化，如下：

```
int   mat [3][4] = {     //定义二维数组(3 行 4 列)
                    { 1,2,3,4 } ,        //花括号可省略，用逗号分隔元素
                    { 5,6,7,8 } ,
                    { 9,10,11,12 }       //注意：最后没逗号
                 } ;  //这里有分号
int mat [3][4] = { {1,2,3,4}, {5,6,7,8}, {9,10,11,12} } ;      //可写于一行
int mat [3][4] = {1,2,3,4,5,6,7,8,9,10,11,12 } ;               //省略花括号
```

以上写法都正确，前两种写法更易理解，最后一种写法可读性稍差。

(2) **部分初始化**。数组的部分元素初始化，如下：

```
int   mat [3][4] = { {1}, {2,3}, {4,5,6} } ;
```

初始化结果如下：

1	0	0	0
2	3	0	0
4	5	6	0

省略内部花括号：

```
int   mat [3][4] = { 1,2,3,4,5,6 } ;
```

初始化结果如下：

1	2	3	4
5	6	0	0
0	0	0	0

(3) **省略行下标的初始化**。二维数组初始化时，行下标可以省略，例如：

```
int   mat[ ][4] = { 1,2,3,4, 5,6,7,8, 9,10 };
```

系统可以根据右端初始化表推导行下标值为“3”，故行下标可省略。

省略列下标：

```
int   mat [3][ ] = {1,2,3,4,5,6,7,8,9 };   //错，列下标不可省略
```

省略列下标，列数的划分可能存在多种方案，本例可划分为 3 列：

{ {1,2,3}, {4,5,6}, {7,8,9} }

也可划分为 4 列：

{ {1,2,3,4}, {5,6,7,8}, {9} }

这样，列数划分就存在二义性或多义性，系统不知道用哪种，故报语法错。

6.3.5　二维数组转一维存储举例

例 6-7　编程实验：求转置矩阵，用二维数组存储矩阵。

数学上，矩阵转置就是把行列互换：$\mathbf{a}_{i,j} \rightarrow \mathbf{a}_{j,i}$

$$\mathbf{A}=\begin{bmatrix} 1 & 2 & 3 & 4 \\ 5 & 6 & 7 & 8 \\ 9 & 10 & 11 & 12 \end{bmatrix} \xrightarrow{a[i][j] \to a[j][i]} \mathbf{A}^{T}=\begin{bmatrix} 1 & 5 & 9 \\ 2 & 6 & 10 \\ 3 & 7 & 11 \\ 4 & 8 & 12 \end{bmatrix}$$

程序代码及程序输出结果(图 6.7)如下：

```
1   //二维数组存储矩阵
2   #include <iostream>
3   using namespace std;
4   int  main( )
5   {
6     const int M = 3, N = 4;
7     //二维数组存储矩阵
8     int  A[M][N] = { {1,2,3,4}, {5,6,7,8}, {9,10,11,12} };
9     int  AT[N][M];                         //定义转置矩阵
10    for (int i = 0; i < M; i++)          //A 行循环
11        for (int j = 0; j < N; j++)      //A 列循环
12            AT[j][i] = A[i][j];          //A 行列互换
13            //AT[i][ j] = A[ j][i] ;       //ERROR?
14    cout << "转置矩阵：" << endl;
15    for (int i = 0; i < N; i++)          //AT 行循环
16    {
17            for (int j = 0; j < M; j++)  //AT 列循环
18            cout << AT[i][j] << "   ";
19            cout << endl;
20    }
21    system("pause");      return 0;
22  }
```

```
F:\hx...
转置矩阵：
1  5  9
2  6  10
3  7  11
4  8  12
请按任意键继续. . .
```

图 6.7　例 6-7 的输出结果

思考与练习：

(1) 注释第 12 行，不注释第 13 行，有错吗？

(2) 为什么行循环在外层而列循环在内层？

➢　二维数组转一维存储是灵活使用二维数组的重要方法。

例 6-8　编程实验：二维数组转一维存储。

程序代码及程序输出结果(图 6.8)如下：

```
1   #include <iostream>
2   using namespace std;
3   int   main( )
4   {
5     const int M = 3, N = 4;                  //M 行 N 列
6     int   A[M][N] = {{ 1,1,1,1 },{ 2,2,2,2 },{ 3,3,3,3 }};
7     int   B[M*N];                            //一维数组
8     for (int i = 0; i < M; i++)              //A 行循环
9         for (int j = 0; j < N; j++)          //A 列循环
10          B[ i*N + j ] = A[i][j] ;           //二维转一维存储
11    for (int i = 0; i < N*M; i++)            //输出 B
12    {
13          cout << B[i] << "    ";
14          if ((i + 1) % N == 0)    cout << endl;
15    }
16    system("pause");     return 0;
17  }
```

```
F:\h...
1   1   1   1
2   2   2   2
3   3   3   3
请按任意键继续. . .
```

图 6.8　例 6-8 的输出结果

例 6-9　编程实验：将例 6-7 中的转置矩阵 AT 用一维数组存储。

程序代码如下：

```
1   //二维数组转一维存储(矩阵转置)
2   #include <iostream>
3   using namespace std;
4   int   main( )
5   {
6     const int M = 3, N = 4;
7     int   A[M][N] = { { 1,2,3,4 },{ 5,6,7,8 },{ 9,10,11,12 } };
8     int   AT[N*M];                              //转置矩阵 AT：一维数组
9     for (int i = 0; i < M; i++)
10        for (int j = 0; j < N; j++)
11            AT[ j*M + i ] = A[i][j] ;           //二维转一维存储
12    cout << "转置矩阵：" << endl;
13    for ( int i = 0; i < N*M ;   i++ )          //输出 AT：与图 6.7 相同
14    {
15            cout << AT[i] << "    ";
16            if ((i + 1) % M == 0)    cout << endl;
17    }
18    system("pause");     return 0;
19  }
```

6.3.6　多维数组

二维数组可以存储矩阵、二维表等。如果要存储 n 维数据，则可以创建 n 维数组。二维数组的定义与用法可推广到 n 维(n≥3)。例如，可用一个三维数组存储若干幅大小相同的图像。一幅图像是一个点阵(高×宽)，图片大小 150×200 表示宽 150 个点、高 200 个点。100 幅同样大小的照片可用一个三维数组存储：

```
int  images [100] [200] [150] ;
```

对于单色图像，每个点的颜色值范围为整数 0～255，故数组的类型为 int。第一维 100 表示图片数量，第二维 200 表示图像高度(行)，第三维 150 表示图像宽度(列)，元素值表示图片某点的颜色值。用三重循环可存取每张图片上每个点的值：

```
for( int n = 0;   n < 100;   n++ )                  // n 幅图片循环
    for(int row = 0;   row < 200;   row++ )         //一张图片的高度(行)循环
        for( int col = 0;   col < 150;   col++ )    //一张图片的宽度(列)循环
            images[n][row][col] = …;
```

对于彩色图像，每个点的颜色由红(R)、绿(G)、蓝(B)3 色组成，RGB 颜色值范围均为 0～255。可定义一个三维数组存储一幅图像的 3 个颜色值：

```
int  RGB_image [row] [col] [value] ;
```

row 为行数，col 为列数，value=0 表示红、value=1 表示绿、value=2 表示蓝。数组的元素值表示彩色图像上某个点的 R、G、B 值。

存储同样大小的多幅彩色图像，可定义一个四维数组存储：

```
int  RGB_images [n] [row] [col] [value] ;  //n 表示图像数量
```

➢ 数组的维数越高，越难理解、越易出错，因此，尽量不要用高于三维的数组。

例如，对于一幅彩色图片的存储，可用 3 个二维数组存储：

```
int  R_image [row] [col] ;   //图像的红色值
int  G_image [row] [col] ;   //图像的绿色值
int  B_image [row] [col] ;   //图像的蓝色值
```

三维数组降为二维数组，更易理解、不易出错。若二维数组过多，则还是应该用三维数组。如 100 幅彩色图像，用 300 个二维数组存储显然不合适，用如下的三维数组存储更好：

```
int  R_images [n] [row] [col] ;   //n 幅红色图像
int  G_images [n] [row] [col] ;   //n 幅绿色图像
int  B_images [n] [row] [col] ;   //n 幅蓝色图像
```

注意，数组降维并不意味着时间效率的提高，循环次数并没有减少。

6.4　数组作为函数的参数

例 6-5～例 6-9 把全部代码写在 main 中，这不符合 main 函数设计原则，不能把全部代码写在一个函数中，必须要将数组作为参数在函数之间传递。

数组作为函数参数的两种方式：① 数组元素作为参数；② 整个数组作为参数。用哪种取决于函数设计的需要。

6.4.1　数组元素作为参数

这种情况比较简单，把数组的一个元素传递给同类型的形参。

例 6-10　编程实验：数组元素作为函数的参数。

程序代码及程序输出结果(图 6.9)如下：

```
1   #include <iostream>
2   using namespace std;
3   void   show( int n )     //形参：一个 int 变量
4   {   cout << n <<" ";   }
5   int   main( )
6   {
7     int   arr[ ] = { 1,2,3,4,5 };
8     for ( int i = 0; i < 5; i++ )
9           show( arr[i] ); //实参：数组的一个元素
10    cout << endl;
11    system("pause");   return 0;
12  }
```

```
F:\hxn\...
1 2 3 4 5
请按任意键继续. . .
```

图 6.9　例 6-10 的输出结果

第 9 行 show 函数实参为 arr 数组的一个元素(第 i 个)，传给第 3 行的形参 n。

6.4.2　整个数组作为参数

若要将整个实参数组作为函数参数进行传递，可考虑下面两种方案。

一是把实参数组的所有元素一一传递给形参数组。这种方案很不好，要在系统栈上创建与实参数组同样大小的形参数组。如果实参数组较大，则栈空间溢出造成数据错误。另外，实参数组元素逐个赋给形参会耗费时间。鉴于时空效率很差，系统没有采用这种方案。

二是把实参数组的首地址传递给形参。数组元素在内存中连续存放，只要知道了数组首地址，所有元素地址均可计算得到，知道了内存地址即可访问它们。地址值是一个整数，传给形参一个整数即可实现数组传递，这种方式简便高效，为系统所采用。

例 6-11　编程实验：把整个实参数组传给函数的形参。

程序代码及程序输出结果(图 6.10)如下：

```
1   //数组首地址传给形参
2   #include <iostream>
3   using namespace std;
4   void   ShowArr( int a[ ], int n )          //注意：形参数组的写法
```

```
5   {
6     for (int i = 0; i < n; i++)
7         cout << a[i] << " ";
8     cout << endl;
9   }
10  void   ShowArr( int b[ ][4], int m )        //注意：形参数组的写法
11  {
12    for (int i = 0; i < m; i++)
13    {
14        for (int j = 0; j < 4; j++)
15           cout << b[i][j] << " ";
16        cout << endl;
17    }
18  }
19  int   main( )
20  {
21    int arr1[ ] = { 1,2,3,4 };                   //一维数组
22    int arr2[3][4] = {{1},{0,1},{0,0,1}};  //二维数组
23    ShowArr( arr1, 4 );          //注意：实参数组的写法(仅数组名)
24    ShowArr( arr2, 3 );          //注意：实参数组的写法(仅数组名)
25    system("pause");    return 0;
26  }
```

```
F:\...
1 2 3 4
1 0 0 0
0 1 0 0
0 0 1 0
请按任意键继续. . .
```

图 6.10　例 6-11 的输出结果

第 23、24 行：实参数组用数组名表示数组的首地址。

第 4 行：a[ ] 表示 a 是一维数组以区别于变量，[ ] 内写数值没有意义。

第 10 行：b[ ][4] 行下标为空，这里写数值没意义。列下标不能省略，回顾 6.3.4 节。

第 4、10 行：两个 ShowArr 为重载函数，它们的第一个参数不同。

二维数组**列下标**既不能省略，也必须是常量，使第 2 个 ShowArr 函数设计有**重大缺陷：只能处理 4 列的二维数组**，它的应用受到严重限制，不适用于其他列数的数组。因此，需要改进这样的设计，使之不受列数的限制而更具通用性。

例 6-12　编程实验：改进例 6-11 中的函数设计，使之不受二维数组的列数限制。

改进方法：**二维数组转为一维存储**，即可避免二维数组的列下标限制。

程序代码如下：

```
1   #include <iostream>
2   using namespace std;
3   void   ShowArr( int a[ ], int n )
4   {
5     for ( int i = 0; i < n; i++ )   cout << a[i] << " ";
```

```
6     cout << endl;
7   }
8   void   ShowArr( int b[ ], int m, int n )     //二维数组转为一维数组
9   {
10    for ( int i = 0; i < n*m; i++ )
11    {
12        cout << b[i] << " ";
13        if ( (i + 1) % n == 0 )    cout << endl;
14    }
15  }
16  int   main( )
17  {
18    int arr1[ ] = { 1,2,3,4 };
19    int arr2[3][4] = {{1},{0,1},{0,0,1}};
20    ShowArr( arr1, 4 );
21    ShowArr( arr2[0], 3,4 );           //将 arr2[0]改为 arr2，语法错
22    system("pause");     return 0;
23  }
```

第 21 行：arr2[0] 为二维数组的第一行，它是一维数组，与形参的要求一致。

6.5　数 组 的 应 用

6.5.1　顺序查找算法

顺序查找(Sequential Search)是常用算法之一，用于在一个序列中查找指定数据。如果找到了，则返回指定数据在序列中的位置；如果没找到，则给出提示信息。

例 6-13　编程实验：在一个给定的整数序列中查找某个整数。

(1) 数据输入与存储。

✧ 用一维数组 arr 存储已知整数序列。为了简化操作，其元素值用初始化方式给定。

✧ 查找键 Key(要查找的整数)由用户键盘输入。

(2) 数据处理——查找算法。

顺序查找又称线性查找(线性时间效率)。查找方向可以从头向尾**正向查找**，也可从尾向头**反向查找**。通过键值比较完成查找，即查找键与数组元素逐个比较，找到了则返回它在数组中的位置(下标)，没找到则给出提示信息。自编函数实现查找功能，函数原型如下：

int　LinearSearch(int Set[ ], int num, int Key) ;

✧ 函数名 LinearSearch 表示线性查找，也可命名为 SeqSearch 表示顺序查找。

✧ 形参 int Set[ ]：用于存储查找的整数序列。

✧ 形参 int num：数组 Set 的元素个数。

✧ 形参 int Key：查找键(要查找的整数)。

✧ 返回 int：若找到了，则返回它在 Set 数组的位置(下标)；若没找到，则返回-1。-1 的理由：数组的下标不能为负数，-1 表示它不是数组下标。

(3) 数据输出。

输出相关信息，见图 6-11。本例源代码如下：

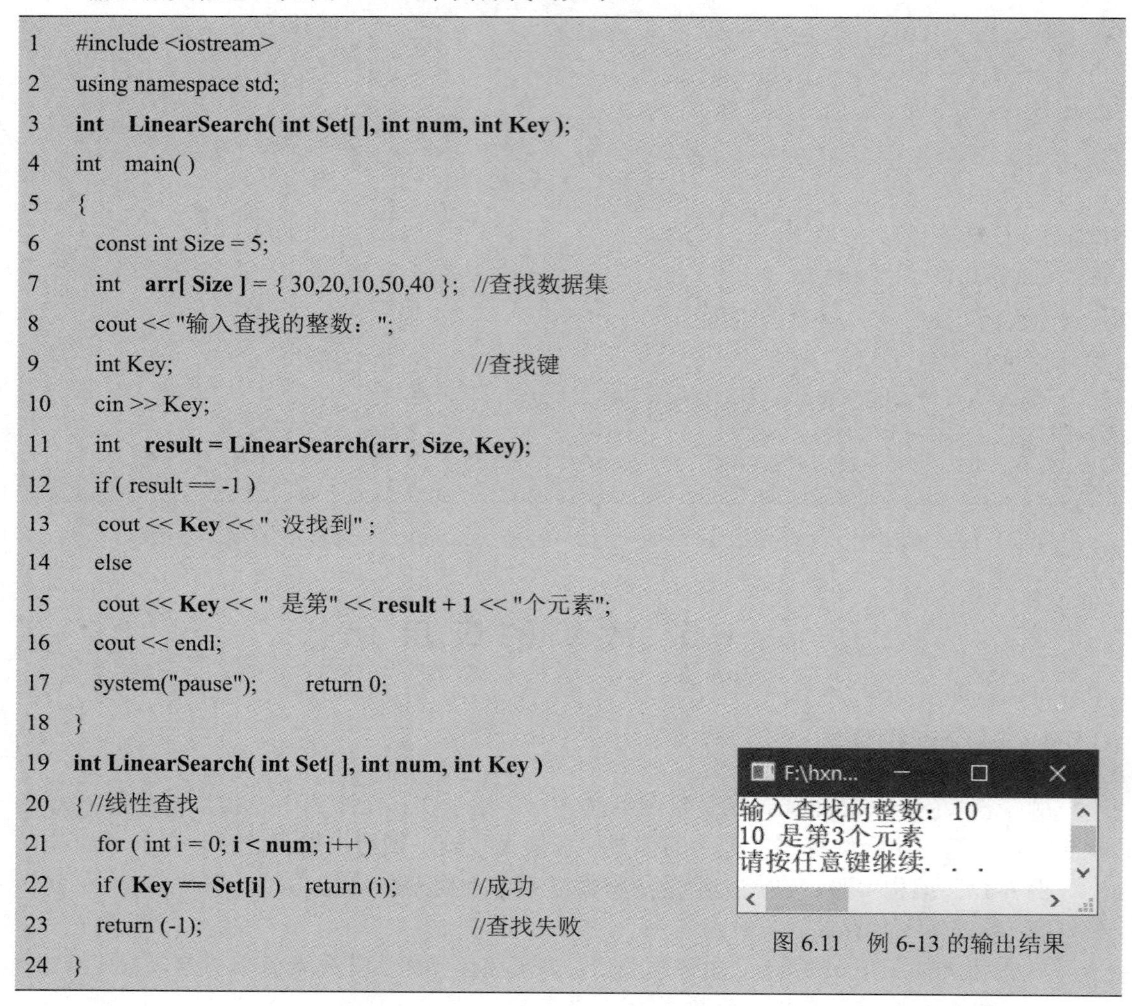

```
1   #include <iostream>
2   using namespace std;
3   int  LinearSearch( int Set[ ], int num, int Key );
4   int  main( )
5   {
6     const int Size = 5;
7     int  arr[ Size ] = { 30,20,10,50,40 };  //查找数据集
8     cout << "输入查找的整数：";
9     int Key;                              //查找键
10    cin >> Key;
11    int  result = LinearSearch(arr, Size, Key);
12    if ( result == -1 )
13     cout << Key << " 没找到" ;
14    else
15     cout << Key << " 是第" << result + 1 << "个元素";
16    cout << endl;
17    system("pause");    return 0;
18  }
19  int LinearSearch( int Set[ ], int num, int Key )
20  { //线性查找
21     for ( int i = 0; i < num; i++ )
22     if ( Key == Set[i] )  return (i);       //成功
23     return (-1);                            //查找失败
24  }
```


图 6.11　例 6-13 的输出结果

思考与练习：

(1) 对于 n 个元素，如果查找失败(没找到)，则要比较多少次？

(2) 将正向查找改为反向查找。

(3) 修改 arr 数组元素的初始化：随机生成 5 个 100 ～ 200 范围内的整数。

6.5.2　插入排序算法

插入排序(Insertion Sort)是一种常用算法，它把一个数插入到一个有序序列中并保持序列有序。

例 6-14　编程实验：对一个给定的整数序列(未排序)进行插入排序(升序)。

(1) 数据输入与存储。

定义如下的一维整型数组 data，存储待排序的整数序列并初始化(N=5)：

int　data[N] = { 50,20,10,40,30 };

(2) 数据处理——算法设计。

设计一个函数实现对一维数组排序，函数原型如下：

void　InsertSort (int arr[ ], int n) ;

✧　函数名 InsertSort：意指插入排序。

✧　形参 int arr[ ]：一维整型数组，存放待排序的整数序列。

✧　形参 int n：数组 arr 的元素个数。

✧　返回值 void：无返回值。

插入排序算法原理如图 6.12 所示。有下画线的数字表示当前要插入的元素，灰底色格子表示已排序数据。开始时，已排序序列只有 50，需要将 20 插在 50 前面(升序)。插入前，数组需要为 20 腾出位置，故有序序列 50 开始的元素需要向后移一格。20 插入后，已排序序列为(20，50)，下一个元素 10 插入后得到序列(10，20，50)，然后再插入 40。以此类推，直到所有元素插入完毕，排序就完成了。

50	20	10	40	30
20	50	10	40	30
10	20	50	40	30
10	20	**40**	50	30
10	20	**30**	40	50

图 6.12　插入排序原理

(3) 数据输出。

将排序后的数组元素输出，以供观察。本例源代码及输出结果(图 6.13)如下：

```
1   //例 6-14 源代码：插入排序(升序)
2   #include <iostream>
3   using namespace std;
4   void  InsertSort( int[ ], int );              //函数提前声明
5   void  show( int[ ], int );                    //函数提前声明
6   int  main( )                                  //主函数结构简单、清晰，反映主要功能
7   {
8     const int N = 5;
9     int data[N] = { 50,20,10,40,30 };           //待排序序列
10    InsertSort(data, N);                        //对数组 data[N]排序，排序后数据仍在 data 中
11    show(data, N);                              //输出 data[N]的每个元素
12    system("pause");
```

```
13  }
14  void   InsertSort( int arr[ ], int n )        //对数组 arr[n]进行插入排序
15  {
16     int   i = 1, j , t ;
17     for (   ; i < n;   i++ )          // i 为当前插入元素在数组中的位置(下标从 1 开始)
18     {
19         t = arr[i];                    // t 保存当前插入元素值
20         for ( j=0 ; ( t >= arr[j] ) && ( j < i );   j++);   //从左向右找插入位置 j
21         for ( int k = i ;   k > j ;   k-- )
22             arr[k] = arr[k-1];             //给插入元素腾出空位
23         arr[j] = t ;                       //插入元素
24     }
25  }
26  void   show( int arr[ ], int n )
27  {
28     for ( int i = 0; i < n; i++ )   cout << arr[i] << " ";
29     cout << endl;
30  }
```

```
10 20 30 40 50
请按任意键继续. . .
```

图 6.13　例 6-14 的输出结果

思考与练习：

(1) 第 16 行：i 初值改为 0 正确吗？

(2) 第 19 行：为什么定义 t，若不定义 t，则后面都用 arr[i] 会如何？

(3) 第 20 行：循环条件是何义？t >= arr[j] 为何用“=”？for 结束后 j 是什么意思？

(4) 第 21 行：k 的作用是什么？初值为什么是 i 而不是 n？循环条件 k > j 是什么意思？

(5) 修改：用函数模板实现 InsertSort，并修改与之相关的代码。

(6) 修改：InsertSort 函数能按要求排升序或降序，并修改与之相关的代码。

6.5.3　矩阵运算

矩阵(Matrix)是线性代数、数值分析领域的重要工具，有着广泛的应用。

例 6-15　编程实验：求矩阵全部元素之和、对角元素之和。

用二维数组存储二维数据(矩阵)是很自然的事情，也容易理解。但是，二维数组作为函数形参时受到**列下标为常量**的限制，使函数不具有通用性(不适用于其他列数的矩阵)。为此，将二维数组形参定义为一维数组，以避免列下标的限制。

程序代码及程序输出结果(图 6.14)如下：

```
1   #include <iostream>
2   using namespace std;
3   void   showMAT( int a[ ], int m, int n )            //按行列形式输出矩阵，m 行 n 列
4   {                                                    //二维数组转一维数组
```

```
5     for (int i = 0; i < m; i++)
6     {
7         for (int j = 0; j < n; j++)
8           cout << a[i*n + j] << " ";                    // a[i*n + j]  对应  a[i][j]
9         cout << endl;
10    }
11  }
12  int   elementSUM( int a[ ], int m, int n )          //求全部元素之和
13  {
14    int   sum = 0;
15    for (int i = 0; i < m*n; i++)
16     sum += a[i];
17    return   sum;
18  }
19  //求对角元素之和
20  int   diagonalSUM( int a[ ], int m, int n )
21  {
22    int   sum = 0;
23    for( int i=0; i<m; i++ )
24    for (int j = 0; j < n; j++)
25        if ( i == j )    sum += a[ i*n + j ];
26    return   sum ;
27  }
28  int   main( )
29  {
30    const   int   row = 4, col = 4;      // row 行、col 列
31    int   MAT[row][col] = { {1,1,1,1},{2,2,2,2},{3,3,3,3},{4,4,4,4} };   //存储矩阵
32    showMAT( MAT[0], row, col );
33    int   elem_sum =elementSUM( MAT[0], row, col ); //二维数组转一维
34    cout << "全部元素和：" << elem_sum << endl;
35    int   diag_sum = diagonalSUM( MAT[0], row, col ); //二维数组转一维
36    cout << "对角元素和：" << diag_sum << endl;
37    system("pause");   return 0;
38  }
```

```
1 1 1 1
2 2 2 2
3 3 3 3
4 4 4 4
全部元素和：40
对角元素和：10
请按任意键继续. . .
```

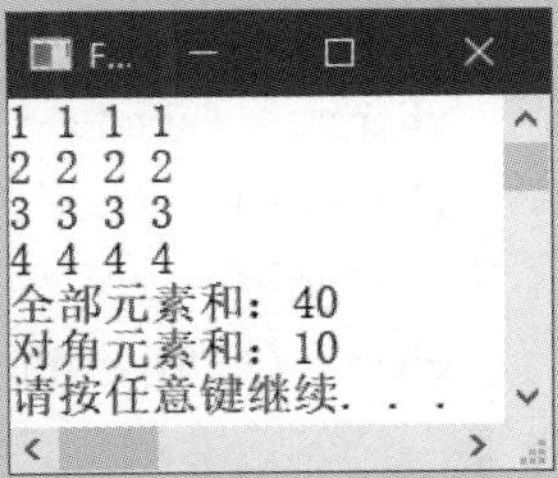

图 6.14　例 6-15 的输出

思考与练习：

(1) 你能否将函数 showMAT 和 diagonalSUM 的二重循环改为一重循环？

(2) 你能否将函数 elementSUM 的一重循环改为二重循环？

6.6　字符串与字符数组

3.3.2 节提到了字符串的概念及字符串常量，本节学习字符串的存储与处理。

6.6.1　字符数组及初始化

字符数组的每个元素都是字符(char 型)。C/C++没有定义存储字符串的数据类型，字符串可用字符数组来存储，例如：

```
char  str[80] ;      //定义一维字符数组，容量 80 个字符
char  str[3][80] ;  //定义二维字符数组(3 行 80 列)，每行容量 80 个字符
```

➢ 字符数组存储的并非都是字符串，字符串须以字符 '\0'(ASCII 编码 0)为结束符。

字符数组的初始化方式有多种，如下：

```
char str[ ] = { 'a','b','c','d' } ;        //str 不是字符串，数组大小(元素个数)为 4
char str[4] = { 'a','b','c','d' } ;        //str 不是字符串：没有结束符'\0'
char str[6]= { 'a','b', 'c','d' } ;        //str 是字符串：部分初始化，后 2 个字符为 '\0'
char str[ ] = { "abcde" } ;               //str 是字符串：双引号中的是字符串常量
char str[ ] = "a" ;          //str 是字符串
char str[6] = "" ;           //str 初始化为空串：全部 6 个元素都是 '\0'
char str[6] = { } ;          //str 初始化为空串
char str[6] = {'\0'} ;       //str 初始化为空串
char str[6] = { 0 } ;        //str 初始化为空串：字符'\0'的 ACSII 十进制编码值为 0
char str[6] = {NULL};        //str 初始化为空串：系统定义宏 #define   NULL   0
char str[ ] = { } ;          //str 数组只能存储 '\0' 一个字符(省略数组的下标)
```

思考：下面数组 str 的初始化结果是什么？

```
char str[3][8] = { "abc", "12345" } ;
```

下面是错误的字符数组初始化：

```
char str = "abcde" ;         // str 是 char 型变量而非数组定义，只能存单个字符
char str[ ] = abcde ;        // abcde 不是字符串(没有双引号)
char str[6] = 0;             // 0 应该用花括号括起来
char str[3][8] = "abc", "12345" ;       // 赋值“=”右端应该用花括号括起来
```

6.6.2　访问字符数组

与访问其他类型数组一样，可以访问字符数组的每个元素。

例 6-16　编程实验：访问字符数组的元素。

程序代码及程序输出结果(图 6.15)如下：

```
1    #include <iostream>
2    using namespace std;
3    int   main( )
4    {
5      cout << "输入字符串：";
6      char   str1[20];
7      for ( int i = 0; i < 6; i++ )   cin   >> str1[i];
8      for ( int i = 0; i < 6; i++ )   cout << str1[i];
9      cout << endl;
10     char   str2[2][20] = { "ABCDE", "12345" };
11     for (int i = 0; i < 2; i++)
12     {
13       for (int j = 0;   str2[i][j] !=0;   j++)
14       cout << str2[i][j]; //逐个元素输出
15       cout<<endl;
16     }
17     system( "pause" );   return 0;
18   }
```

```
F:\hxn\...
输入字符串：123456789
123456
ABCDE
12345
请按任意键继续. . .
```

图 6.15　例 6-16 的输出结果

考虑到字符串很常用，系统对 >> 和 << 进行了特殊处理，使得字符数组可作为一个整体进行 >> 和 <<，其他类型的数组不行。

例 6-17　编程实验：字符数组作为整体输入/输出。

程序代码及程序输出结果(图 6.16)如下：

```
1    #include <iostream>
2    using namespace std;
3    int   main( )
4    {
5      cout << "输入字符串：";
6      char   str1[20];
7      cin >> str1;       //整串输入
8      cout << str1;    //整串输出
9      cout << endl;
10     char   str2[2][20] = { "ABCDE", "12345" };
11     for ( int i = 0;   i < 2;   i++ )
12         cout << str2[i] << endl;//整串输出
13     system( "pause" );   return 0;
14   }
```

```
F:\hx...
输入字符串：123456789
123456789
ABCDE
12345
请按任意键继续. . .
```

图 6.16　例 6-17 的输出结果

6.7　C 语言处理字符串

C 语言采用函数方式处理单个字符和字符串，提供了若干库函数。

6.7.1　处理单个字符的库函数

处理单个字符的库函数如表 6-3 所示。

表 6-3　处理单个字符的库函数

库 函 数	函 数 说 明
int isalpha(int c)	返回非 0：c 是字母(a～z, A～Z)
int isalnum(int c)	返回非 0：c 是字母或数字(0～9)
int isdigit(int c)	返回非 0：c 是数字
int islower(int c)	返回非 0：c 是小写字母
int ispunct(int c)	返回非 0：c 是标点符号
int isupper(int c)	返回非 0：c 是大写字母
int isspace(int c)	返回非 0：c 是空白字符(包括空格、'\n'、'\t' 等)
int tolower(int c)	返回：c 小写字母的 ASCII，c 不变
int toupper(int c)	返回：c 大写字母的 ASCII，c 不变
…	…

例 6-18　编程实验：处理单个字符的库函数。

程序代码及程序输出结果(图 6.17)如下：

```
1  //用处理单个字符的库函数检查 ID 合法性
2  #include <iostream>
3  using namespace std;
4  bool  IDcheck( char str[ ] , int m, int n )     //检查 ID 字符数组 str
5  {
6    for ( int k = 0; k < m; k++ )                  //合法：前 m 个为字母
7        if ( !isalpha(str[k]) )  return  false;
8    for ( int k = m; k < n; k++ )                  //合法：后 n～m 个为数字
9        if ( !isdigit(str[k]) )  return  false;
10   return  true ;
11 }
12 int  main( )
13 {
14   char  id[7];
```

```
15    cout << "输入 6 位 ID:" ;
16    cin >> id ;
17    if ( IDcheck( id, 2, 4 ) )
18          cout << "合法 ID";
19    else    cout << "非法 ID";
20    cout << endl;
21    system("pause");    return 0;
22  }
```

```
输入6位ID:Qd8972
合法ID
请按任意键继续. . .
```

图 6.17　例 6-18 的输出结果

6.7.2　处理字符串的库函数

本小节是处理字符串的库函数，其形参必须是**字符串**，否则会出错。

1. 字符串长度

函数原型：int　strlen(const char str[ ]);

形参：str 必须是字符串，且本函数不能修改它(const)。

返回：字符串 str 的字符个数，不包括结束符 '\0' 。

例 6-19　编程实验：比较 strlen 与 sizeof 的区别。

程序代码及程序输出结果(图 6.18)如下：

```
1   #include <iostream>
2   using namespace std;
3   int   main( )
4   {
5         char s1[ ] = "I love China!";
6         int   x = strlen(s1);        //x=?
7         int   y = sizeof(s1);        //y=?
8         cout << "x=" << x << "\ny=" << y << endl;
9         system("pause");    return 0;
10  }
```

```
x=13
y=14
请按任意键继续. . .
```

图 6.18　例 6-19 的输出结果

strlen 返回字符数组中的字符个数，不含结束符 '\0' 。

sizeof 返回字符数组占用的内存大小，结束符也是一个字符、占用内存。

2. 字符串连接

函数原型：int　**strcat_s(char s1[ ],　const char s2[ ]) ;**

说明：strcat_s 是 strcat 函数的安全版(带有后缀_s，后同)。

功能：字符串 s2 连接到 s1 尾部，本函数不能修改 s2(const)。

形参：s1 和 s2 必须是字符串，且 s1 空间足够，能容纳 s1+ s2。

返回：错误编号(不必关心)。

例 6-20　编程实验：用 strcat_s 库函数连接 2 个字符串。

程序代码及程序输出结果(图 6.19)如下：

```
1   #include <iostream>
2   using namespace std;
3   int   main( )
4   {
5       char s1[20] = "12345 / ";          //字符串
6       char s2[6] = "6789";               //字符串
7       strcat_s(s1, s2);
8       cout << "s1:" << s1 << endl;
9       cout << "s2:" << s2 << endl;
10      system("pause");
11  }
```

```
s1:12345 / 6789
s2:6789
请按任意键继续. . .
```

图 6.19　例 6-20 的输出结果

思考与练习：

(1) 将 s2[6]改为 s2[4]，结果会如何？将 s1[20]改为 s1[10]，结果会如何？

(2) 把第 7 行参数 s1 和 s2 的位置对调，结果会如何？

3. 字符串拷贝

函数原型：**int　strcpy_s(char s1[ ],　const char s2[ ]) ;**

功能：复制字符串 s2 到 s1 中，s1 原内容被覆盖，s2 不变(const)。

形参：s1 和 s2 必须是字符串，且保证 s1 空间能容纳 s2。

返回：错误编号，不用关心。

例 6-21　编程实验：字符串拷贝库函数 strcpy_s 的使用。

程序代码及程序输出结果(图 6.20)如下：

```
1   #include <iostream>
2   using namespace std;
3   int   main( )
4   {
5     char   s1[80]= "12345678901234567890" ;
6     char   s2[80]={ "a student" };
7     strcpy_s(s1, s2);
8     cout << "s1:" << s1 << endl;
9     cout << "s2:" << s2 << endl;
10    system("pause");   return 0;
11  }
```

```
s1:a student
s2:a student
请按任意键继续. . .
```

图 6.20　例 6-21 的输出结果

思考与练习：

s1 中没有被 s2 覆盖的字符为什么没输出？它们还在 s1 中吗？

4. 字符串比较

原型：**int strcmp(const char s1[ ], const char s2[ ]) ;**

形参：s1 和 s2 必须是字符串，且本函数不能修改它们(const)。

功能：比较两个字符串。**从左至右、逐个比较**两个字符串中对应字符的 ASCII 码值，直到两个字符不同或遇到 '\0' 为止，如图 6.21 所示。

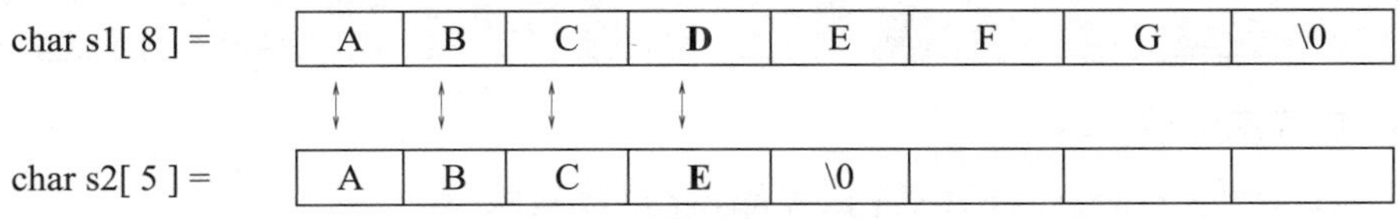

图 6.21 字符串比较示意图

返回：若 $s1 > s2$，则返回正数；若 $s1 = s2$，则返回 0；若 $s1 < s2$，则返回负数。图 6.21 中字符 E 的 ASCII 编码大于 D，故 $s2 > s1$。

例 6-22 编程实验：用 strcmp 库函数比较两个字符串。

程序代码及程序输出结果(图 6.22)如下：

```
1    #include <iostream>
2    using namespace std;
3    int  main( )
4    {
5     char s1[ ] = "ABCDEFG";
6     char s2[ ] = "ABCE";
7     char s3[ ] = "ABCE";
8     int k1 = strcmp (s1, s2);      // k1 < 0:      s1 < s2
9     int k2 = strcmp (s2, s1);      // k2 > 0:      s2 > s1
10    int k3 = strcmp (s2, s3);      // k3 = 0:      s2 = s3
11    cout << "k1=" << k1 << " k2=" << k2 << " k3=" << k3;
12    cout << endl;
13    system("pause");  return 0;
14   }
```

```
k1=-1 k2=1 k3=0
请按任意键继续. . .
```

图 6.22 例 6-22 的输出结果

5. 字符串查找

原型：**char * strstr(const char s1[ ], const char s2[ ]) ;**

功能：在长串 s1 中查找短串(子串)s2。s1 也称文本，s2 也称模式。

返回：若找到了 s2，则返回 s1 中第一次匹配 s2 的地址(*)，若没找到 s2，则返回 NULL。

例 6-23 编程实验：用 strstr 库函数在一个字符串中查找子串。

程序代码及程序输出结果(图 6.23)如下：

```
1    #include <iostream>
2    using namespace std;
3    int  main( )
```

```
4    {
5      char   s1[ ] = "I love China & you ! ";
6      char   s2[ ] = "in";
7      cout << strstr(s1, s2) << endl;
8      system("pause");    return 0;
9    }
```

```
ina & you !
请按任意键继续. . .
```

图 6.23　例 6-23 的输出结果

6. 字符串大小写转换

原型：**int _strlwr_s(char s[ ]) ;** // strlwr 已被新版 VC++废弃

功能：将字符串 s 中的大写字母转换为小写。

返回：转换成功返回 0，出错返回非 0。

原型：**int _strupr_s(char s[ ]) ;** // strupr 已被新版 VC++废弃

功能：将字符串 s 中的小写字母转换为大写。

返回：转换成功返回 0，出错返回非 0。

例 6-24　编程实验：用大小写转换库函数转换字符串。

程序代码及程序输出结果(图 6.24)如下：

```
1    #include <iostream>
2    using namespace std;
3    int   main( )
4    {
5      char str [ ] = "You & Me & 789";
6      _strlwr_s( str );
7      cout << str << endl;
8      _strupr_s( str );
9      cout << str << endl;
10     system( "pause" );    return 0;
11   }
```

```
you & me & 789
YOU & ME & 789
请按任意键继续. . .
```

图 6.24　例 6-24 的输出结果

7. 字符串转整数

原型：　**int　atoi(const char str[ ]) ;**

说明：类似函数还有很多，如 atof、atol 等。

功能：将字符串 str 转换为整数，str 保持不变(const)。

返回：若成功，则返回该整数，若出错，则返回 0。

例 6-25　编程实验：用 atoi 库函数将字符串转换为整数。

程序代码及程序输出结果(图 6.25)如下：

```
1    #include <iostream>
2    using namespace std;
3    int   main( )
```

```
4    {
5      char   s1[ ] = "789123";
6      char   s2[ ] = "789m123";          //观察结果
7      char   s3[ ] = "m123";             //观察结果
8      int    i = atoi(s1);               // 789123
9      int    j = atoi(s2);               // 789
10     int    k = atoi(s3);               // 0
11     cout << "i=" << i << " j=" << j << " k=" << k ;
12     cout << endl;
13     system("pause");       return 0;
14   }
```

```
i=789123  j=789  k=0
请按任意键继续. . .
```

图 6.25 例 6-25 的输出结果

8. 整数转字符串

原型：**int _itoa_s (int N, char str[ ], int R) ;**

说明：itoa 已经被新版 VC++ 废弃。

功能：整数 N 按 R 基(进制)转换为字符串 str，可转换为不同的进制。

返回：错误号，不必关心。

例 6-26 编程实验：用_itoa_s 库函数把整数转换为字符串。

程序代码及程序输出结果(图 6.26)如下：

```
1    #include <iostream>
2    using namespace std;
3    int   main( )
4    {
5      int    N = 123;
6      //二维数组：每行存一个字符串，可放 4 个字符串
7      char   str[4][10];
8      _itoa_s( N, str[0], 2 );        //基 2
9      _itoa_s( N, str[1], 10 );       //基 10
10     _itoa_s( N, str[2], 16 );       //基 16
11     _itoa_s( N, str[3], 24 );       //基 24
12     for ( int i = 0; i < 4; i++ )
13         cout << str[i] << endl;
14     system("pause");       return 0;
15   }
```

```
1111011
123
7b
53
请按任意键继续. . .
```

图 6.26 例 6-26 的输出结果

思考与练习：

修改：第 13 行逐个输出字符。提示是将 str[i] 改为 str[i][j]。

6.7.3　统计单词举例*

例 6-27　编程实验：统计英文文本中单词的个数。

(1) 数据输入与存储。

✧ 用一维字符数组 text 存储英文字符串并初始化。

✧ 用一个整数 num 存储单词个数。

(2) 数据处理——算法设计。

设计如下的函数来完成统计单词功能：

原型：**int　SumWords(char str[ ]);**

形参：用 str 字符数组存英文字符串。

功能：统计 str 中单词的个数并返回。

返回：单词个数。

核心算法——单词拆分算法的设计如下：

(1) 按从左至右顺序、逐个字符扫描英文字符串 str。

(2) 若当前字符非空格、前一个字符为空格，则拆分出一个单词。

注：本例作为教学使用，有诸多简化，并非一个完善的英文单词统计程序。

(3) 数据输出。

输出单词个数。本例源代码如下：

```
1    #include <iostream>
2    using namespace std;
3    int  SumWords( char str[ ] );
4    int  main( )
5    {
6      char  text[ ] = "I am a good student.   " ;
7      int   num = SumWords( text );
8      cout << "单词数：" << num << endl;
9      system("pause");
10   }
11   int  SumWords( char str[ ] )
12   {
13     int   sum = 0;           //单词数
14     char  front = ' ';       //前一个字符
15     int   curr ;             //str 中当前字符下标
16     for ( curr = 0;  str[curr] != '\0';  curr++ )
17     {
18        if ( str[curr] != ' ' && front == ' ' )  sum++ ;
19        front = str[curr];
```

```
20      }
21      return sum;
22  }
```

思考与练习：

(1) 分析本程序在功能方面存在哪些不足之处需要改进？

(2) 第 14 行对 front 进行初始化，若不初始化，则会有什么问题？

(3) 第 16 行循环条件改为 str[curr] != 0 或 str[curr] != NULL 或 str[curr] 会如何？

6.8　C++处理字符串

6.8.1　string 概述

string 是 C++的一种组合数据类型，称为**类(class)类型**(第 10 章介绍)。考虑到处理字符串的内容连贯性，提前在这里先学习一下 string 的简单用法。

string 类型提供了很多处理字符串的方法，**比使用 C 库函数更灵活、更方便**。用 string 类型通常要包含头文件 **#include <string>**。定义 string 类型的变量，形式上与定义其他类型的变量一样，例如 string　str , str 称为 string 的对象(类的变量)。

> 注意：每个 string 对象存储的是一个字符串，而不是一个字符。

string str[10] ; // str 数组能存放 10 个字符串，而非 10 个字符。

string 对象的存储空间由系统管理，不由编程者控制，方便且不会犯错。

string 类型提供如下操作符，使用上比用 C 库函数方便得多。

字符串连接符：+。

字符串赋值符：=、+=。

字符串比较符：>、>=、<、<=、==、!=。

访问单个字符：[ ]。

6.8.3 小节将介绍这些运算符的使用方法。

6.8.2　string 初始化

string 类提供多个构造函数完成 string 对象初始化(第 10 章介绍)，其使用方便灵活，能够满足多种需要。下面通过例子学习多种初始化的方法。

例 6-28　编程实验：string 对象的初始化方法。

程序代码及程序输出结果(图 6.27)如下：

```
1   #include <iostream>
2   //#include <string>            //本例可注释：没用到 string 类型的较深入语法
3   using namespace std;
```

```
4   int  main( )
5   {
6     char  ch[ ] = "ABCDE12345";          //char 字符串
7     string str1;                          //空串
8     cout << "str1: " << str1 << endl;
9     string str2( "Jone" );                //用 char 字符串初始化
10    cout << "str2: " << str2 << endl;
11    string str3( ch );                    //用 char 字符串初始化
12    cout << "str3: " << str3 << endl;
13    string str4 = ch;                     //用 char 字符串初始化
14    cout << "str4: " << str4 << endl;
15    string str5 = str2;                   //用 string 对象初始化
16    cout << "str5: " << str5 << endl;
17    string str6( ch, 3 );                 //用部分 char 字符串初始化
18    cout << "str6: " << str6 << endl;
19    string str7( ch, 3, 5 );              //用部分 char 字符串初始化
20    cout << "str7: " << str7 << endl;
21    system("pause");
22  }
```

```
str1:
str2: Jone
str3: ABCDE12345
str4: ABCDE12345
str5: Jone
str6: ABC
str7: DE123
请按任意键继续. . .
```

图 6.27　例 6-28 的输出结果

第 7 行：改为 string str1(" ") 或 string str1("\0") 或 string str1({ }) 等写法都正确。
第 17、19 行：将 ch 改为 str3，观察结果并理解。

6.8.3　string 运算符

C++提供多个运算符处理 string 字符串，用法比 C 库函数更简便、灵活。

例 6-29　编程实验：用运算符处理 string 对象。

程序代码及程序输出结果(图 6.28)如下：

```
1   #include <iostream>
2   //#include <string>          //本例可注释
3   using namespace std;
4   int  main( )
5   {
6     string  str1 = "John",  str2 = "Jone";
7     cout << "sizeof: " << sizeof( str1 ) << endl;      //系统管理内存(x86 平台输出 28)
8     cout << (str1 == str2 ? "Y" : "N") << endl;         // ==
9     cout << (str2 > str1 ? "Y" : "N") << endl;          // >
10    str1 += str2;                                       // +=
11    string str3 = str1 + " 01-CD";                      // +
```

```
12    cout << str3 << endl;
13    char  ch;
14    for ( int i = 0; str3[i] != 0; i++ )          // [ ]
15    {
16          ch = str3[i];   cout << ch;
17    }
18       cout << endl;
19       system("pause"); return 0;
20  }
```

```
sizeof: 28
N
Y
JohnJone 01-CD
JohnJone 01-CD
请按任意键继续. . .
```

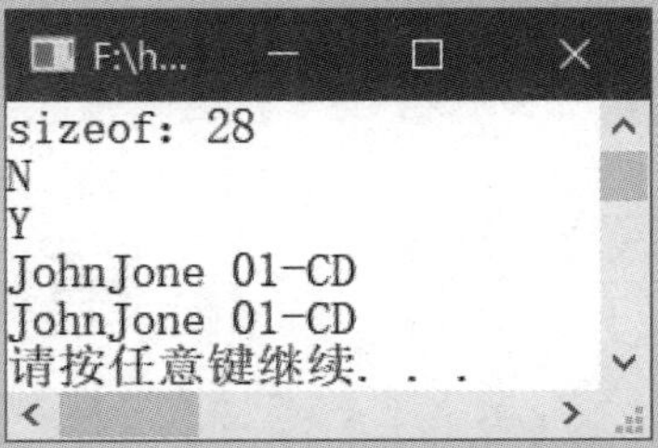

图 6.28　例 6-29 的输出结果

例 6-30　编程实验：用运算符处理 string 数组。

程序代码及程序输出结果(图 6.29)如下：

```
1   #include <iostream>
2   #include <string>
3   using namespace std;
4   int  main( )
5   {
6     string  str1 = "ABCDEFG";
7     string  str2 = "1234567";
8     cout << str1.length( ) << endl;   //类的成员函数(第 10 章学习)
9     string  str[3];                   //二维数组：每个元素是一个 string 对象
10    str[0] = str1;
11    str[1] = str2;
12    str[2] = "========";
13    for (int i = 0; i < 3; i++)       //每次循环输出一个字符串
14        cout << str[i] << endl ;      //元素是一个字符串
15    for (int i = 0; i < 3; i++)       //循环输出单个字符
16    {
17        for ( int j = 0;  str[i][j] != '\0';  j++ )
18            cout << str[i][j];        //元素是一个字符
19        cout << endl;
20    }
21    system("pause");     return 0;
22  }
```

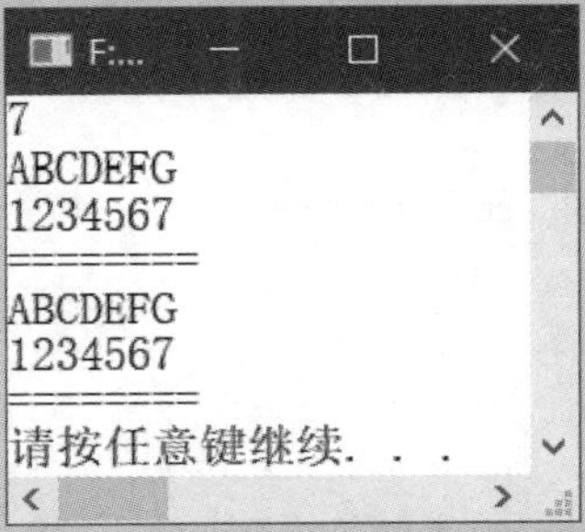

```
7
ABCDEFG
1234567
========
ABCDEFG
1234567
========
请按任意键继续. . .
```

图 6.29　例 6-30 的输出结果

思考与练习：

(1) 第 6 行：改为 char str1[ ] = "ABCDEFG" 会有错吗？

(2) 第 7 行：改为 char str2[ ] = "1234567" 会有错吗？

第 7 章　指　　针

7.1　变量与指针

指针(Pointer)是 C/C++的精华，通过指针访问内存能使其发挥最大效率；通过指针能方便描述复杂的数据结构，对字符串、数组、函数的处理也更加灵活方便，使程序的运行更加高效。正是由于指针的功能强大、使用灵活，因此对初学者来讲有一定难度，错误使用指针带来的后果也比较严重，正所谓“能力越大、危害也越大”。因此，要理解指针概念并掌握正确用法，需要大量的练习才能得心应手。本书编译为 x86(32 位)程序即 32 位地址。

7.1.1　变量的值与地址

变量是用来存放数据的，所占内存大小与数据类型和编译系统有关，如 VC++的一个 int 变量占用 4 字节内存(本书基于 VC++)。

访问变量指读写变量的内存单元，须知道变量的内存地址。此前，我们通过变量名访问变量的内存单元，变量名本身不是变量的内存地址，编译时它被替换为变量地址，通过变量名访问变量称为**直接访问**。

变量的值指变量内存单元中存储的数据。变量的值与地址的关系如图 7.1 所示。

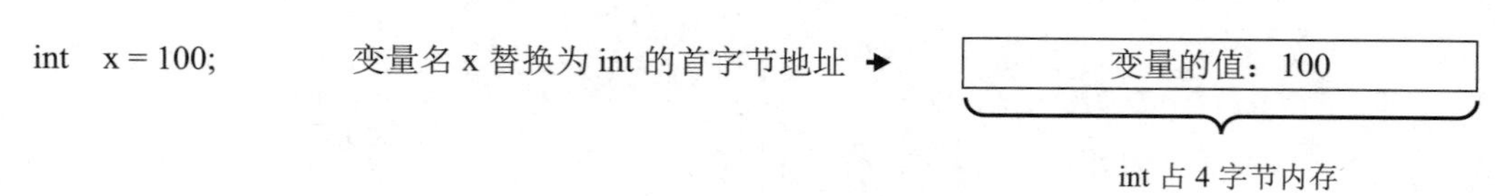

图 7.1　变量的值与地址的关系

例 7-1　编程实验：输出变量的值与地址。

程序代码及程序输出结果(图 7.2)如下：

```
1    #include <iostream>
2    using namespace std;
3    int  main( )
4    {
```

```
5     int   x = 100;
6     cout << x << "\t" << &x << endl;
7     system("pause");
8     return 0;
9   }
```

```
100        004FFB04
请按任意键继续. . .
```

图 7.2　例 7-1 的输出结果

7.1.2　指针变量的定义与使用

通过名称访问变量不够灵活，因此引入了**指针变量**(简称**指针**)。**指针是一种特殊变量，只能存放地址**(如 004FFB04)，下面的语句把变量 x 的地址存放于指针 y：

```
int   x = 100 ;        // 定义 int 变量 x，值为 100
int * y = &x ;         // 定义 int 指针变量 y，存放 x 的地址(指向 x)
```

y 为 int 指针类型，y 指向的地址只能存储 int 数据，不能存储其他类型数据。例如下面的语句是错误的：

```
int   x = 100 ;
double *y = &x ;   // 错误：double 指针不能指向 int 变量(类型不匹配)
```

运算符 &：① 定义变量时表示**引用**；② 用在表达式中表示**取地址**。

运算符 *：① 定义变量时表示**指针**；② 用在表达式中表示**取指针的值**(取内存单元中的数据)，称为指针运算符或间接引用运算符。

例 7-2　编程实验：指针的定义与使用。

程序代码及程序输出结果(图 7.3)如下：

```
1   #include <iostream>
2   using namespace std;
3   int   main( )
4   {
5     int   x = 100;
6     int * p ;          //定义 int 指针变量 p(未初始化)
7     p = &x ;           //获取 x 的地址、存入指针变量 p
8     *p = 20 ;          //将 20 存入 p 指向的内存单元
9     cout << p << "   " << *p << endl;
10    system("pause");       return 0;
11  }
```

```
0110FE14   20
请按任意键继续. . .
```

图 7.3　例 7-2 的输出结果

第 6 行定义指针变量时未初始化，其指向随机地址，称为**野指针**。野指针可能造成严重后果，编译器不能发现，编程者须保证不出现此类错误。野指针如下：

```
int   *p ;       // 指向不明
*p = 10 ;        // 改变所指内存单元中的数据，有可能造成危害
```

p 指向不明，如果指向的地址处存有其他有用数据，则对其赋值就破坏了这些数据，至于造成什么后果取决于被破坏数据的用途。可见，指针功能强大，破坏性也同样强大。

> 为避免野指针造成危害，定义指针变量时将其初始化(明确指向)是好的风格。

通常初始化为**空指针**，即指向 NULL 地址，系统保证 0 地址不被程序使用，则不会破坏有用数据，这与野指针不同。

> 对于 32 位程序，任何类型的指针存储的都是一个 32 位地址。
> 不同类型的指针变量，只是指向地址处存放的数据类型不同。

例 7-3　编程实验：用指针实现数据交换(一)。

程序代码及程序输出结果(图 7.4)如下：

```
1   #include <iostream>
2   using namespace std;
3   int   main( )
4   {
5     int   x = 10, y = 90;
6     int *p1 = &x, *p2 = &y ;  //定义指针并初始化
7     int *t = NULL;            //定义指针并初始化
8     cout << "p1   " << *p1 << "   " << p1 << endl;
9     cout << "p2   " << *p2 << "   " << p2 << endl;
10    cout << "t=" << t << endl;
11    t = p1;    p1 = p2;    p2 = t;    //交换什么
12    cout << "p1   " << *p1 << "   " << p1 << endl;
13    cout << "p2   " << *p2 << "   " << p2 << endl;
14    cout << "t=" << t << endl;
15    system("pause");        return 0;
16  }
```

```
F:\h...
p1  10  007FFA78
p2  90  007FFA6C
t=00000000
p1  90  007FFA6C
p2  10  007FFA78
t=007FFA78
请按任意键继续. . .
```

图 7.4　例 7-3 的输出结果

第 11 行：交换指针变量存储的地址即改变指向。

例 7-4　编程实验：用指针实现数据交换(二)。

程序代码及程序输出结果(图 7.5)如下：

```
1   #include <iostream>
2   using namespace std;
3   int   main( )
4   {
5     int   x=30, y=90;
6     int *p1=&x,   *p2=&y,   t=0;   // t 不是指针
7     cout << "p1   "<< *p1 <<"   "<< p1 << endl;
```

```
8       cout << "p2    "<< *p2 <<"    "<< p2 << endl;
9       cout<< "t=" << t <<endl;
10      t = *p1;     *p1 = *p2;     *p2 = t ;      //交换什么
11      cout<< "p1    " << *p1 << "    " << p1 << endl;
12      cout<< "p2    " << *p2 << "    " << p2 << endl;
13      cout<< "t=" << t <<endl;
14      system("pause");
15    }
```

```
p1  30  009BF7EC
p2  90  009BF7E0
t=0
p1  90  009BF7EC
p2  30  009BF7E0
t=30
请按任意键继续. . .
```

图 7.5　例 7-4 的输出结果

第 10 行：交换的是所指存储单元的数据，而指向没有改变。

7.2　数组与指针

数组元素不仅能通过下标访问，也能通过指针访问，指针访问更高效、更灵活。当然，指针访问比下标访问更难理解、更易出错。

7.2.1　用指针访问一维数组

数组元素可用同类型的指针指向它，即可用同类型的指针访问它。

- 数组名是一维数组的第一个元素地址，称为数组的首地址或首元地址。
- 数组名是一个指针常量，即指向不能改变，不如指针变量灵活。

例 7-5　编程实验：用指针访问一维数组的元素及其指针运算。

程序代码及程序输出结果(图 7.6)如下：

```
1     //用指针实现一维数组元素的逆序存储
2     #include <iostream>
3     using namespace std;
4     int   main( )
5     {
6       int   arr[8] = { 1,2,3,4,5,6,7,8 };
7       int   *p1 = arr ;              //p1 指向第一个元素
8       int   *p2 = p1 + 7 ;           //指针加法，p2 指向最后一个元素
9       // for( int t, i=0;    i < 4;    i++ )
10      for (int t ; p1 < p2; )        //指针比较
11      {
12          t = *p1;    *p1 = *p2;    *p2 = t;
13          p1++ ;         p2-- ;      //指针加减
14      }
15      int *pt = arr ;                //本句的作用是什么
16      //int *pt = &arr[0];           //与上句等价
```

```
17    //int *pt = p1;                  //逻辑错
18    for (int i = 0; i < 8; i++)
19        cout << *pt ++ <<" " ;
20        //cout<< pt[i];    //为何正确
21    cout << endl;
22    system("pause");   return 0;
23  }
```

```
8 7 6 5 4 3 2 1
请按任意键继续. . .
```

图 7.6　例 7-5 的输出结果

第 8、13 行：**指针移动**。指针加法表示向后(高地址)移动，减法表示向前(低地址)移动。移动量等于该类型数据的内存大小：int 指针+1 表示向后移动 1 个 int(4 字节)，p1+7 表示向后移动 7 个元素(int 类型)，故指向元素 8，注意不是移动 7 个字节。

第 10 行：**指针比较** p1<p2。数组元素在内存中连续存放，指针比较才有意义。若比较两个指向不同变量的指针，则是没有意义的，因为不同变量在内存中不是连续存放的，每次运行程序时变量的地址是变化的(操作系统临时分配、非固定不变的)。

第 15 行：理解 pt 指针的作用。

第 17 行：逻辑错。因 p1 已变化(第 13 行 p1++)，不再指向数组的第一个元素，for 循环不能正确输出数组元素。

第 20 行：pt 不是数组，为什么可用数组下标方式访问元素呢？因为 pt 指向一片连续的内存区，一维数组就是一块连续内存区。

思考与练习：

(1) 不定义 pt 指针，而把 for 循环中的 *pt++ 改为 *arr ++ 会如何？

(2) 不定义 pt 指针而用 p1 或 p2，该如何修改程序？

例 7-6　编程实验：指向常量的指针(常量指针，参见 7.6 节)。

程序代码及程序输出结果(图 7.7)如下：

```
1   #include <iostream>
2   using namespace std;
3   int   main( )
4   {
5     const char *p1 = "hello";
6     //*p1 = 'H' ;                    //正确吗
7     cout << p1 << endl;
8     char   str[ ] = "hello";         //str 为变量数组
9     char   *p2 = str;
10    cout << p2 << endl;
11    *p2 = 'H';                       //正确
12    //p2[0]='H' ;                    //正确
13    cout << str << endl;
14    system("pause");        return 0;
15  }
```

```
hello
hello
Hello
请按任意键继续. . .
```

图 7.7　例 7-6 的输出结果

第 6 行：错误。p1 指向字符串常量“hello”，不能修改其内容。

第 11 或 12 行：p2 指向数组 str，其内容可以修改。

7.2.2　多级指针的定义与使用

当指针变量 pp 指向指针变量 p 时，pp 称为多级指针(指向指针的指针)。

例 7-7　编程实验：二级指针的定义与使用。

程序代码及程序输出结果(图 7.8)如下：

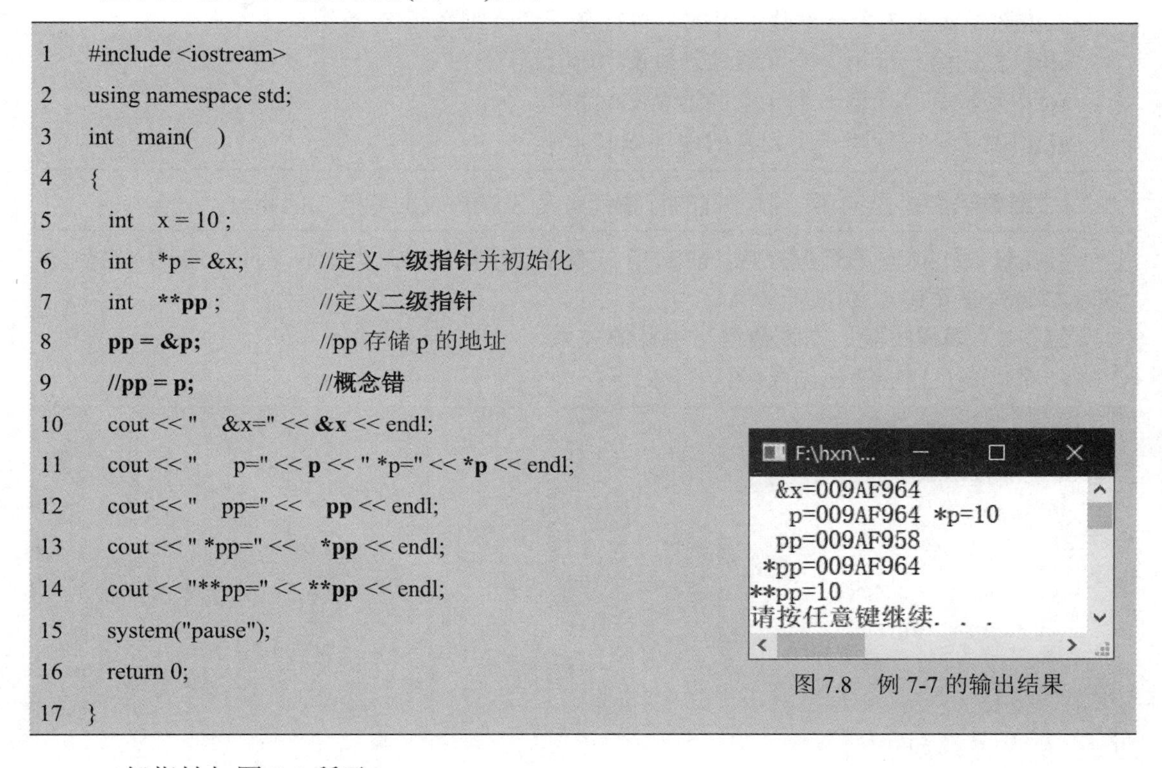

```
1   #include <iostream>
2   using namespace std;
3   int   main(   )
4   {
5     int   x = 10 ;
6     int   *p = &x;           //定义一级指针并初始化
7     int   **pp ;             //定义二级指针
8     pp = &p;                 //pp 存储 p 的地址
9     //pp = p;                //概念错
10    cout << "   &x=" << &x << endl;
11    cout << "     p=" << p << " *p=" << *p << endl;
12    cout << "   pp=" <<   pp << endl;
13    cout << " *pp=" <<   *pp << endl;
14    cout << "**pp=" << **pp << endl;
15    system("pause");
16    return 0;
17  }
```


图 7.8　例 7-7 的输出结果

二级指针如图 7.9 所示。

第 10、11 行：输出 x 的地址和 p 指针变量的值，两者结果相同，都为 009AF964。

第 12 行：输出二级指针变量 pp 的值，pp 存储 p 的地址 009AF958。

第 13 行：*pp 取 pp 所指地址 009AF958 的值，即为 009AF964。

第 14 行：**pp 可看成 *(*pp)，即取*pp 地址 009AF964 处的值 10。

同理，可以定义三级指针：int ***ppp = &pp ;

若有必要，则可使用多级指针形成指针链。

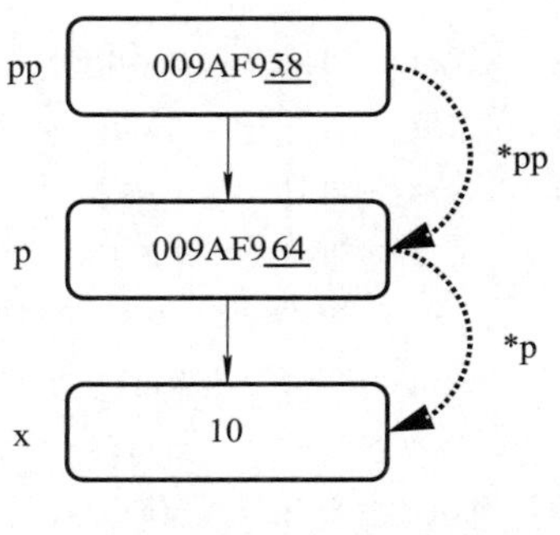

图 7.9　二级指针示意图

7.2.3　用指针访问二维数组

内存地址是一维的，二维数组与指针的关系如图 7.10 所示。

a	◀ &a[0]	a[0]	◀ &a[0][0]	a[0][0]	a[0][1]	a[0][2]
a+1	◀ &a[1]	a[1]	◀ &a[1][0]	a[1][0]	a[1][1]	a[1][2]
a+2	◀ &a[2]	a[2]	◀ &a[2][0]	a[2][0]	a[2][1]	a[2][2]

图 7.10　二维数组与指针的关系

二维数组 a 由 3 个一维数组组成，每行是一个一维数组(行数组)。

a[0] 表示第一行第一个元素的地址&a[0][0]。

a[1] 表示第二行第一个元素的地址&a[1][0]。

a[2] 表示第三行第一个元素的地址&a[2][0]。

➢ **二维数组名：**指向第一行行首的**行指针**，是代表数组的特殊二级指针。

行指针 a+1 指向第二行行首，a+2 指向第三行行首，以此类推。下面，通过一个例子学习，准确理解其含义。

例 7-8　编程实验：二维数组与指针的关系。

程序代码及程序输出结果(图 7.11)如下：

```
1   #include <iostream>
2   using namespace std;
3   int  main( )
4   {
5     const int row = 3, col = 3;
6     int  a[row][col] =
7     {
8          { 10, 20, 30 },
9          { 40, 50, 60 },
10         { 70, 80, 90 }
11    };
12    cout << "[1] " << &a[0][0] <<"," << a[0][0] << endl;
13    cout << "[2] " <<   a[0] << ","<< *a[0] << endl;
14    cout << "[3] " << a << "," <<*a <<"," <<**a<<endl;
15    cout << "[4] " <<   &a << "," << &a[0] << endl;
16    cout << "************************" << endl;
17    cout << "[5] " << &a[1] << "," << a[1] << endl;
18    cout << "[6] " << a[1]+2 << "," << *(a[1]+2) << endl;
19    cout << "[7] " << *(a+1)+2 << "," << *(*(a+1)+2) << endl;
20    system("pause");  return 0;
21  }
```

```
F:\hxn\_本科教...
[1] 0093F768, 10
[2] 0093F768, 10
[3] 0093F768, 0093F768, 10
[4] 0093F768, 0093F768
**************************
[5] 0093F774, 0093F774
[6] 0093F77C, 60
[7] 0093F77C, 60
请按任意键继续. . .
```

图 7.11　例 7-8 的输出结果

第 13～15 行：输出 a[0]、&a[0]、a、&a 地址相同，区别在于 a 是二级行指针，a[0] 是一级指针。a、a[k] 是逻辑概念，并非独立的指针变量，没有单独的内存地址。

指针访问数组元素的效率高、用法灵活。任一元素 a[i] [j] 的指针写法如下：

a[i][j] 地址： ***(a + i) + j**

a[i][j] 元素： ***(*(a + i) + j)**

有时，仅用二维数组名访问元素并不方便，数组名是指针常量，不能改变指向。指针变量的指向可以改变，使用更灵活。下面举例说明行指针变量的定义与使用。

例 7-9　编程实验：行指针变量的定义与使用。

程序代码及程序输出结果(图 7.12)如下：

```
1   #include <iostream>
2   using namespace std;
3   int   main( )
4   {
5     const   int   row = 3, col = 3;      //常量
6     int   a [row][col ] =
7     {
8         { 10,20,30 },
9         { 40,50,60 },
10        { 70,80,90 }
11    };
12    int   (*p1)[col ];          //定义行指针 p1，()不能省略，列下标 col 不能省略
13    p1 = a ;                    // a 是行指针常量，其指向不能改变
14    //p1 = a[0] ;               //错误
15    //p1 = *a ;                 //错误
16    //p1 = &a[0] ;              //正确
17    cout << "**p1 =" << **p1 << endl;
18    p1++ ;                      //改变指向：下一行行首
19    cout << "(*p1)[1] =" << (*p1)[1] << endl;
20    //int   *p2 = a;            //错误
21    //int **p3 = a;             //错误
22    system("pause");     return 0;
23  }
```

```
**p1      =10
(*p1)[1]  =50
请按任意键继续. . .
```

图 7.12　例 7-9 的输出结果

第 12 行：定义行指针时**列下标不能省略且须为常量，不具有通用性**(受列数限制)。若要不受此限，则可用前面学过的“二维转一维”方式。

第 14 行：错误，a[0] 是一级指针。

第 15 行：错误，*a 是一级指针。

第 19 行：列下标 [1] 指第二列。

第 20 行：错误，p2 是一级指针。

第 21 行：错误，p3 是二级指针，但不是行指针(没有列下标)。

7.2.4　指针数组的定义与使用

指针数组是指针与数组的结合，**数组元素都是同类型指针**，例如：

int　*p[5] ;　　　//p 是指针数组，5 个元素都是 int 指针

注意与行指针的区别：

int　(*p)[5] ;　　//p 是二维数组(5 列)的行指针，注意有圆括号

定义二维指针数组：

int　*pp[3][5] ;　//pp 是二维指针数组，每个元素都是 int　指针

例 7-10　编程实验：指针数组的定义与使用。

程序代码及程序输出结果(图 7.13)如下：

```
1   #include <iostream>
2   using namespace std;
3   int  main( )
4   {
5     int  a[6] = { 1,2,3,4,5,6 } ;
6     for (int i = 0; i < 6; i++)   cout << a[i] <<" ";
7     cout << "\n***********\n";
8     int  *p[3];                        //定义一维指针数组
9     for (int i = 0; i < 3; i++)
10        p[i] = &a[ 2*i ];              //给指针数组赋值，非初始化
11    //==================================
12    for (int i = 0; i < 3; i++)   cout << *p[i] << " ";
13    cout << endl;
14    for (int i = 0; i < 3; i++)   cout << *( p[i]+1 ) << " ";
15    cout << "\n***********\n";    //p[i]+1 要有意义
16    //==================================
17    int  *p2 = p[0];                   //一级指针
18    //int *p2 = p;                     //错误：数组名 p 是二级指针
19    for ( int i = 0; i < 3; i++ )   cout << * p2 ++ << " ";
20    cout << endl;
21    int  **p3 = p ;                    //二级指针
22    for ( int i = 0; i < 3; i++ )   cout << *(*( p3 ++ ) ) << " ";
23    cout << "\n***********\n";
24    system("pause");   return 0;
25  }
```

```
1 2 3 4 5 6
***********
1 3 5
2 4 6
***********
1 2 3
1 3 5
***********
请按任意键继续. . .
```

图 7.13　例 7-10 的输出结果

思考与练习：

(1) 第 10 行：指针数组 p 的元素是什么？

(2) 第 14 行：输出改为 cout << *p[i]+1 << " " ，结果会如何？

(3) 第 19 行：输出“1 2 3”是如何得到的？

(4) 第 22 行：*(*(p3 ++)) 是如何执行的？

7.3　函数与指针

7.3.1　参数传递的方式

前面学过，函数的参数传递有值传递和引用传递，本小节学习以下几种指针传递方式。

(1) 值传递(Pass by Value)。把实参值赋给形参，改变形参值不影响实参值，属于“单向传值”。

(2) 引用传递(Pass by Reference)。形参引用实参，改变形参值也就改变了实参值，属于“双向传递”。

(3) 指针传递(Pass by Pointer)。形参和实参都是指针，把实参(地址)赋给形参，改变形参指针的指向并不影响实参。实质上，指针传递属于单向传值(地址)，故参数传递仅有两种方式。

例 7-11　编程实验：函数的参数传递方式。

程序代码及程序输出结果(图 7.14)如下：

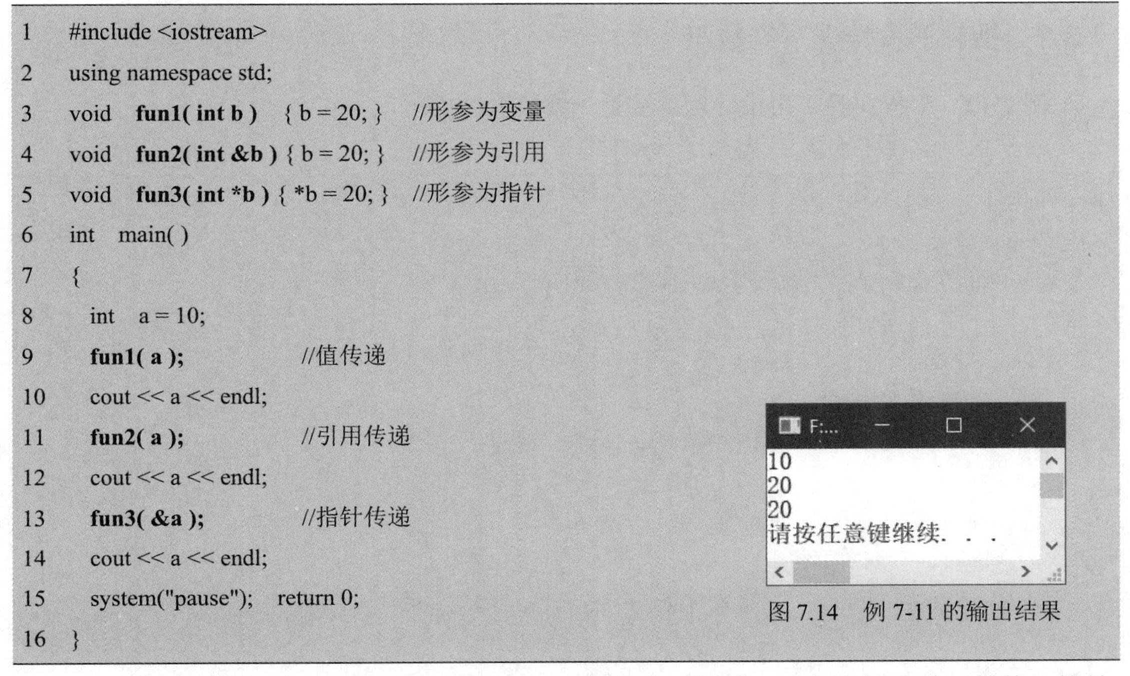

```
1   #include <iostream>
2   using namespace std;
3   void  fun1( int b )   { b = 20; }   //形参为变量
4   void  fun2( int &b ) { b = 20; }   //形参为引用
5   void  fun3( int *b ) { *b = 20; }  //形参为指针
6   int  main( )
7   {
8     int  a = 10;
9     fun1( a );              //值传递
10    cout << a << endl;
11    fun2( a );              //引用传递
12    cout << a << endl;
13    fun3( &a );             //指针传递
14    cout << a << endl;
15    system("pause");  return 0;
16  }
```


图 7.14　例 7-11 的输出结果

第 13 行：将 a 地址传递给形参指针 b，即 b 指向 a 地址。改变 b 指向单元的值，就是改变 a 的值。

例 7-12　编程实验：验证指针传递属于单向传值。

程序代码及程序输出结果(图 7.15)如下：

```
1   #include <iostream>
2   using namespace std;
3   void   fun( int *b )            //形参为指针
4   {
5      int c ;
6      b = &c ;                     //改变 b 的指向
7      *b = 80;                     //改变 b 指向内存单元的值
8      cout << "b=" << *b << endl;
9   }
10  int   main( )
11  {
12     int   a = 10;
13     fun( &a );                          //a 地址传给形参 b
14     cout << "a=" << a << endl;          //a 值未改变
15     system("pause");     return 0;
16  }
```

```
b=80
a=10
请按任意键继续. . .
```

图 7.15　例 7-12 的输出结果

第 6 行：由于 b 改变了指向，不再指向 a，因此改变 b 指向单元的值与 a 无关。

7.3.2　指针形参接受一维数组

例 7-13　编程实验：用指针形参接受一维数组(实参)。

程序代码及程序输出结果(图 7.16)如下：

```
1   #include <iostream>
2   using namespace std;
3   void   fun1( char s[ ] )  //数组写法。形参 s 是指针
4   {
5     cout << "func1:" << s << endl;
6     char   ch[ ] = "12345";
7     s = ch;            //改变 s 指向，数组名 ch 不可改变指向
8     s += 2;            //指针移动
9     cout << "func1:" << s << endl;      //输出字符串“345”
10  }
11  void fun2( char s[80] )        //数组写法(80 被忽略)
12  {   cout << "func2:" << s << endl;   }
13  void fun3( char *s )           //指针写法
```

```
14  {    cout << "func3:" << s << endl;    }
15  int    main( )
16  {
17      char    str[ ] = "ABCDEFG";
18      fun1( str );
19      cout << "=============\n";
20      fun2( str );
21      fun3( str );
22      cout << "=============\n";
23      cout << sizeof( char* ) << endl;
24      cout << sizeof( int* ) << endl;
25      cout << sizeof( double* ) << endl;
26      system("pause");    return 0;
27  }
```

图 7.16　例 7-13 的输出结果

指针形参的数组写法也是指针。

7.3.3　指针形参接受二维数组

例 7-14　编程实验：用指针形参接受二维数组(实参)。

程序代码及程序输出结果(图 7.17)如下：

```
1    #include <iostream>
2    using namespace std;
3    const int N = 4;
4    void    out1( int a[ ][N], int m )       // N 须为常量且不可省略，缺陷：不具通用性
5    //void out1( int (*a)[N], int m )        //行指针写法也正确
6    {
7       for ( int i = 0; i < m; i++ )
8       {
9           for ( int j = 0; j < N; j++ )
10              cout << " " << a[i][j];       // *(*(a+i)+j)、(*(a+i))[j]都正确
11          cout << endl;
12      }
13   }
14   void    out2( int *a, int row, int col )       //二维转一维，优点：具有通用性
15   {
16      for ( int i = 0;    i < row*col;    i++ )
17      {
18          cout << " " << *a++ ;
```

```
19          if ((i + 1) % col == 0)    cout << endl;
20      }
21  }
22  int   main( )
23  {
24      const int M=3;
25      int   mat [M][N] = { {1}, {0,1}, {0,0,1} };
26      out1( mat , M );              // &mat[0]也正确
27      cout << "---------\n";
28      out2( mat[0] , M, N );        // *mat 也正确
29      system("pause");        return 0;
30  }
```

```
1 0 0 0
0 1 0 0
0 0 1 0
---------
1 0 0 0
0 1 0 0
0 0 1 0
请按任意键继续. . .
```

图 7.17　例 7-14 的输出结果

思考与练习：

(1) out1 函数头不变，改写二重 for 循环为一重循环。

(2) out2 函数中为一重循环，时间效率比 out1 高吗？

7.3.4　返回指针的函数

返回指针的函数称为指针函数。

例 7-15　编程实验：返回局部数组。

程序代码及程序输出结果(图 7.18)如下：

```
1   #include <iostream>
2   using namespace std;
3   int *Get(void)              //返回指针的函数
4   {
5     int   x[3] = { 30,20,10 };            //为什么错
6     //static int   x[3]={ 30,20,10 };  //为什么对
7     return    x ;          //返回数组首地址
8   }
9   int   main( )
10  {
11    int* p = Get( ) ;
12    for ( int i = 0; i < 3; i++ )
13         cout << *p++ << endl;          //输出该数组
14    system("pause");         return 0;
15  }
```

```
30
255638408
255638408
请按任意键继续. . .
```

图 7.18　例 7-15 的输出结果

由输出结果可见，没有输出整个数组。因为 x 数组是 Get 函数的局部数组，所以函数

执行完毕后被删除，其值不保存。须避免此类逻辑错误，**编译有警告“返回局部变量的地址: x”**。

➢ 注意：函数返回指针时需要保证返回的指针有意义。

函数返回后，局部变量被删除，该地址上的数据可能改变，因此该地址没有意义。

例 7-16　编程实验：返回定义在函数外的数组地址。

程序代码及程序输出结果(图 7.19)如下：

```
1    #include <iostream>
2    using namespace std;
3    int* Set( int *p, int num )             //指针函数
4    {
5      int   *pp = p;                        //不定义 pp 指针，直接用 p 会如何
6      for (int i = 0; i < num; i++)
7      {
8       ( *pp ) ++ ;                         // ( )能省略吗
9          pp++;
10     }
11     return   p;                           //为何不返回 pp
12   }
13   int   main( )
14   {
15     const int n = 3;
16     int   x[n] = { 30,20,10 };
17     int   *p = Set( x, n );               //返回指针
18     for ( int i = 0; i < n; i++ )
19          cout << *p++ <<" ";
20     cout << endl;
21     system("pause");      return 0;
22   }
```

```
31 21 11
请按任意键继续. . .
```

图 7.19　例 7-16 的输出结果

例 7-17　编程实验：返回指向字符串的指针。

程序代码及程序输出结果(图 7.20)如下：

```
1    #include <iostream>
2    using namespace std;
3    const char * func(void)
4    {
5      const char *p = "ABCDE";  //常量字符串存储于常量区
6      //char p[ ] = "ABCDE";      //替换上句：逻辑错误
7      return   p ;
```

```
8    }
9    int   main( )
10   {
11     const char *p = func( );
12     cout << p << endl;
13     system("pause");       return 0;
14   }
```

ABCDE
请按任意键继续. . .

图 7.20　例 7-17 的输出结果

第 5 行：常量指针 p(7.6 节介绍)指向字符串常量，该字符串在函数结束后不被删除。

第 6 行：p 是函数的局部数组(变量)，该数组在函数返回时被删除。

7.3.5　函数指针的定义与使用

每个函数有一个入口地址，函数名就是函数的入口地址，用函数名可以调用函数。由于函数名及指向的地址都不能改变(指针常量)，因此使用不够灵活。

- 函数指针：指向函数入口地址的指针，注意与指针函数区别。

可定义函数指针变量来指向函数入口地址，那么函数指针也可调用函数。由于函数指针是变量(指向可变，可指向别的函数)，因此用函数指针比用函数名更加灵活。

例 7-18　编程实验：函数指针的定义与使用。

程序代码如下：

```
1    #include <iostream>
2    using namespace std;
3    int   myMax( int x, int y )
4    {   return   x > y ? x : y;          }
5    int   main( )
6    {
7      int (*fun)(int, int);          //定义函数指针变量 fun
8      fun = &myMax;                  //指向 myMax 函数的首地址
9      //-----------调用 myMax 函数的方法---------------
10     int   k;
11     k = myMax(2, 5);               //用函数名调用函数
12     cout << "max=" << k << endl;
13     k = fun(2, 5);                 //用函数指针调用函数
14     cout << "max=" << k << endl;
15     k = (*fun)(2, 5);              //用函数指针调用函数
16     cout << "max=" << k << endl;
17     system("pause");       return 0;
18   }
```

第 7 行：定义函数指针变量 fun，两端的圆括号()不能省略。

➢ 函数类型：由返回类型和形参表(包括形参类型、个数及顺序)构成。
➢ 函数指针：只能指向类型相同的函数。

例 7-19　编程实验：用函数指针调用不同的函数。

程序代码及程序输出结果(图 7.21)如下：

```
1   #include <iostream>
2   using namespace std;
3   int 最大( int x, int y ) { return x >= y ? x : y; }        //VC++中文版支持中文命名
4   int 最小( int x, int y ) { return x <= y ? x : y; }
5   int 减法( int x, int y ) { return x - y; }
6   int 乘法( int x, int y ) { return x*y; }
7   int 处理( int x,   int y,   int (*fun )( int, int ) )      //形参 fun：函数指针
8   {
9     int   z = fun(y, x);          //用函数指针 fun 调用哪个函数
10    return   z ;
11  }
12  int   main( )
13  {
14    int   a = 10, b = 15;
15    cout << 处理( a, b, &最大 ) << endl;
16    cout << 处理( a, b, &最小 ) << endl;
17    cout << 处理( a, b, &减法 ) << endl;
18    cout << 处理( a, b, &乘法 ) << endl;
19    system("pause");
20  }
```

```
15
10
5
150
请按任意键继续. . .
```

图 7.21　例 7-19 的输出结果

思考与练习：

(1) 形参 fun 的作用域是什么？如何让 fun 成为全局变量？

(2) 在什么场合使用函数指针？

假设有 1000 个同类型的函数，怎么调用每个函数一次呢？写 1000 次函数调用？这样不好。好的思路是用循环调用，循环 1000 次，每次调一个函数。但是函数名不能改变，没法循环处理。函数指针可以改变指向，但指针名本身不能改变，也不能循环处理。于是，想到了可以利用数组，将每个函数的入口地址放入一个数组，即**函数指针数组**，数组元素可以循环处理。

例 7-20　编程实验：修改例 7-19，用函数指针数组实现函数的循环调用。

程序代码如下：

```
1  #include <iostream>
2  using namespace std;
3  int  最大(int x, int y) { return x >= y ? x : y; }
4  int  最小(int x, int y) { return x <= y ? x : y; }
5  int  减法(int x, int y) { return x - y; }
6  int  乘法(int x, int y) { return x*y; }
7  int  处理( int x, int y , int (*fun)(int, int) )      //main 没有用到
8  {
9    int  z = fun(y, x);
10   return  z ;
11 }
12 int  main( )
13 {
14   int  a = 10, b = 15;
15   int ( *fun[4] )( int, int ) = { &最大, &最小, &减法, &乘法  };    //数组初始化
16   //fun[0] = &最大;
17   //fun[1] = &最小;
18   //fun[2] = &减法;
19   //fun[3] = &乘法;
20   for( int i=0;  i<4;  i++)
21       cout << fun[i](b,a) << endl;         //循环调用数组的每个函数
22   system("pause");  return 0;
23 }
```

本例的输出结果与图 7.21 相同。

第 15 行：定义函数指针数组并初始化，数组元素必须是同类型的函数指针。

第 16～19 行：如果不初始化数组，则逐个赋值。

第 21 行：数组的每个元素是一个函数指针，用不同的函数指针调用不同的函数。

思考与练习：

main 没用到“处理”函数。现在改写程序，每次循环调用“处理”函数并将 fun 数组元素作为实参，得到同样的结果。

函数指针广泛用于 C++标准模板库(Standard Template Library，STL)，是很重要的一种技术手段，其重要应用在第 8 章学习。

7.3.6　main 函数的参数

此前，main 函数都没有形参，main 本身是可以带有参数的。main 不能被其他函数调用，怎么给它传参数呢？先补充一点相关知识。

Windows 采用图形界面(Graphical User Interface，GUI)，单击可执行程序(EXE)图标即

可运行程序。右击 EXE 图标，如 Visual Studio 2019 图标，弹出窗口选“属性”可见“目标”(包括路径)，例如：

D:\VC_2019\Common7\IDE**devenv.exe**

这是**命令行**——在“命令提示符”窗口运行 devenv.exe 需要键入的命令，它告诉操作系统运行这个程序。如果运行时要传入参数，则在.exe 后输入参数，称为**命令行参数**或**命令参数**，多个参数之间用空白符分隔。通过命令行参数，就可以给 main 函数传入参数。

例 7-21　编程实验：main 函数的参数传递。

程序代码及程序输出结果(图 7.22)如下：

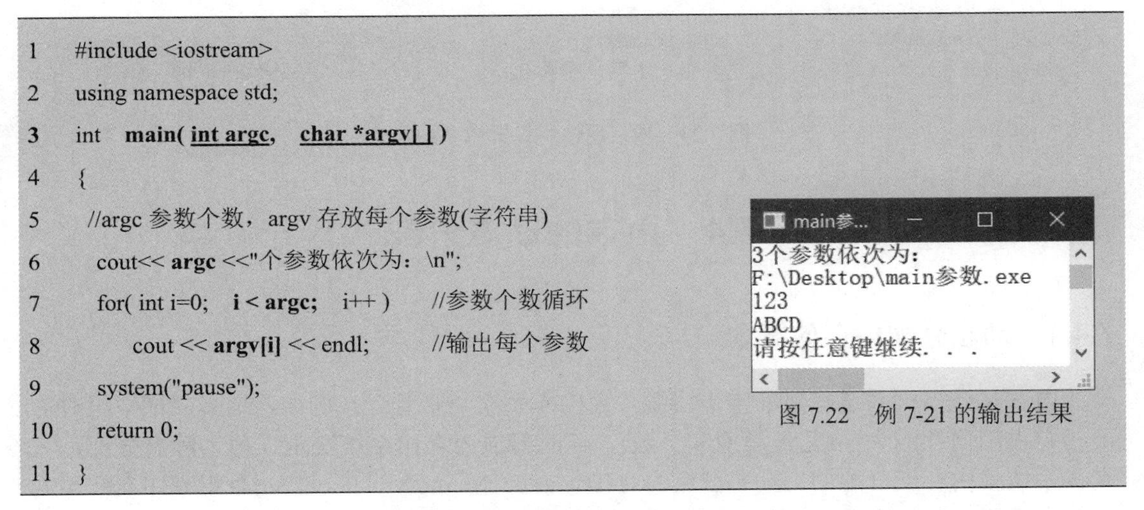

```
1   #include <iostream>
2   using namespace std;
3   int  main( int argc,  char *argv[ ] )
4   {
5    //argc 参数个数，argv 存放每个参数(字符串)
6     cout<< argc <<"个参数依次为：\n";
7     for( int i=0;  i < argc;  i++ )      //参数个数循环
8        cout << argv[i] << endl;         //输出每个参数
9     system("pause");
10    return 0;
11  }
```


图 7.22　例 7-21 的输出结果

main 的第一个形参 **argc** 表示命令行参数的个数，本 exe 及路径也是一个参数。

main 的第二个形参 **char *argv[ ]**是字符指针数组，元素个数为 argc。每个元素都是 char 指针，分别指向每个参数(字符串)的首地址。

argv[0]：指向命令行 exe 程序名称及路径字符串的首地址。

argv[1]：指向命令行 exe 后面第一个参数(字符串)的首地址。

agrv[2]：指向命令行 exe 后面第二个参数(字符串)的首地址，以此类推。

为避免 argv[0] 程序名(含路径)字符串太长，将 exe 文件拷贝到桌面(DeskTop)，命名为“main 参数.exe”。右击它并在弹出窗口选择“发送到”→“桌面快捷方式”，在桌面上创建本 exe 程序的图标。右击图标选择“属性”，在“目标”的 exe 后面输入：

F:\Desktop\main 参数.exe　　123　　ABCD
　　参数 1　　　　　　参数 2　　参数 3

命令行参数之间用空白符分隔。单击图标运行程序，3 个参数就传入 main 函数中。至于这些参数的作用，根据程序的需要设计。

VC++ IDE 可用“项目”→“属性”菜单设置命令行参数，如图 7.23 所示。这样设置后，每次调试(F5)运行本程序时均有命令行参数。

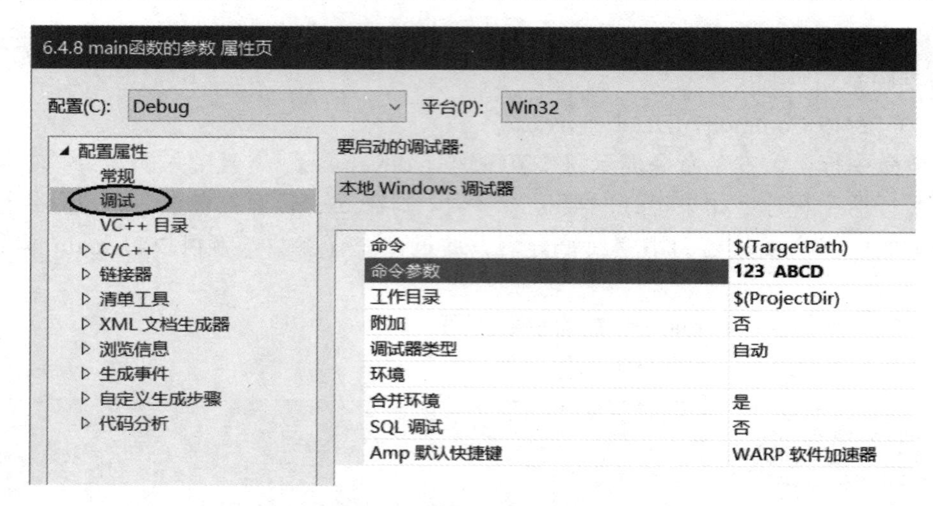

图 7.23　项目属性中设置命令参数

7.4　内存的动态分配

7.4.1　动态分配内存的概念

内存是计算机系统有限的宝贵资源，由操作系统负责管理。例如，定义局部数组时需要指定占用内存的大小(元素类型和个数)，何时释放内存由系统决定，称为**静态分配**，它是在系统栈内存上分配的。动态分配内存(Dynamic Memory Allocation)是指程序在需用内存时向操作系统提出申请，使用完毕后程序将申请的内存还给操作系统(释放内存)。

采用动态分配内存，程序占用的内存大小动态变化，有利于提高内存的使用效率。实现动态分配内存，需要编写内存的申请与释放代码。申请时，需要告知操作系统：

(1) 数据的**类型**，确定内存块存放数据的类型。

(2) 数据的**个数**，结合类型确定内存块的大小。

➢ 申请成功获得一片**连续的**内存块(堆内存分配)，返回该内存块的首地址。

➢ 定义同类型的指针指向该首地址，且只能用这个指针访问这一片内存。

如果申请失败(操作系统不批准)，则**返回空指针(NULL)**，通过判断返回的指针是否为空来确定申请是否成功。一般情况下申请不会失败，通常不检查返回指针是否为空。特殊情况下申请可能失败，如申请内存很大，系统没有足够的连续内存供分配(**内存不足**)，此时须检查申请是否成功；否则，程序可能出现运行错误。

申请的内存用完后须及时返还操作系统(释放内存)。否则，这块内存一直被占用，造成内存浪费，即所谓的“**内存泄漏**”。

➢ 内存泄漏是一个严重的、隐藏很深的问题，较难被发现。

长时间运行程序后，浪费的内存越积越多，可用的内存越来越少，拖累整个系统的运

行速度，严重时将导致程序“莫名其妙”地崩溃，甚至死机等。

7.4.2　C++动态分配运算符

C 与 C++动态分配内存的方式不同，C++提供内存分配运算符，C 语言使用函数。显然，用 C++运算符更简便。

例 7-22　编程实验：C++动态分配内存运算符 new 和 delete 的使用。

程序代码及程序输出结果(图 7.24)如下：

```
1   #include <iostream>
2   using namespace std;
3   int   main( )
4   {
5     int *p1 = new   int;                     //动态分配 1 个 int 大小的内存(未初始化)
6     *p1 = 10;
7     cout << "*p1: " << *p1 << endl;
8     char *p2 = new   char { 'A' };           //动态分配 1 个 char 内存，初始化为 A
9     cout << "*p2: " << *p2 << endl;
10    //-------------------------------------------------------------------------
11    double   *p3 = new   double[5];          //动态分配 5 个 double 内存(未初始化)
12    double   *pp = p3;                       //为什么定义 pp
13    for ( int i = 0;   i < 5;   i++ )
14    {
15        *p3 = i + 0.5;
16          cout << *p3 << " ";
17          p3++;
18    }
19    cout << endl;
20    //-----------------------------------
21    int *p4 = new   int [5] { 1,2,3,4,5 };   //初始化
22    for (int i = 0; i < 5; i++)
23        cout << p4[i] << " ";                //可用下标访问
24    cout << endl;
25    //-----------------------------------
26    delete   p1;          //释放单个数据的内存
27    delete   p2;
28    delete   [ ]pp;       //释放用[]分配的内存，注意[]的位置
29    delete   [ ]p4;
30    system("pause");       return 0;
31  }
```

```
F:\hxn\...
*p1: 10
*p2: A
0.5 1.5 2.5 3.5 4.5
1 2 3 4 5
请按任意键继续. . .
```

图 7.24　例 7-22 的输出结果

➢ new 分配的内存没有名字，没法用名字访问，只能用同类型的指针访问。

第 8 行：分配内存时初始化，单个数据初始化可用()，C++11 支持用{ }。
第 11 行：用 [ ] 指明存放的数据个数。
第 21 行：C++ 11 支持用 { } 初始化多个数据，但不能用()。

思考与练习：

(1) 第 12 行：如果不定义 pp，则运行结果有何变化？有什么后果？
(2) 第 23 行：理解数组下标访问，并将下标访问改为指针访问。

二维数组的应用十分广泛，自然要问：如何动态分配二维数组呢？

例 7-23　编程实验：动态分配二维数组，其缺点是列数固定，不具有通用性。

程序代码及程序输出结果(图 7.25)如下：

```
1   #include <iostream>
2   using namespace std;
3   int  main( )
4   {
5     int   x = 2;        //行数 x 可以是变量，具有通用性
6     const int y = 3; //列数 y 必须为常量，不具通用性
7     int   (*p)[y] = new   int [x][y];          //定义行指针
8     for (int i = 0; i < x; i++)                //行循环
9     {
10        for (int   j = 0;   j < y;   j++)      //列循环
11        {
12         *(*(p + i) + j) = i + j;              //指针访问元素
13         cout << p[i][j] << " ";               //下标访问元素
14        }
15        cout << endl;
16    }
17    delete [ ]p;
18    system("pause");   return 0;
19  }
```

```
0 1 2
1 2 3
请按任意键继续. . .
```

图 7.25　例 7-23 的输出结果

例 7-24　编程实验：二维数组转一维分配，其优点是具有通用性。

程序代码及程序输出结果(图 7.26)如下：

```
1   #include <iostream>
2   using namespace std;
3   void   Input( int a[], int m, int n );        //给数组 a (m 行 n 列)赋值
4   int    calSum( int *a, int m, int n );        //计算数组 a 主对角元素之和
5   void   Show( int *a, int m, int n );          //按行列形式输出 a
```

```
6   int   main( )
7   {
8     int   x = 3, y = 4;                          // x 行  y 列
9     int *p = new   int [ x*y ];                  //转一维：x, y 均为变量，具有通用性
10    Input( p, x, y );
11    Show( p, x, y );
12    int   sum = calSum( p, x, y );
13    cout << "主对角元素之和  = " << sum << endl;
14    delete []p;
15    system("pause");        return 0;
16  }
17  void   Input( int a[ ], int m, int n )
18  {
19    for ( int i = 0;   i < m*n;   i++ )
20        a[i] = 2*i + 10;            //下标访问元素
21  }
22  void Show( int *a, int m, int n )
23  {
24    for(int i=0;   i < m*n;   i++)
25    {
26        cout<<*a <<" ";          //指针访问元素
27        a++;
28        if( (i+1)%n==0 )       cout << endl;
29    }
30  }
31  int   calSum( int *a, int m, int n )          // m 行 n 列
32  {
33    int   sum = 0;                              //主对角元素之和 sum
34    for ( int i = 0;   i<m;   i++ )             //行循环
35        for ( int j = 0;   j<n;   j++ )         //列循环
36        {
37          if ( i == j )   sum += *a;            //指针访问元素
38          a++;
39        }
40    return   sum;
41  }
```

```
F:\hx...
10 12 14 16
18 20 22 24
26 28 30 32
主对角元素之和 = 60
请按任意键继续. . .
```

图 7.26　例 7-24 的输出结果

例 7-25　编程实验：理解 new 分配内存的生命期和 delete 含义。

程序代码及程序输出结果(图 7.27)如下：

```
1   #include <iostream>
2   using namespace std;
3   void  New1( int *pt,  int num )
4   {
5     pt = new  int[num];       //改变 pt 指向
6     if( pt != NULL )
7        cout<<"New1：OK"<<endl;
8   }
9   int * New2( int *pt,  int num )
10  {
11    pt = new  int[num];       //改变 pt 指向
12    pt[0]=8;
13    return  pt;
14  }
15  int  main( )
16  {
17    int  n=10,      *p = NULL;
18    New1( p, n );
19    cout << "p=" << p << endl;
20    p = New2( p, n );
21    cout << "p=" << p <<","<< *p << endl;
22    delete [ ]p;      // “释放” 的含义是什么
23    cout << "p=" << p << "," << *p << endl;
24    system("pause");        return 0;
25  }
```

```
F:\h...
New1: OK
p=00000000
p=010C5150,8
p=010C5150,-572662307
请按任意键继续. . .
```

图 7.27　例 7-25 的输出结果

第 5 行：new 内存释放了吗？能释放吗？不能！因为 pt 是函数 New1 的局部变量，函数执行完后 pt 被删除，new 内存丢失了指针，既无法释放，又无法使用，产生了**内存泄漏**。更严重的是，如果 New1 函数被循环调用，每循环一次就 new 一块内存，则内存泄漏不断地累积，白白耗费内存。

第 18、19 行：地址也是单向传递，尽管 p 在 New1 中发生了改变，但 p 并不改变，仍指向空地址(NULL，0x00000000)。

第 22、23 行：new 内存 delete 并非删除指针 p，而是收回 p 指向的内存(原来值为 8，释放后其值变得无意义)。

7.4.3　C 语言动态分配函数

C 语言用 malloc 函数动态分配内存，用 free 函数释放内存，使用上不如 C++运算符 new 和 delete 简便。

1. malloc 函数

函数原型：**void * malloc(unsigned int size)**

函数形参：size 分配内存的大小(字节数)，常用 sizeof 获取。

函数功能：动态分配 size 大小的内存。

分配成功：返回 void 指针——需要强制转换为所需类型的指针，例如：

int *p = **(int*) malloc** (sizeof (int) * 100) ;

C++方式： int *p = **new** int [100];

分配失败：返回 NULL 指针。

2. free 函数

函数原型：void **free**(void *p) ;

函数功能：释放 p 指向的内存区。

函数形参：p 是 malloc 返回的指针(申请内存区的首地址)。

C++也支持这两个函数，注意，不要与 C++运算符 new 和 delete 混用，以免出问题。

7.5 void 指 针

7.5.1 void 指针的概念

void 指针是**无类型指针**。既然无类型，该指针就不能直接用，因为指针读写数据需要知道数据类型。例如 int 指针 p，p 指向 int 数据的第一个字节。鉴于 int 数据用 4 字节存储，int 指针一次需要读写 4 字节才能正确读写一个 int 数据，如图 7.28 所示。

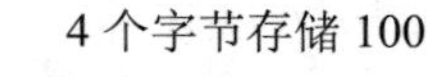

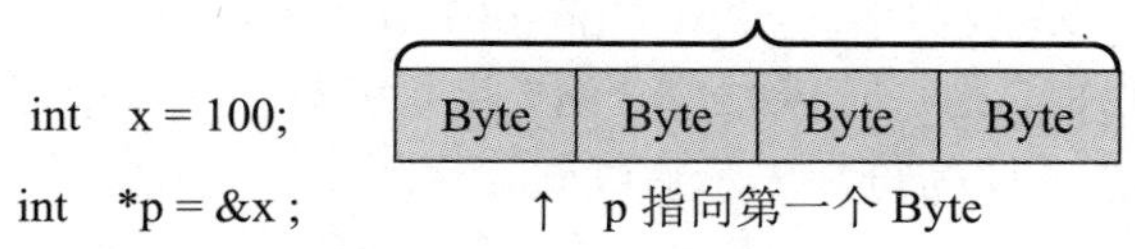

图 7.28 int 数据的内存存储与指针

若为 char 指针，则每次读写 1 字节；若为 long long int 指针，则每次读写 8 字节(64 位)。因此，指针类型决定每次读写的字节数。因为不知道 void 无类型指针指向的数据占用多少字节内存，故不能正确读写数据。同理，void 指针的加减运算也没有意义。

void 指针既然不能直接使用，那么有什么存在的必要呢？void 指针是一种有用的特殊指针，专门用于指针类型的转换。

(1) 任何类型指针可以赋值给 void 指针。

```
int   * p1;
void * p2;
p2 = p1;        //无须类型转换
```

(2) 通过类型转换，void 指针可赋给任何类型指针。

```
int   x = 100,   *p1 = &x ;
```

```
void * vp = p1;
char *p2 = (char*) vp ;          //转换为所需类型指针
```

void 指针作为不同类型指针转换的桥梁，使程序代码具有通用性(见 7.5.2 小节)。

7.5.2　void 指针的使用

例 7-26　编程实验：利用 void 指针实现指针类型转换。

程序代码及程序输出结果(图 7.29)如下：

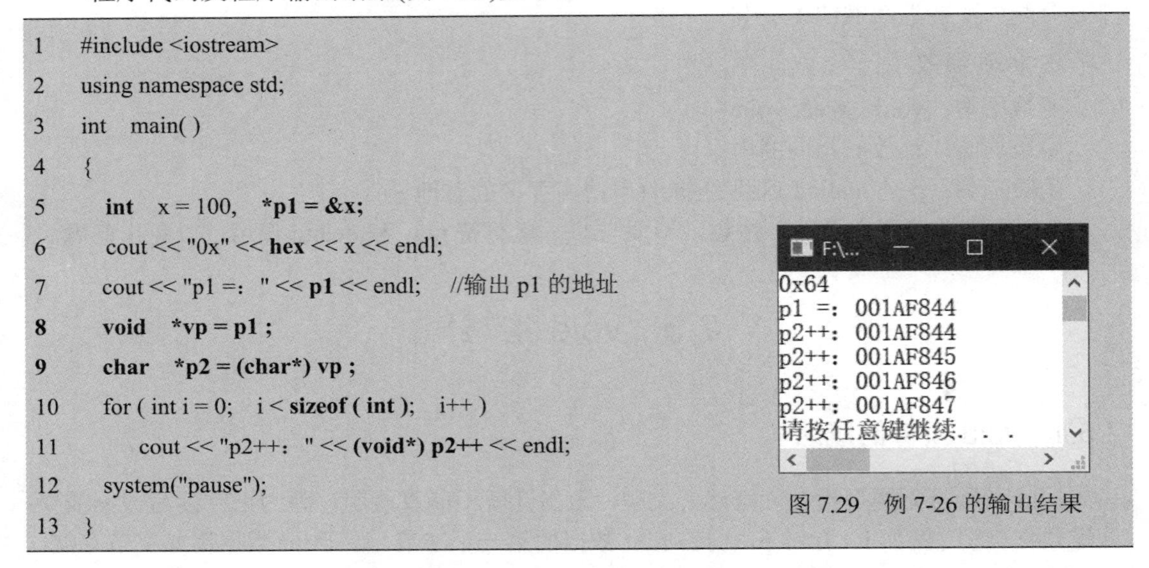

```
1   #include <iostream>
2   using namespace std;
3   int   main( )
4   {
5       int   x = 100,   *p1 = &x;
6       cout << "0x" << hex << x << endl;
7       cout << "p1 =: " << p1 << endl;    //输出 p1 的地址
8       void   *vp = p1 ;
9       char   *p2 = (char*) vp ;
10      for ( int i = 0;   i < sizeof ( int );   i++ )
11          cout << "p2++: " << (void*) p2++ << endl;
12      system("pause");
13  }
```


图 7.29　例 7-26 的输出结果

本例只为展示 void 指针作为桥梁进行类型转换。指针类型转换可直接强制转换，如 char *p2 = (char*) p1，不一定用 void 指针。

由图 7.29 可见，p2 最初指向与 p1 相同(001AF844)，表明 int 指针 p1 指向 int 数据的第一个字节。每次 p2++，地址连续+1(44～47 共 4 字节存放一个 int 数据)。相关说明如下：

(1) hex 为**输出格式控制符**，表示后续输出采用十六进制。

(2) 第 11 行：p2 转换为 void 是 << 的需要。否则，<< 输出字符而非地址。

例 7-27　编写数据的通用交换函数，交换任意类型的数据，包括数组(大小相同)。

首先思考：数据交换的原理是什么？

函数原型：void dataSwap(**TYPE** *data1,　**TYPE** *data2 , …) ;

TYPE 不能是具体的类型，否则不满足任意类型要求。考虑 void 形参可以接受任意类型的实参，满足要求。设计函数原型如下：

void dataSwap(**void*** data1,　**void*** data2 , …) ;

void 指针不能直接使用，可用**“字节交换”**。字节是构成数据的基本单位，任意类型数据**逐个字节对应交换**即可实现。例如，交换 int 数据，把它们 4 字节内容逐一对应交换，如图 7.30 所示。

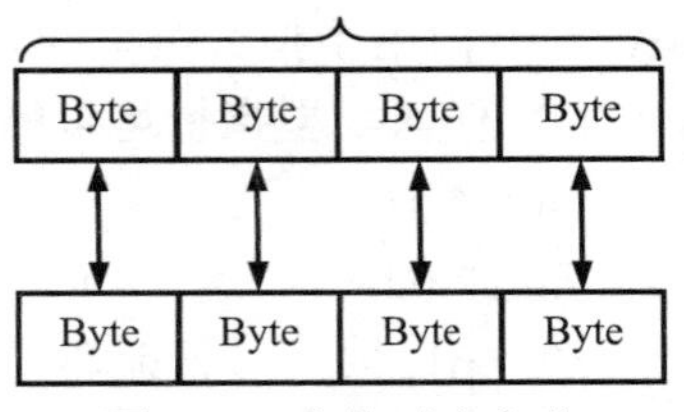

图 7.30　交换对应字节

程序代码及程序输出结果(图 7.31)如下：

```
1   //例 7-27 源代码：数据交换通用函数
2   #include <iostream>
3   using namespace std;
4   void   dataSwap( void *data1, void *data2, int   bytes );
5   void   show( int *p, int num );
6   int   main( )
7   {
8     double   x = 99.9,   y = 88.8;
9     dataSwap(&x, &y, sizeof(double));     //交换 2 个 double
10    cout << "x = " << x << endl << "y = " << y << endl;
11    int   A[ ] = { 20,30,40,50,60 };
12    int   B[ ] = { 25,35,45,55,65 };
13    dataSwap(A, B, sizeof(A));             //交换 2 个数组
14    cout << "A[]: ";  show(A, 5);
15    cout << "B[]: ";  show(B, 5);
16    system("pause");       return 0;
17  }
18  void   dataSwap( void * data1, void * data2, int bytes ) //交换 data1 和 data2
19  {
20    char *p1 = (char*) data1;         //char*：按字节交换
21    char *p2 = (char*) data2;
22    char   ch;
23    for ( int i = 0; i < bytes; i++ )     //每个字节对应交换
24    {
25        ch = *p1;      *p1 = *p2;      *p2 = ch;
26        p1++;          p2++;
27    }
28  }
29  void   show( int *p,   int num )      //输出 int 数组
30  {
31    for (int i = 0; i < num; i++ )
32          cout << *p++ << " ";
33    cout << endl;
34  }
```

```
x = 88.8
y = 99.9
A[]: 25 35 45 55 65
B[]: 20 30 40 50 60
请按任意键继续. . .
```

图 7.31　例 7-27 的输出结果

7.6　const 指 针

const 在高级程序员编写的代码中广泛使用，主要是为**预防犯错**，即预防程序员修改

不能修改的数据(用 const 限定)，这是一种好手段。例如，团队开发项目需要预先设计好函数的功能与参数，不能修改的数据需要进行保护，预防编写函数时修改 const 数据。

此前，用 const 定义常变量。同样地，定义指针时用 const 限制其不能改变指向，不能修改指向的数据，指向和指向数据都不能修改等。3 种限制的区别在于定义时 const 的位置不同，下面分别学习。

7.6.1　const 在“*”之前

定义指针时 const 位于“*”之前，称为**“常量指针”**，有两层含义：

(1) 本指针不能修改指向的数据，可以指向常量或变量。

(2) 本指针的指向可以改变(被重新赋值)。

例 7-28　编程实验：const 在“*”之前。

程序代码及程序输出结果(图 7.32)如下：

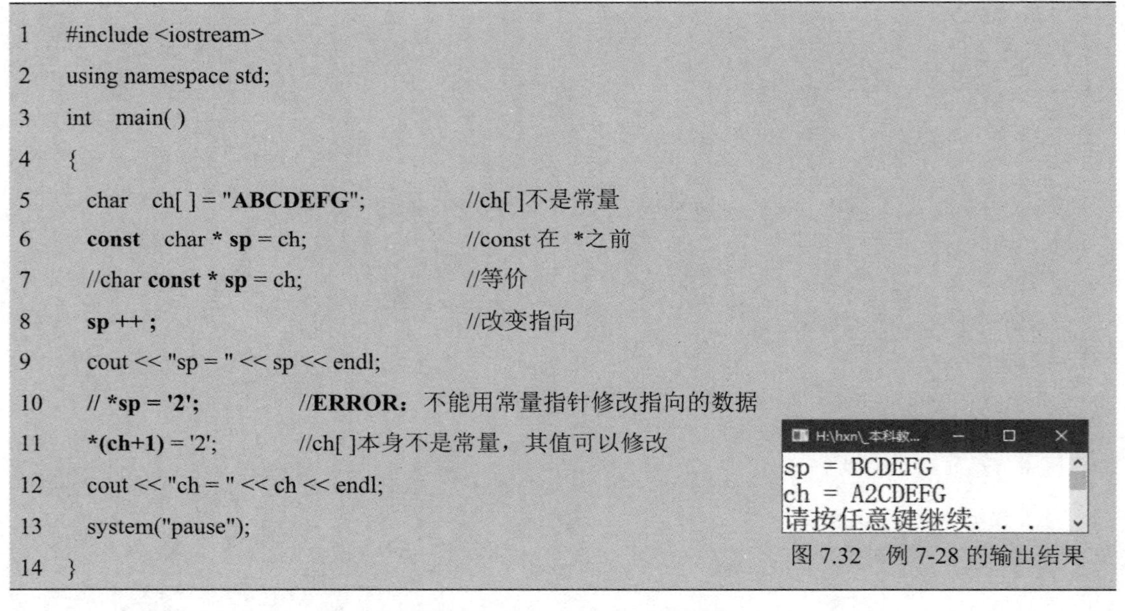

```
1   #include <iostream>
2   using namespace std;
3   int  main( )
4   {
5     char  ch[ ] = "ABCDEFG";            //ch[ ]不是常量
6     const  char * sp = ch;              //const 在 *之前
7     //char const * sp = ch;             //等价
8     sp ++ ;                             //改变指向
9     cout << "sp = " << sp << endl;
10    // *sp = '2';          //ERROR：不能用常量指针修改指向的数据
11    *(ch+1) = '2';         //ch[ ]本身不是常量，其值可以修改
12    cout << "ch = " << ch << endl;
13    system("pause");
14  }
```


图 7.32　例 7-28 的输出结果

常量指针常用于函数的**指针形参**，防止在函数内通过本指针修改指向的数据。如果修改指向的数据，则将产生编译错误(必须纠正该错误，这是避免犯错的好措施)。

7.6.2　const 在“*”之后

定义指针时 const 位于“*”之后，称为**“指针常量”**，有两层含义：

(1) 本指针是常量，即指向不可改变，定义时须初始化(确定指向)。

(2) 本指针可以修改指向的数据。

例 7-29　编程实验：const 位于“*”之后。

程序代码及程序输出结果(图 7.33)如下：

```
1   #include <iostream>
2   using namespace std;
3   int  main( )
4   {
5     char   ch[ ] = "ABCDEFG";        //ch[]不是常量
6     char * const sp = ch;           //const 在 *之后，须初始化
7     //sp++ ;                        //ERROR：指针是常量，指向不能变
8     //ch++ ;                        //ERROR：数组名是指针常量
9     cout << "sp = " << sp << endl;
10    *sp = '2';                      //指针可修改指向的数据
11   *ch = '5';
12    cout << "ch = " << ch << endl;
13    system("pause");
14    return 0;
15  }
```

```
F:\hxn...
sp = ABCDEFG
ch = 5BCDEFG
请按任意键继续. . .
```

图 7.33　例 7-29 的输出结果

7.6.3　const 在“*”前后

定义指针时在“*”前后都有 const，这是上述两种情况的组合，有两层含义：

(1) 本指针是指针常量，指向不可改变，定义时须初始化。

(2) 本指针是常量指针，本指针不能修改指向的数据。

例 7-30　编程实验：const 在“*”前后都有。

程序代码如下：

```
1   #include <iostream>
2   using namespace std;
3   int  main( )
4   {
5     char   ch[ ] = "ABCDEFG";
6     char const   * const sp = ch;
7     //sp++;                  //ERROR：是指针常量(不可改变指向)
8     //*sp = '2';             //ERROR：是常量指针(不可修改指向的数据)
9     cout << "ch = " << sp << endl;
10    system("pause");        return 0;
11  }
```

7.6.4　易混淆的概念

指针可以与变量、数组、函数等结合，初学者容易混淆一些概念。因此，通过比较以

下例句(每行独立、上下无关)来加深理解和区分。

```
int  m;        int *p = &m ;              // p 是变量 m 的指针
int  a[10];    int *p = &a[3] ;           // p 指向一维数组 a 的第 4 个元素
int  b[3][4];  int *p = &b[2][3] ;        // p 指向二维数组 b 的第 3 行第 4 列元素
int  a[6];int *p = a;                     // p 指向一维数组 a 的首地址
int  b[3][4];  int *p = b[1] ;            // p 指向一维数组 b[1] 的行首(二维数组第二行)
int  a[10];    a++ ;                      // a++错误，a 是数组名(不能改变指向)
对于指针 p：++ *p ;                        //存储在 p 地址上的数据+1，++(*p)写法更清楚
int  a[3][4], (*p)[4];  p = a;  p++;      // p 为二维数组 a 的首行指针，p++指向下一行
int  *p[10] ;                             // p 为一维指针数组，每个元素是 int 指针
int  (*p)(…) ;                            // p 为函数指针
int  *fun(…) ;                            //指针函数：返回指针的函数
int  **p ;                                // p 为二级指针
int  *a[8],  **p ;  p = a ;               // p 为二级指针，指向一维指针数组 a 的首地址
```

第 8 章　自定义类型

8.1　结构体类型

C/C++ 不仅提供基本数据类型，如 int、float、double、char、bool 等。为了处理更复杂的数据，C/C++ 还支持将基本类型进行组合以构成更复杂的类型。对于组合类型，系统不能预知用户将进行怎样的组合，因此用户需要自行设计，称为**自定义类型**(User Defined Type, UDT)。本章将学习结构体类型、位域类型、共用体类型、枚举类型等自定义类型，类类型在第 10 章学习。

8.1.1　定义结构体类型

我们知道数组是同类型数据的集合，有时需要把不同类型的数据组成一个整体，以便于使用。表 8-1 中的数据该如何存储与处理？

表 8-1　对象及属性

对 象	属　性
一个人	身份证号、姓名、性别、电话、身高、体重、…
一辆车	类别、生产厂家、型号、颜色、价格、产地、…
一本书	书名、作者、出版日期、价格、库存、页数、…
一台电脑	品牌、型号、价格、购买日期、性能参数、…
一个公司	法人代表、注册资金、单位地址、员工数、…
一张菜单	菜名、价格、材料、加工方式、口味、…
…	…

表 8-1 中“属性”的类型不同，如书名(字符串)与价格(浮点数)不能用一个数组来存储。这需要把不同的类型结合在一起，构成一个**结构体**(Structure)类型。另外，表 8-1 中不同的“对象”是不同的结构体类型，由用户根据需要定义。

自定义“日期”结构体类型如下：

```
struct  date        //date：结构体类型名(可省略)
{    //一对大括号 { } 表示结构体
    short  int  year;         //声明：结构体成员变量 year
```

```
    short  int  month;      //声明：结构体成员变量 month
    short  int  day ;       //声明：结构体成员变量 day
};  //这里有分号“;”
```

结构体类型包括哪些成员变量及其类型，这根据需要自行设计。成员变量类型可以相同，也可以不同，它还可以是组合类型，如下定义 student 结构体类型：

```
struct  student
{
    unsigned  int  ID ; //学号
    char  name[20] ;    //姓名
    bool  sex ;         //性别
    int   score[3] ;    //课程成绩(3 门)
    date  birthday ;    //生日：声明结构体变量，结构体的组合
};  //这里有分号“;”
```

根据需要定义**全局结构体类型**、**局部结构体类型**(定义在函数内部，仅限该函数用)，通常定义为全局结构体类型。结构体类型还可以嵌套定义，如下：

```
struct  student         //定义 student 结构体类型
{
    unsigned  int  ID ;
    char  name[20] ;
    bool  sex ;
    int   score[3] ;
    struct  date    //嵌套定义 date 结构体，仅限 student 范围内使用
    {
        short  int  year;
        short  int  month;
        short  int  day ;
    }  DATE1 ;      //声明结构体 date 的变量 DATE1
date  DATE2 ;       //声明结构体 date 的变量 DATE2
};
date DATE3 ;        //ERROR：在 student 域外不能用 date
```

8.1.2　定义结构体变量

第 3 章讲过，数据类型是一个抽象概念，而非实体，不占用内存；内存中只存在类型的实体(变量)。因此，尽管结构体类型有成员变量，但定义结构体类型时成员变量只是一个声明，不在内存中创建；若要在内存中创建，则需要创建**结构体类型的变量**(广义变量)。

错误地定义结构体类型，如下：

```
struct  date
{
```

```
    short  int  year = 2018 ;//声明而非定义成员变量，并不创建它，赋值无意义
    short  int  month = 9;
    short  int  day = 21;
} ;
```

注意：为了快速初始化成员，C++11 支持上面的写法，“=”还可用一对花括号替代。

例如，定义“人”类型(非具体的人)，声明“眼睛、耳朵、鼻子、嘴巴”等成员变量，但赋予具体数值则没有意义；只有定义“人”类型的变量(具体的人)赋值才有意义。

➢ 先定义后使用：先定义(创建)结构体类型的变量，才能使用它。

定义结构体变量举例：

```
struct  student              //定义结构体类型，类型名 student 可省略
{
    unsigned  int ID ;       //声明：成员变量
    char    name[20] ;
    bool    sex ;
    date    birthday;        //声明：结构体变量(结构体组合，内嵌结构体变量)
    int     score[3] ;
}  s1, s2 ;                  //定义：2 个结构体变量(注意分号的位置)
student * p;                 //定义：结构体指针
student  s3[3];              //定义：结构体数组(一维)
student  s4[3][4];           //定义：结构体数组(二维)
student * p1[3];             //定义：结构体指针数组(一维)
student * p2[3][4];          //定义：结构体指针数组(二维)
```

形式上，定义结构体变量与定义基本类型的变量一样，只是类型为自定义类型。

定义结构体类型时可以省略类型名 student，成为**无名结构体类型**。由于没有类型名，因此只能在这里定义变量 s1 和 s2。有时结构体类型只是临时用一次，没必要给它取名字，故而定义无名结构体类型。

为简化用语，“结构体”一词有时指类型，有时指变量，根据上下文理解其所指。例如，“结构体 student”是“结构体类型 student”的简化说法，“结构体 s1”是“结构体变量 s1”的简化说法，甚至“结构体”也可简称为“结构”。

8.1.3 结构体变量赋值

结构体变量也是变量，初始化方式也是**在定义变量时赋值**，例如：

```
student  s1 = { 326, "Zhang",  0,  { 2000,5,15 }, { 85,90,80 } } ;
                 ↓      ↓      ↓         ↓             ↓
                 ID   name    sex     birthday      score[3]
                    对应赋值(按结构体成员的声明顺序)
```

说明：C++ 11 标准支持省略“=”赋值符。

下面的初始化写法也是正确的：

student　s1 = student { 326, "Zhang", 0, { 2000,5,15 }, { 85,90,80 } } ;

说明："="右端创建 student 的一个无名变量并赋值给 s1 变量。

> ➢ 同类型的结构体变量可以相互赋值。
> ➢ 不同类型的结构体变量不能相互赋值。

同类型结构体变量的赋值如图 8.1 所示，结构体的成员变量一一对应赋值。

s2 = s1 ;　//赋值语句

s2	赋值	s1
ID	=	326
name	=	Zhang
sex	=	0
birthday：year	=	2000
birthday：month	=	5
birthday：day	=	15
score[0]	=	85
score[1]	=	90
score[2]	=	80

图 8.1　同类型结构体变量的赋值

显然，不同类型的结构体变量不能相互赋值，赋值没有意义。比如，你不能把"汽车"结构体的成员变量赋值给"电脑"结构体的成员变量。

8.1.4　访问结构体成员

访问结构体变量的成员简称访问结构体成员。结构体变量的每一个成员都可以访问，其访问方式有如下两种。

1. "."访问成员

> ➢ 用运算符"."访问成员时，"."前面是结构体变量。

举例如下：

```
student  one ;            //定义结构体变量 one
//以下用"."访问其成员 ID
one.ID = 215;
one.birthday.year = 2001;     //birthday 是 date 变量，用"."访问 birthday 成员
one.birthday.month = 8;
one.birthday.day = 30;
one.score[2] = 95;
```

```
cout << one.neme << one.ID;
```

2. “->” 访问成员

> ➢ 用运算符“->”访问成员时，“->”前面是结构体指针。

```
student   one = { 326, "Zhang", 0,{ 2000,5,15 } ,{ 85,90,80 } };  //定义变量及初始化
student * ps = &one;          //定义结构体指针 *ps
ps->ID = 215;                 // “->” 前面是指针 ps
ps->birthday.year = 2001;     //理解“->”和“.”的区别
ps->birthday.month = 8;
ps->birthday.day = 30;
ps->score[2] = 95;
cout << ps->name <<"," << ps->ID ;
```

birthday 是结构体 date 的变量而非指针，故用“.”访问 birthday 的成员。

8.1.5 结构体与数组

结构体与数组结合形成**结构体数组**，数组元素是同类型的结构体变量，应用十分广泛。例如，表 8-2 为学生个人信息简表，考虑如何存储这张表。

表 8-2　学生个人信息简表

学号	姓名	性别	生日	C++成绩	高数成绩	英语成绩
101	张三	男	2001.5.10	90	90	85
102	李四	女	2001.8.21	95	85	90
…	…	…	…	…	…	…

这是一个二维表(行列)，各列的数据类型不全相同，不能用一个二维数组存储。如果把一行定义为一个结构体类型 student，则各行的数据类型相同，同为 student 类型。

这个表有 n 行，定义一个一维结构体数组 **student[n]** 即可存储。再者，如果 n 为常量，则可以静态分配数组；如果 n 为变量，则可以动态分配该数组。

结构体数组也是数组，遵循数组初始化的规则，如下：

```
student   stud[4] =    //定义一维结构体数组(4 行)
{   //初始化数组的每个元素
    101, "张三", 1, { 2000,3,5 }, { 85,95,90 },
    102, "李四", 0, { 2001,6,8 }, { 90,87,82 },
    103, "王五", 1, { 2000,1,8 }, { 80,80,85 },
    104, "赵六", 0, { 2002,9,2 }, { 75,80,90 }
} ;
```

同样可以定义**结构体指针数组——每个元素是同类型的结构体指针**，结合了结构体、数组和指针 3 者，分别遵循结构体、数组、指针的语法规则。

例 8-1　编程实验：结构体、指针与数组的结合。

程序代码及程序输出结果(图 8.2)如下：

```
1   #include <iostream>
2   using namespace std;
3   struct Point        //定义结构体类型(二维平面上的点)
4   {
5       int   x ;     //x 坐标
6       int   y ;     //y 坐标
7   };
8   int   main( )
9   {
10    Point   pt[ ] = { {0,0},{1,1},{2,2} };       //定义结构体数组(能存放 3 个点)
11    cout << "sizeof(Point) = " << sizeof( Point ) << endl;
12    cout << "sizeof( pt )    = " << sizeof( pt ) << endl;
13    Point * p = pt ;              //定义结构体指针
14    cout << "sizeof( p ) = " << sizeof( p ) << endl;
15    for (int i = 0;   i < 3;   i++)
16    {
17      cout << "x=" << p->x << "    y=" << p->y << endl;
18       //cout<<"x="<< (*p).x <<"    y="<< (*p).y <<endl;
19       p++;                                //什么意思
20     //p += sizeof( Point );               //替换上句正确吗
21    }
22    system("pause");    return 0;
23  }
```

```
sizeof(Point) = 8
sizeof( pt )  = 24
sizeof( p  )  = 4
x=0  y=0
x=1  y=1
x=2  y=2
请按任意键继续. . .
```

图 8.2　例 8-1 的输出结果

思考与练习：

(1) 注释第 17 行、不注释第 18 行，正确吗？怎么解释？

(2) 注释第 19 行、不注释第 20 行，正确吗？怎么解释？

8.1.6　结构体与函数

结构体变量也是变量，遵循与函数的相关语法规则。

例 8-2　编程实验：函数形参为结构体变量、结构体引用和结构体指针。

程序代码及程序输出结果(图 8.3)如下：

```
1   #include <iostream>
2   using namespace std;
3   struct   Point   { int   x;   int   y; };
4   void   SHOW( Point p )              //结构体变量作形参，实参成员逐个赋值给形参
5   {
```

```
6     cout << p.x << " " << p.y << endl;
7   }
8   void show( Point& p )          //结构体引用作形参，引用同类型的实参变量
9   {
10    cout << p.x << " " << p.y << endl;
11  }
12  void show( Point* p, int n )   //结构体指针作形参，指向同类型的实参地址
13  {
14    for ( int i = 0;   i < n;   i++, p++ )
15    cout << p->x << " " << p->y << endl;
16  }
17  int   main( )
18  {
19    Point   a1 = { 100,200 };
20    Point   a2[3] = { {10,20},{30,40},{50,60} };
21    cout << "Show:";      SHOW(a1);
22    cout << "show:";      show(a1);   //重载函数
23    cout << "show:";      show(&a1, 1);
24    cout << "show:\n";    show(a2, 3);
25    system("pause");      return 0;
26  }
```

```
Show:100 200
show:100 200
show:100 200
show:
10 20
30 40
50 60
请按任意键继续. . .
```

图 8.3　例 8-2 的输出结果

思考与练习：

第 4 行：可以将 SHOW 函数改写为 show 而构成重载吗？

在 7.3 节已学习了函数指针，这里用结构体再讨论一下函数指针的用途。

例 8-3　编程实验：函数指针的应用——通用查找函数。

要求查找函数能够处理任意类型的数据。以 student 结构体为例，可按 ID 查找，也可按任一门成绩查找，还可以按结构体的其他成员查找。请问：如何设计查找函数？

(1) 如果不能预知查找数据的类型，则可将查找函数设计为函数模板。

(2) 如果不能预知查找结构体的哪个成员，则将查找函数模板的形参设计为一个函数指针，调用时将其指向用户编写的函数，以指定查找的成员。

(3) 查找算法采用顺序查找(线性查找)的方式。

本例源代码及输出结果(图 8.4)如下：

```
1   #include <iostream>
2   using namespace std;
3   struct   date
4   { short   year;     short   month;   short   day; } ;
5   struct   student
6   {
```

```
7     int    ID;
8     char   name[20];
9     bool   sex;
10    date   birthday;                          //声明结构体变量
11    int    score[3];                          //3 门课程成绩
12  };
13  bool   comp( student elem, int key )        //用户编写函数
14  {
15    if ( elem.score[1] == key ) return   true;     //查找第 2 门课程的分数
16    return   false;
17  }
18  template < class T1, class T2 >             //函数模板
19  int   LinearSearch( T1 *a, int num, T2 KEY,   bool (*COMP)(T1, T2))
20  {                                           //函数指针 COMP
21  //---------查找数据存入数组 a，元素个数 num，查找键 KEY----------
22     for ( int i = 0; i < num; i++ )
23        if ( COMP( a[i], KEY ) )              //调用用户函数
24           return ( i );                      //找到了：返回它在数组中的位置
25     return   ( -1 );                         //没找到：返回 -1
26  }
27  int   main( )
28  {
29     const   int   N = 4;
30     student   arr[N] =                       //查找数组(结构体数组)
31     {
32        101, "张三", 1, { 2000,3,5 }, { 85,80,90 },
33        102, "李四", 0, { 2001,6,8 }, { 90,70,82 },
34        103, "王五", 1, { 2000,1,8 }, { 80,90,85 },
35        104, "赵六", 0, { 2002,9,2 }, { 75,75,90 }
36     };
37     int   findkey =90;                       //查找分数
38     int index = LinearSearch( arr, N, findkey, &comp );
39     if ( index >= 0 )
40           cout << arr [index].name << endl;
41     else     cout << "没找到..." << endl;
42     system("pause");     return 0;
43  }
```

```
王五
请按任意键继续. . .
```

图 8.4　例 8-3 的输出结果

STL(标准模板库)的算法都采用函数模板实现，适用于各种数据类型。

思考与练习：

(1) 修改：将第 23 行的 a[i] 下标访问方式改为指针访问方式。

(2) 修改：按出生“年月日”查找。

(3) 修改：把 main 的 arr 数组改为 int 类型，实现对 int 数组的查找。

8.2　位运算与位域*

8.2.1　位运算及运算符

位运算对**整数**的二进制位进行运算。位运算速度快，位存储可以节约内存。C/C++ 没有提供处理 1 bit 数据的类型(最小 8 bit)，把多个开关量(0 或 1)存储于一个 32 位 int(每个 bit 存放不同的开关量)，通过位运算处理每一个 bit。

位运算常用于硬件级或系统级编程，如 C/C++ 自身把多个布尔量(0 或 1)存于 1 个 int，包括文件打开标志、流状态标志等布尔量(真或假)。

C/C++ 提供下列 6 种位运算符，实现“**按位运算**”。

1. 与(AND)运算符　&

a:　　1 1 1 1 1 0 0 1

b:　　0 0 0 1 0 1 0 0

a & b:　0 0 0 1 0 0 0 0

规则：若两个操作数都是 1，则结果为 1，否则结果为 0。

用途：把数 a 的某些位**清零**(如断开、关闭)，其余位保留。

实现：找到数 b，b 相应位为 0(a 的清零位)、其余位为 1，进行“与”运算。

a &= b ;　　// a = a & b ;

a & b 并不改变 a，就像 a + b 不改变 a 一样。

2. 或(OR)运算符　|

a:　　1 1 1 1 1 0 0 1

b:　　0 0 0 1 0 1 0 0

a | b:　1 1 1 1 1 1 0 1

规则：若两个操作数有一个为 1，则结果为 1，否则结果为 0。

用途：把数 a 的某些位**置 1**(接通)，其余位保留。

实现：找到数 b，b 相应位为 1(a 的置 1 位)、其余位为 0，进行“或”运算。

a |= b ;　　// a = a | b ;

3. 异或(XOR)运算符　^

a:　　1 1 1 1 1 0 0 1

b:　　0 0 0 1 0 1 0 0

a ^ b:　1 1 1 0 1 1 0 1

规则：若两个操作数同为 0 或 1，则结果为 0，否则结果为 1。

用途：**反复开关**某位。

实现：找到数 b(a 开关位为 1，其余位为 0)，反复进行 a ^= b 运算。

a、b 再异或一次：

a = 1 1 1 **0** 1 **1** 0 1　(第一次异或结果)

b = 0 0 0 **1** 0 **1** 0 0　(需反复开关位为 1)

a = a ^ b：　1 1 1 1 1 0 0 1　　　(第二次异或结果)

a 变回原来的 a，实现了反复开关 a 的第 4 位、第 6 位。

4. 位反(NOT)运算符“~”

~ 为单目运算符，只需要一个操作数。

a：　　　1 1 1 1 1 0 0 1

~a：　　0 0 0 0 0 1 1 0

规则：操作数所有位变反(0 变 1、1 变 0)。注意，不同于逻辑非“!”运算符。

用途：原来接通(1)的位断开(0)，原来断开的位接通。

实现：a ~ = a ;　　// a = ~ a ;

例 8-4　编程实验：~ a(位反)与 !a(逻辑非)的区别。

程序代码及程序输出结果(图 8.5)如下：

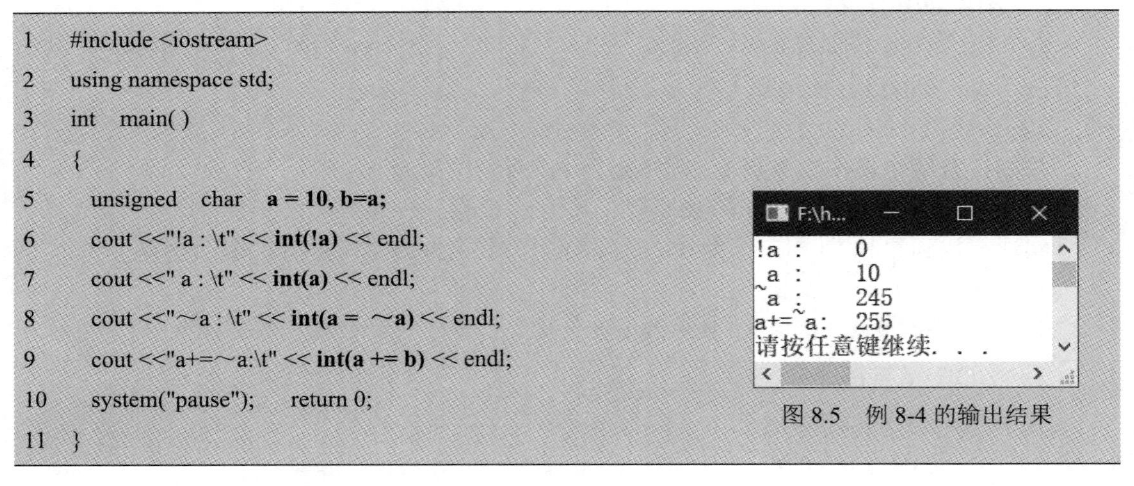

```
1   #include <iostream>
2   using namespace std;
3   int   main( )
4   {
5     unsigned   char   a = 10, b=a;
6     cout <<"!a : \t" << int(!a) << endl;
7     cout <<" a : \t" << int(a) << endl;
8     cout <<"~a : \t" << int(a =  ~a) << endl;
9     cout <<"a+=~a:\t" << int(a += b) << endl;
10    system("pause");     return 0;
11  }
```


图 8.5　例 8-4 的输出结果

第 6 行：!a 结果为 0，它把 10(true)变为 0(false)。

第 8 行：~a 把 a 各位变反，即 10 的二进制 00001010 变为 11110101(十进制 245)。

5. 左移 <<、右移 >> 运算符

<< 和 >> 是单目运算符，分别把操作数向左、向右移若干位。

例 8-5　编程实验：移位运算。

程序代码及程序输出结果(图 8.6)如下：

```
1   #include <iostream>
2   using namespace std;
3   int   main( )
```

```
4   {
5     int  x = 10;     //二进制 00001010
6     cout << "x = " << x << endl;
7     x <<= 3;         //左移 n 位，相当于 x 乘以 2^n
8     cout << "x<<=3:  " << x << endl;
9     x >>= 2;         //右移 n 位，相当于 x 除以 2^n
10    cout << "x>>=2:  " << x << endl;
11    system("pause");    return 0;
12  }
```

```
F:\hxn\...
x = 10
x<<=3:  80
x>>=2:  20
请按任意键继续. . .
```

图 8.6　例 8-5 的输出结果

第 7 行：把 00001010 左移 3 位即为 01010000(80)，右边用 0 填充。

第 9 行：把 01010000 右移 2 位即为 00010100(20)，左边用 0 填充。

思考与练习：

```
int  main ( )
{
    unsigned  x1 = 1;
    int  x2 = 1;
    x1 <<= 31;
    x2 <<= 31;
    cout << "x1= " << x1 << endl << "x2=" << x2 << endl;
}
```

(1) 理解输出结果。

(2) 将 x1 和 x2 左移位数同时改为 32、33、34、35 测试，理解输出结果。

(3) 查阅“循环移位”，编程验证 VC++移位操作是循环移位吗？

8.2.2　位域结构及成员

C/C++ 提供了一种便于位运算的数据类型，称为“位域”或“位段”。位域类型是结构体，成员“按位”分配内存。

位域结构允许把一个字节内存分为几个区域(位域)，并声明每个位域的位数(位宽)。

```
struct  bits1        //定义位域结构体类型，如图 8.7 所示
{
  char  a :  4 ;     //声明：成员 a 的位宽 4 bit
  char  :    0 ;     //声明：无名成员(没法用)占位置——0 占用当前 Byte 剩余 bit
  char  b :  4 ;     //声明：成员 b 的位宽 4(≤8)，占用当前 Byte 的 4 bit
  char  c :  4 ;     //声明：成员 c 的位宽 4，占用当前 Byte 的 4 bit
} ;
cout << sizeof( bits1) << endl;        //输出 2(字节)
```

成员 a				无名成员				成员 b				成员 c			
bit	bit	bit	bit	bit	bit	bit	bit	bit	bit	bit	bit	bit	bit	bit	bit

图 8.7　位域的内存分配

➢ 位域成员的类型显然不能是浮点型，位宽不能超过该类型的内存位数。

例 8-6　编程实验：位域结构体的定义与使用。

程序代码及程序输出结果(图 8.8)如下：

```
1   #include <iostream>
2   using namespace std;
3   struct  bits1                  //定义位域结构体
4   {
5     unsigned  char  a : 1;     //整数范围 2^1：0～1
6     unsigned  char  b : 3;     //整数范围 2^3：0～7
7     unsigned  char  c : 4;     //整数范围 2^4：0～15
8   };
9   struct  bits2
10  {
11    unsigned  short  a : 1;
12    unsigned  short  b : 3;
13    unsigned  short  c : 4;
14  };
15  int  main( )
16  {
17    cout << "bits1: " << sizeof (bits1)*8 << endl;
18    cout << "bits2: " << sizeof (bits2)*8 << endl;
19    bits2  bit,  *pbit = &bit;       //定义结构体变量
20    bit.a = 1;  bit.b = 7;       bit.c = 15;
21    cout <<  bit.a  << " " <<  bit.b << " " <<  bit.c << endl;
22    pbit->a = 0;   pbit->b = 0;   pbit->c = 0;       //指针访问
23    cout << pbit->a << " " << pbit->b << " " << pbit->c << endl;
24    system("pause");  return 0;
25  }
```

```
bits1: 8
bits2: 16
1 7 15
0 0 0
请按任意键继续. . .
```

图 8.8　例 8-6 的输出结果

第 18 行：输出结果 16，这与结构体成员的内存对齐有关，见 8.2.3 小节。

8.2.3　位域成员内存对齐

结构体(变量)占多大的内存，不仅取决于各个成员类型，还与成员的**内存对齐**有关。例 8-6 的输出结果：

第 17 行输出 8：　bits1 成员都是 unsigned char，则 a、b、c 共占 8 位。

第 18 行输出 16：bits2 成员都是 unsigned short，则 a、b、c 共占 16 位。

例 8-7　编程实验：成员类型相同、相邻成员位宽之和超过类型的内存位数。

程序代码及程序输出结果(图 8.9)如下：

```
1   #include <iostream>
2   using namespace std;
3   struct   bits1                          //定义位域结构体
4   {
5     unsigned   char   a : 4;              //成员均为 unsigned char
6     unsigned   char   b : 5;              //位宽 a+b、b+c 大于 char 的位数 8
7     unsigned   char   c : 4;              //则 a、b、c 分别占用 1 个 char
8   };
9   struct   bits2
10  {
11    unsigned   char   a : 4;              //成员均为 unsigned char
12    unsigned   char   b : 4;              //a、b 共占用 1 个 char
13    unsigned   char   c : 5;
14  };
15  int   main( )
16  {
17    cout << "bits1: " << sizeof( bits1 )*8 << endl;
18    cout << "bits2: " << sizeof( bits2 )*8 << endl;
19    system("pause");   return 0;
20  }
```

```
bits1: 24
bits2: 16
请按任意键继续. . .
```

图 8.9　例 8-7 的输出结果

如果成员类型不同，则不同编译器有不同的方案，涉及数据的内存对齐问题。数据内存对齐是为了加快访问速度，有兴趣对此深究者请查阅相关资料。

例 8-8　编程实验：成员类型不同，按内存占用最大的类型对齐。

程序代码及程序输出结果(图 8.10)如下：

```
1   #include <iostream>
2   using namespace std;
3   struct   bits1                          //定义位域结构体
4   {
5     unsigned   char      a : 4;
6     unsigned   char      b : 5;        //a、b 均为 char，共占 1 个 short
7     unsigned   short          c : 4;        //成员类型不同，按最大类型对齐
8   };
9   struct   bits2
10  {
```

```
11    unsigned  char     a : 4;     //独占 1 个 short，不能跨类型共占
12    unsigned  short    c : 4;     //独占 1 个 short
13    unsigned  char     b : 5;     //独占 1 个 short
14  };
15  int  main( )
16  {
17    cout << "bits1: " << sizeof ( bits1 )*8 << endl;
18    cout << "bits2: " << sizeof ( bits2 )*8 << endl;
19    system("pause");   return 0;
20  }
```

```
bits1: 32
bits2: 48
请按任意键继续. . .
```

图 8.10　例 8-8 的输出结果

➢ 为了节省内存，结构体相邻成员的类型应尽量相同。

对于非位域结构体，其成员的内存对齐也是如此。

例 8-9　编程实验：非位域结构体成员的内存对齐。

程序代码及程序输出结果(图 8.11)如下：

```
1   #include <iostream>
2   using namespace std;
3   //#pragma pack(1)         //自学：不注释的结果
4   struct  st1               //定义非位域结构体
5   {
6     char a ;                //成员类型不同：按最大类型对齐
7     char b ;                //a、b 类型相同：共占 1 个 short
8     short c ;
9   };
10  struct  st2
11  {
12    char a ;                //独占 1 个 short：相邻成员类型不同、不能共占
13    short c ;               //独占 1 个 short
14    char b ;                //独占 1 个 short
15  };
16  int  main( )
17  {
18    cout << "st1: " << sizeof ( st1 )*8 << endl;
19    cout << "st2: " << sizeof ( st2 )*8 << endl;
20    system("pause");   return 0;
21  }
```

```
st1: 32
st2: 48
请按任意键继续. . .
```

图 8.11　例 8-9 的输出结果

关于位域结构体成员的数值正负问题：位域成员的正负数存储方式不同于一般正负数

的存储，建议**最好不要利用位域成员的正负特性**(如用作判断条件)，以免产生错误。若一定要用，则可先查阅和学习相关的内容。

8.3 共用体类型

共用体(Union)也称联合体，也是一种自定义类型，可看作是一种特殊的结构体类型。关键字 union 定义共用体类型，如下：

```
union  myData          //定义共用体类型 myData
{
    char   c;
    int  i;
    double  d;
};
```

与结构体一样，要使用共用体须先定义其变量，例如：

```
myData  data ;          // data 为 myData 类型的变量
```

结构体变量的各个成员有独立的内存空间，而共用体变量 data 的各成员不是独立变量，i、c、d **共用同一块内存**，见图 8.12，其大小等于占用内存最大的类型(double)。

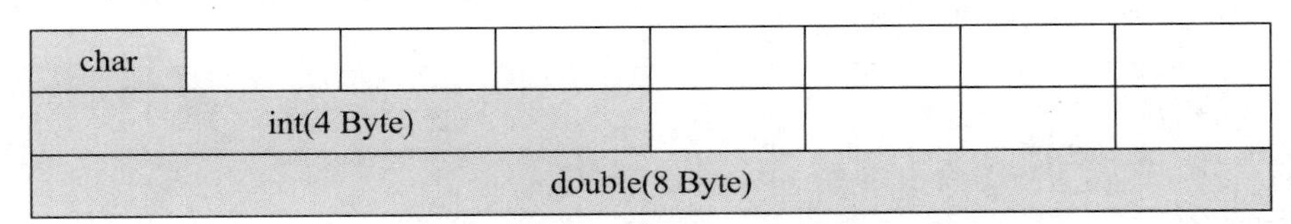

图 8.12　共用体各成员共享同一块内存

这种“内存覆盖”技术可以节约内存，但时间效率和代码可读性差很多。特殊用途之一是**统一数据类型**。例如，把多个相似而略不同的结构体定义为一个结构体类型，以适应不同的应用场合。这样可减少结构体的种类，避免记错和用错，见例 8-10。

例 8-10　编程实验：共用体概念、定义与使用。

程序代码及程序输出结果(图 8.13)如下：

```
1   #include <iostream>
2   using namespace std;
3   union  myData              //定义共用体类型
4   {
5     char   c;
6     int  i;
7     double  d;
8   };
9   int  main( )
10  {
11    myData  data ;              //定义共用体类型的变量
```

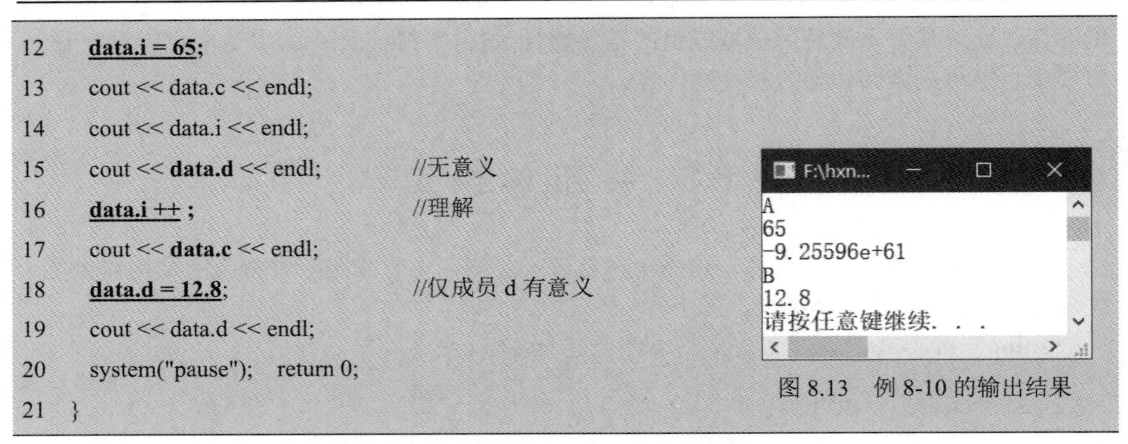

```
12    data.i = 65;
13    cout << data.c << endl;
14    cout << data.i << endl;
15    cout << data.d << endl;          //无意义
16    data.i ++ ;                      //理解
17    cout << data.c << endl;
18    data.d = 12.8;                   //仅成员 d 有意义
19    cout << data.d << endl;
20    system("pause");    return 0;
21  }
```


图 8.13　例 8-10 的输出结果

第 15 行：浮点数与整数的存储方式不同，此浮点数无意义。

第 16 行：各成员共享同一块内存，都可以修改其数据。修改后其他成员是否有意义，取决于数据存储方式及数值范围。如改为 data.i +=200，成员 c 没有意义(超出范围)。

第 18 行：成员 c 和 i 没有意义(整数与浮点数存储方式不同)。

共用体可看作是一种特殊的结构体(成员存储方式不同)，用法规则与结构体相同，如指针访问、共用体数组、作结构体的内嵌成员、作函数参数等。

例 8-11　编程实验：共用体用途之一——统一数据类型。

程序代码及程序输出结果(图 8.14)如下：

```
1   #include <iostream>
2   using namespace std;
3   struct   myData
4   {
5     char       str[80];           //独立成员
6     double     d;                 //独立成员
7     union                         //内部定义无名共用体类型，限 myData 内部使用
8     {
9           int   x ;               //共用成员 x：有时需要用 x
10          myData *p ;             //共用成员 p：有时需要用 p
11    } udata;                      //声明共用体变量
12  } ;
13  int   main( )
14  {
15    myData   data = { "ABC", 12.8, 65 };  //初始化 x
16    cout << data.str << endl;
17    cout << data.d << endl;
18    cout << "---------" << endl;
19    cout << data.udata.x << endl;          //输出什么
20    cout << "---------" << endl;
```

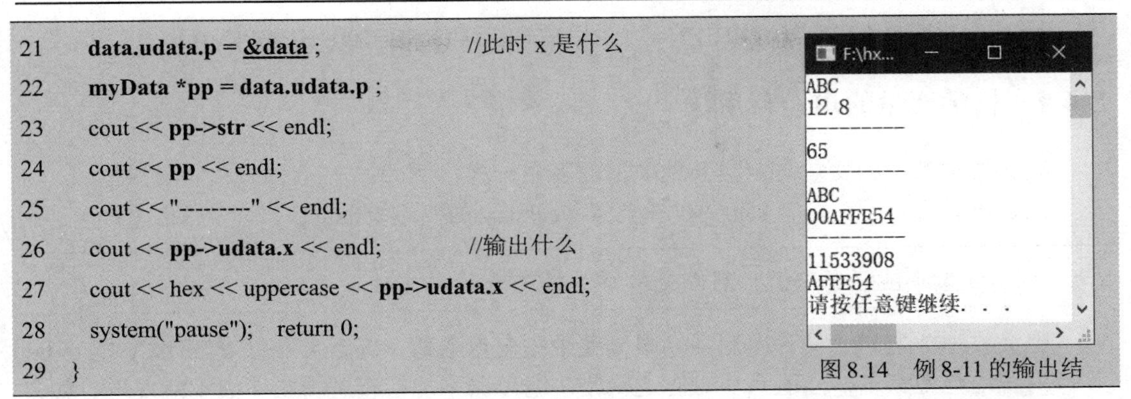

```
21      data.udata.p = &data ;            //此时 x 是什么
22      myData *pp = data.udata.p ;
23      cout << pp->str << endl;
24      cout << pp << endl;
25      cout << "---------" << endl;
26      cout << pp->udata.x << endl;           //输出什么
27      cout << hex << uppercase << pp->udata.x << endl;
28      system("pause");   return 0;
29  }
```


图 8.14　例 8-11 的输出结

原本需要定义 2 个结构体类型，满足不同的应用场合：有时需要用 x，有时需要用 p，成员 str 和 d 不变。本例只定义一个结构体类型 myData 即可满足两种需要，这样可避免在定义结构体变量时因疏忽而选错了结构体类型。

第 27 行：hex 为十六进制输出控制符，uppercase 为大写格式输出控制符。

思考与练习：

第 26 行：为什么输出不是 65 而是 11533908(0xAFFE54)？

8.4　枚 举 类 型

8.4.1　枚举类型的定义与用途

枚举(Enumeration)意指一一列举，枚举类型是自定义数据类型。如定义“星期几”的枚举类型 weekday 如下：

enum　**weekday**　{ **SUN, MON, TUE, WED, THU, FRI, SAT** } ;　//这里有分号“;”
关键词　类型名　　　　　枚举常量(符号常量)

类似地，定义“颜色”枚举类型 color 如下：

enum　color　{ RED, GREEN, BLUE, WHITE, BLACK } ;

枚举常量的名称与个数根据需要自行设计。

- 枚举常量是符号常量(通常大写)，缺省值从 0 开始，后续常量值递增一。
- 枚举常量不宜过多，几十、上百个不利于理解和记忆。

定义枚举类型时可不指定枚举常量值，缺省值(默认值)如下：

enum　weekday { SUN=0, MON=1, TUE=2, WED=3, THU=4, FRI=5, SAT=6 } ;

定义枚举类型时可以指定枚举常量的缺省值，如下：

enum　weekday { **MON=1**, TUE, WED, THU, FRI, SAT, SUN } ;　　//后续值+1

定义枚举类型时也可以指定多个枚举常量值，如下：

enum　weekday { **SUN=7, MON=1**, TUE, WED, THU, FRI, SAT } ;　//后续值+1

定义枚举类型时也可以指定各个枚举常量值，如下：

enum　color { RED=30, GREEN=50, BLUE=20, WHITE=100, BLACK=0 } ;

8.4.2　枚举变量的用途与用法

定义枚举类型的变量与定义其他类型的变量一样，例如：

weekday　today ;　　　//定义枚举类型 weekday 的变量 today

➢ 枚举变量不能任意取值，只能是枚举常量之一。

定义枚举类型的意义和用途——**限制整数型变量取值**，避免人为犯错。例如，把 today 设计为普通整型变量，当值为 9 时有逻辑错，编译器不能检查逻辑错，故不能发现。如果把 today 设计为枚举变量，则当取值不是枚举常量之一时编译器报告语法错。这样，就把逻辑错问题转变为语法错，有利于我们及时发现并改正错误。

➢ 枚举变量的取值不能是枚举常量的数值。

例如：

```
weekday    today ;
today = SAT ;              //正确(符号常量)
//today = 6 ;              //ERROR："="无法从"int"转换为"weekday"
cout << today ;            //输出 6(枚举常量的值)
```

再如：

```
enum   grade {  优='A',  良='B',  中='C',  合格='D',  不合格='F' } ;
grade   someone ;          //定义枚举变量
someone =  不合格;         //正确(符号常量)
//someone = 'F' ;          //ERROR：不能用枚举常量的数值给枚举变量赋值
```

例外情况，指针可以修改枚举变量的值，如下：

```
int *p = (int*) &today;    //指向枚举变量的指针
*p = 9;                    //用指针修改值，不受枚举变量取值范围的限制
cout << today ;            //输出 9
```

不过，这么做违背了用枚举的初衷，也可见指针的强大与危害。

例 8-12　编程实验：枚举应用举例——输出星期几。

程序代码及程序输出结果(图 8.15)如下：

```
1   #include <iostream>
2   using namespace std;
3   enum   weekday { MON = 1, TUE, WED, THU, FRI, SAT, SUN };
4   int   main( )
5   {
6      weekday day = MON;       // weekday 类型
7      int   today = 1;         // int
```

```
8        while ( today )
9        {
10           cout << "输入 1-7, 输入 0 结束: " ;
11           cin >> today ;            // cin >> day 正确吗
12           switch ( today )
13           {
14               case MON:   cout << "星期一" << endl;   break;
15               case TUE:   cout << "星期二" << endl;   break;
16               case WED:   cout << "星期三" << endl;   break;
17               case THU:   cout << "星期四" << endl;   break;
18               case FRI:   cout << "星期五" << endl;   break;
19               case SAT:   cout << "星期六" << endl;   break;
20               case SUN:   cout << "星期天" << endl;   break;
21               case 0:     cout << "退出... " << endl;  break;
22               default :   cout << "输入错" << endl;   break;
23           }
24       }
25       system("pause");      return 0;
26   }
```

```
F:\hxn\...
输入1-7, 输入0结束: 3
星期三
输入1-7, 输入0结束: 7
星期天
输入1-7, 输入0结束: 9
输入错
输入1-7, 输入0结束: -5
输入错
输入1-7, 输入0结束: 0
退出...
请按任意键继续. . .
```

图 8.15　例 8-12 的输出结果

8.5　类 型 别 名

引用变量是变量的别名，类型也可以有别名，包括基本类型及组合类型，如结构体、枚举等均可有别名，类型别名有多种用途、应用广泛。

8.5.1　typedef 定义类型别名

用 typedef 关键字给类型取别名，规则如下：

typedef　已有类型名　类型别名

例如：

typedef unsigned int UINT ; //类型 UINT 是 unsigned int 的别名

UINT　x, y ;　　//定义变量

注意：typedef 只能定义已有类型(系统或自定义)的别名，不能创造新类型。

8.5.2　typedef 的多种用法

1. 定义指针类型

C/C++没有提供专门的指针类型，定义指针变量时需用“*”，例如：

int * pa, pb;　　　//可能误以为 pa、pb 都是 int 指针

用 typedef 定义指针类型，例如：

typedef int * pINT ; // pINT 为 int 指针类型

pINT pa, pb; // pa、pb 两个都是 int 指针

这种用法很常见，VC++本身也常用。

2. 精简类型名称

长类型名不利于记忆，也增加了输入的击键次数。随着 VC++ IDE 越来越智能化，它已具有类型名自动补全的功能(键入前几个字母即可)。例如：

typedef unsigned int UINT ; // UINT 更简练

C 语言定义结构体变量时不能省略 struct 关键字，如下：

struct point { int x; int y; } ;

struct point pt; //struct 多余，C++可省略

C 可用 typedef 进行简化：

typedef struct point POINT ; //别名 POINT

POINT pt ; //写法更简练

类型别名通常大写，表示强调和提醒。另外，用逗号运算符可把多条语句合为一句：

typedef struct point POINT , * pPOINT ;

它等价于下面两句：

typedef struct point POINT ;

typedef struct point * pPOINT ;

为进一步简化，定义结构体类型别名的更常见写法如下：

```
typedef struct point //能熟练编程的程序员的常见写法
{
    int x ;
    int y ;
} POINT , * pPOINT ;
```

若有 typedef 关键字，则 POINT 和 pPOINT 是类型名，而非结构体变量名。

若无 typedef 关键字，则 POINT 和 pPOINT 是结构体变量名，而非类型名。

3. 定义数组类型

C/C++没有提供专门的数组类型，定义数组时需用方括号“[ ]”，但允许用 typedef 定义数组类型。例如：

错误写法：typedef int [10] ARRAY ; //初学者可能认为这种写法更好

正确写法：typedef int **ARRAY**[10] ; //**ARRAY 数组类型**，有 10 个 int 元素

定义变量：**ARRAY** arr ; //等价于 int arr[10] ;

同样地，定义二维数组类型如下：

类型定义：typedef int **ARRAY**[10][5] ;

定义变量：**ARRAY** arr ; //等价于 int arr[10][5] ;

再如，定义指针数组类型：

类型定义：typedef int * **pARRAY**[10] ; //定义一维 int 指针数组

定义变量：**pARRAY**　arr ;　　//等价于 int *arr[10] ;

4. 定义跨平台类型

程序可能需要在不同的平台上运行，如 32 和 64 位程序分别运行于 32 和 64 位操作系统。另外，某编译器编写的源代码，可能要用其他编译器重新编译(借鉴来的代码等)，同类型变量的内存大小不同(如 16 位和 32 位 int)，需要修改源代码类型定义并重新编译。源代码中使用类型的地方很多，修改工作量很大。为减少移植工作量，使用 typedef 就是可行方案。包括 STL 在内，大量使用 typedef 定义平台无关类型(便于跨平台使用)。

以两种编译平台为例，平台一的 int 为 32 位，平台二的 int 为 16 位、long int 为 32 位。现在，把平台一的源代码移植到平台二上重新编译。

平台一用 int 定义 32 位整型变量，移植到平台二重新编译后变为 16 位。int 大小改变，那些依赖 32 位 int 的算法，移植后得到错误结果。解决办法是源代码不用 int 类型而用 typedef 定义平台无关类型，具体如下：

typedef　int　**INT** ;　　//平台一：INT 为 32 位 int，放在程序开头或头文件中

移植平台二时，只需要修改这一句即可：

typedef　long int　**INT** ;　//平台二：INT 为 32 位 int，与平台一相同

源代码中用 INT 定义变量，保证移植前后的整型大小不变，其他地方无须修改，以节省移植修改代码的工作量。

再如，平台一使用了平台二不支持的 double 类型。考虑到今后的移植，平台一源代码不要用 double 定义变量，定义并使用平台无关类型 REAL，如下：

typedef　double　**REAL** ;

移植平台二时，将 float 定义为 REAL，如下：

typedef　float　**REAL** ;　　//平台二支持 float，数据精度有损失(除非换平台)

源代码其他地方都不用改动，节省了移植的代码修改量。

5. 定义函数类型

函数类型包括返回类型及形参类型、个数及顺序。对类型相同、名称不同的多个函数，可用 typedef 定义函数类型，以简化函数的声明。

例 8-13　编程实验：typedef 定义函数类型。

程序代码及程序输出结果(图 8.16)如下：

```
1   #include <iostream>
2   using namespace std;
3   typedef   int FUN ( double , double ) ;   //定义函数类型 FUN
4   FUN   add ;                               //用类型 FUN 声明函数 add
5   // int   add( double, double );           //等价
6   int   main( )
7   {
8     double   x1 = 10.8,   x2=1.6;
9     cout << add (x1, x2) << endl;
10    system("pause");
```

```
11  }
12  int   add( double a, double b )     //函数实现
13  {
14    int   c = a+b ;
15    return c;
16  }
```

12
请按任意键继续. . .

图 8.16　例 8-13 的输出结果

第 3 行：如果省略 typedef，则 FUN 为函数名而非类型名。

第 4 行：用 FUN 类型声明多个同类型的函数。

6. 定义函数指针类型

前面已经学习了函数指针的定义，例如：

int　(***fun**) (int, int);　　//定义函数指针变量 fun，(*fun)两端有圆括号()

fun 不是函数名而是函数指针变量名，可以指向同类型的函数。

可以定义函数指针的类型，如下：

typedef　int (***pFUN**) (int , int) ;

typedef 表明 pFUN 是函数指针的类型名，用它可定义同类型的函数指针变量：

pFUN　myfun ;　　　//myfun 为 FUN 类型的函数指针名

例 8-14　编程实验：函数指针类型的定义与使用。

程序代码及程序输出结果(图 8.17)如下：

```
1   #include <iostream>
2   using namespace std;
3   int   myMax( int x, int y )
4   {
5     return   x > y ? x : y ;
6   }
7   //typedef   int   FUN( int , int );          //定义函数类型 FUN
8   //typedef   FUN * pFUN;                      //定义函数指针类型 pFUN
9   typedef   int (*pFUN) (int, int);            //定义函数指针类型 pFUN
10  int   main( )
11  {
12    pFUN   fun = &myMax;                       // fun 为函数指针变量名，指向 mymax
13    int   a=25, b=50;
14    int k1 = myMax(a, b);                      //函数名调用
15    cout << "k1 = " << k1 << endl;
16    int k2 = fun(a, b);                        //函数指针调用
17    cout << "k2 = " << k2 << endl;
18    system("pause");   return 0;
19  }
```

k1 = 50
k2 = 50
请按任意键继续. . .

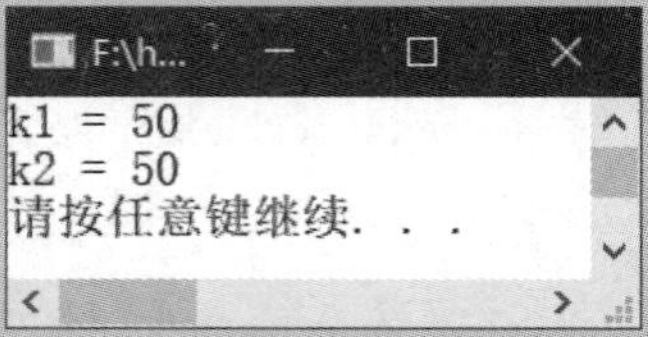

图 8.17　例 8-14 的输出结果

前面学习了如何定义函数指针数组，例如：

int　(* **fun** [4])(int, int) ;　　// fun 为数组名

同样，可以定义函数指针数组的类型，例如：

typedef　int (* **pFUN**[4]) (int, int);

typedef 表明 pFUN 是函数指针数组的类型，可用它定义函数指针数组，例如：

pFUN　myfun ;　//myfun 是 pFUN 类型的函数指针数组(4 个元素)

例 8-15　编程实验：函数类型与函数指针类型的定义与使用。

程序代码及程序输出结果(图 8.18)如下：

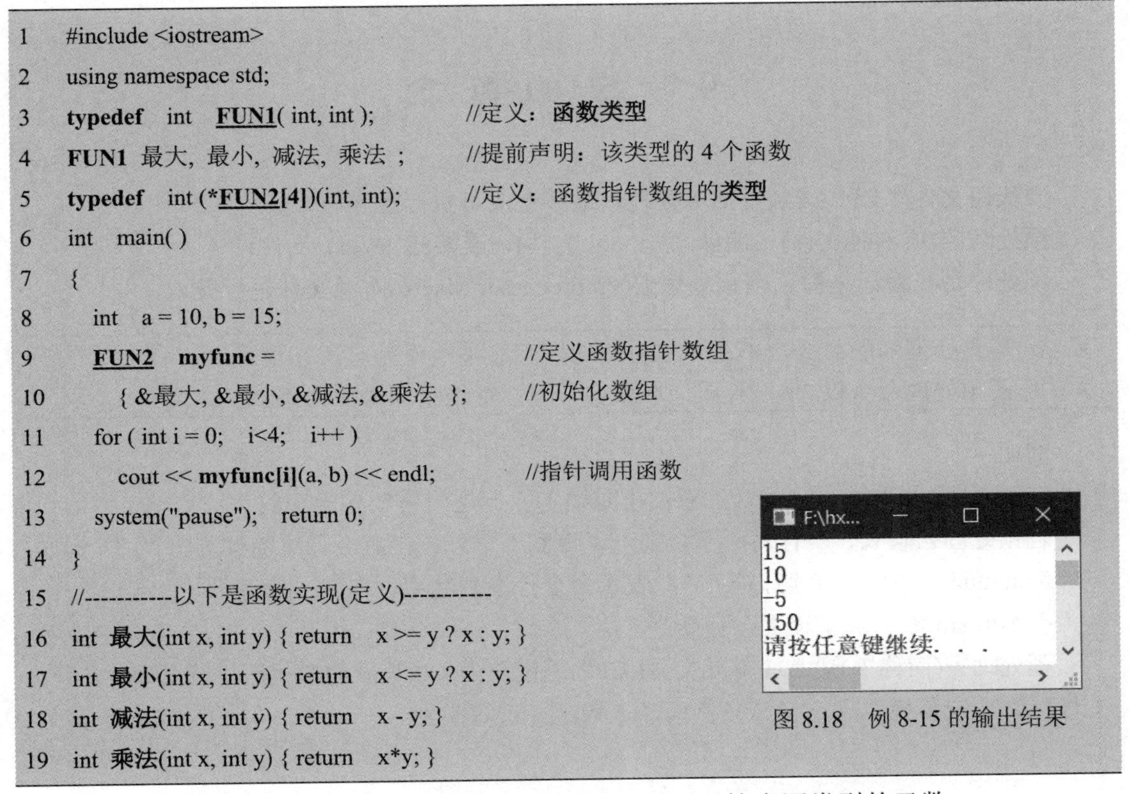

```
1   #include <iostream>
2   using namespace std;
3   typedef  int  FUN1( int, int );              //定义：函数类型
4   FUN1 最大, 最小, 减法, 乘法 ;               //提前声明：该类型的 4 个函数
5   typedef  int (*FUN2[4])(int, int);           //定义：函数指针数组的类型
6   int  main( )
7   {
8     int  a = 10, b = 15;
9     FUN2  myfunc =                             //定义函数指针数组
10      { &最大, &最小, &减法, &乘法 };         //初始化数组
11    for ( int i = 0;  i<4;  i++ )
12      cout << myfunc[i](a, b) << endl;         //指针调用函数
13    system("pause");  return 0;
14  }
15  //-----------以下是函数实现(定义)-----------
16  int 最大(int x, int y) { return  x >= y ? x : y; }
17  int 最小(int x, int y) { return  x <= y ? x : y; }
18  int 减法(int x, int y) { return  x - y; }
19  int 乘法(int x, int y) { return  x*y; }
```


图 8.18　例 8-15 的输出结果

第 4 行：函数提前声明。这样声明比较简练，适用于较多同类型的函数。

第 5 行：函数指针数组类型的全局定义，本单元文件的函数都可以使用。

typedef 还有更复杂的组合情况，仔细分析也都不难理解。

第9章　预 处 理 宏

9.1　宏 的 概 念

源代码文件(*.CPP)需经过如下处理，最终生成可执行程序。

预处理(生成临时文件)→**编译**(生成 obj 文件)→**连接**(生成 exe 文件)。

预处理是**在编译之前**、用预处理宏(Preprocessor Macro)对源文件进行处理。

- 宏是预处理器的命令，不是 C/C++语句，不能被编译为可执行指令。
- 每条预处理命令以“#”开头，单独占一行，行结束即命令结束。

例如：

include < iostream >　　//注意：不是语句、行尾没有语句结束符“；”

若预处理宏较长，一行写不下，则可以换到下一行，在命令行尾加**续行符**“\”，例如：

include　\　　//续行符“\”：表示命令行没有结束、在下一行继续

< iostream >　　//续上一行命令

预处理宏(简称宏)通常在单元文件(.CPP)的最前面，对其后的源代码进行处理。宏分为文件包含、宏替换、宏定义、条件编译、预定义宏等类别。

9.2　#include 文件包含

- **#include 文件包含宏**：把指定文件的全部内容嵌入到当前源文件的 #include 位置。

例如：

include < iostream >

该命令把 iostream 文件的全部内容嵌入到当前 CPP 文件的 # include 位置。

被包含的文件分为两种：**系统文件**和**自编文件**。系统文件是 VC++提供的，自编文件是编程者自己编写的文件。系统文件在系统设定的文件夹里，用 IDE 菜单“项目”→“属性”可以查看和修改(通常无须修改)，见图 9.1。

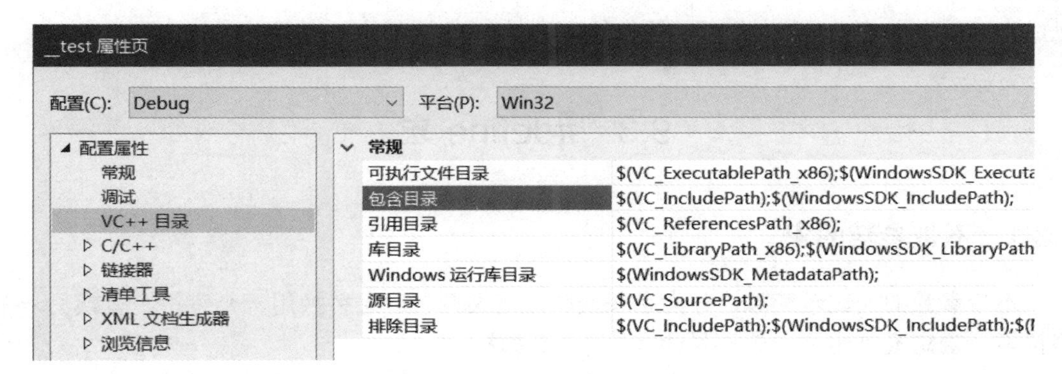

图 9.1　VC++ 项目属性页的文件包含目录

包含系统文件还是自编文件，区别在于查找它们所在的文件夹不同。自编文件查找该项目文件夹，系统文件查找系统的特定文件夹(见图 9.1)，例如：

#include < iostream >　　// < > 用于系统文件，默认查找系统文件夹

#include " test.h"　　　// " "　用于自编文件，默认查找项目文件夹

两者可以混用，如果默认文件夹里找不到文件，则再找系统或项目文件夹。

回顾例 5-11 和例 5-12，extern 声明外部全局变量、结构体、函数等。若在其定义的单元文件中用 static 声明变量、函数等(限本单元文件用)，则 extern 导致连接错误：找不到 extern 声明的变量、函数等。

例 9-1　编程实验：#include 命令的使用。

程序代码及程序输出结果(图 9.2)如下：

```
1   //--------- File1.cpp --------------------
2    #include   < iostream >
3    #include   "FILE2.cpp"      //文件名不分大小写
4    using   namespace   std;
5    int   main( )
6    {
7        int   k = myMax(x, y);
8        cout<<"最大值："<< k << endl;
9        system("pause");   return 0;
10   }
1   //--------- File2.cpp --------------------
2   static   int   x = 3,   y = 5;
3   static   int   myMax ( int x, int y )
4   {
5       return   x > y ? x : y ;
6   }
```

F:\hxn\2...
最大值：5
请按任意键继续. . .

图 9.2　例 9-1 的输出结果

FILE2.cpp 用 static 声明了全局变量 x、y 和函数 myMax，为什么它们在 File1.cpp 中可以使用呢？因为 #include 已经把 FILE2.cpp 的全部内容嵌入到了 #include 位置，FILE 2.cpp

已成为 File1.cpp 的一部分(不再是外部的)。

9.3　#define 宏

9.3.1　不带参数的宏

不带参数的宏比较简单，分为宏替换和宏定义两种。**宏替换**用一个字符串替换另一个字符串，**宏定义**则定义一个符号(标识符)。例如：

```
#define  PI  3.1415        //预处理：字符串“PI”被“3.1415”字符串替换
```

代码中用 PI，以免每次需要时都写 3.1415(一旦出错将造成数据不一致)。若要修改 PI 值，也只修改这个宏而无须修改其他各处。

宏不是变量(包括常变量)，只是一个即将被预处理替换掉的字符串(标识符)。因此，内存中不存在宏 PI，PI 没有内存地址，注意区别于变量(常变量)。例如：

```
const double pi = 3.1415 ;     //定义 pi 为常变量
const double *p = &pi ;        //pi 有内存地址
cout << *p ;
```

➢　宏的作用范围：从定义宏开始到本单元文件结束一直有效，具有全局性。

例 9-2　编程实验：宏的作用范围。

程序代码及程序输出结果(图 9.3)如下：

```
1   #include <iostream>
2   using namespace std ;
3   double   func( void ) ;
4   int   main( )
5   {
6       #define   PI   3.1415           //宏开始直到本 CPP 结束
7       cout << func( ) << endl;
8       system( "pause" );     return 0;
9   }
10  double   func( void )
11  {
12      return   PI + 1 ;                //可用
13  }
```

图 9.3　例 9-2 的输出结果

宏定义如 #define TEST，它定义一个标识符 TEST，常与条件编译宏(9.4 节介绍)一起作为编译条件使用。

#undef 命令：解除宏定义(不定义)。例如：

```
#undef   TEST      //解除 TEST 宏定义(TEST 未定义)
```

9.3.2 带参数的宏

带参数的宏也称宏函数(像函数而非函数)，其定义格式如下：

#define **宏名(参数表) 字符串**

下面通过例子来学习。

```
#define MUL(x, y)    x*y          //x、y 为宏函数的参数，x*y 替换 MUL(x,y)
cout << MUL(3+2, 5+1) ;          //宏替换结果有逻辑错
```

宏替换结果为 3+2*5+1 = 14，不是我们希望的 5*6=30。

想得到替换结果(3+2)*(5+1)，应修改代码为：

```
#define MUL(x, y)    (x) * (y)    //参数 x 和 y 用圆括号括起来
```

再如下列代码段：

```
#define   ADD(x,y)    (x) + (y)
int   a = 10,   b = 40;
cout << 2*ADD(a,b) ;   //结果是什么
```

宏替换结果为 2 *(10)+(40)= 60，这不是想要的结果，应改为：

```
#define   ADD(x,y)    ((x) + (y))        //再加一层括号
```

替换结果为 2 * ((10) + (40)) = 100　　//正确

宏函数常用于简单处理，例如：

```
#define MAX(a, b)    ((a)>(b)?(a):(b))
```

下面是宏与函数的区别：

(1) 宏比函数的执行速度快，没有函数调用的时空开销。

(2) 函数参数必须有类型，只有类型匹配，才能正确调用；宏参数没有类型(替换)，适合于多种类型，如 int、char、double 等。

➢ 一些简单处理可定义为宏，以节约函数调用的时空开销。

带参数的宏与函数在调用形式上完全一样，故称宏函数，宏名常用大写以便区分。

例 9-3　编程实验：错误的宏。

程序代码及程序输出结果(图 9.4)如下：

```
1   #include <iostream>
2   using namespace std;
3   int   mymax( int a , int b ) { return   a >= b ? a : b ; }        //函数
4   #define MAX(a, b)   ((a) >= (b) ? (a) : (b))                    //宏函数
5   int   main( )
6   {
7     int   x = 10,   y = 20;
```

```
8    //int   z = mymax( x++ , y++ );
9     int   z = MAX( x++, y++);
10    cout << "x = " << x << endl;
11    cout << "y = " << y << endl;
12    cout << "z = " << z << endl;
13    system("pause");        return 0;
14  }
```

```
x = 11
y = 22
z = 21
请按任意键继续. . .
```

图 9.4　例 9-3 的输出结果

第 9 行宏函数 MAX(a,b) 的替换结果为((x++) >= (y++) ? (x++) : (y++))。

本例 y++ 执行了 2 次。为什么 z = 21？

内联函数也可以节约函数调用的时空开销。宏函数与内联函数的主要区别在于：

- 内联函数要检查函数的参数类型，以保证正确调用，而宏函数不检查(替换)。
- 内联函数可作为类成员函数(第 10 章介绍)，宏函数(非函数)则不能。
- 宏函数的参数往往带有多层圆括号，可读性较差、容易出错。

> 符合内联函数条件的情况下，用内联函数取代宏函数更好。

需要指出的是，频繁调用内联或宏函数容易造成代码膨胀，因为每次调用都把代码复制到调用处，所以增加了代码的内存开销。两者都是“用空间换时间”，具体采用函数或内联函数或宏函数要视情况而定(如项目大小、时空需求等)。

9.3.3　预定义的宏*

C/C++ 提供一些预定义宏，预定义宏不能被取消(#undef)，也不能被重新定义。此外，编译系统还提供自己的预定义宏作为扩展。

例 9-4　编程实验：几个常用的预定义宏(C/C++标准宏)。

程序代码及程序输出结果(图 9.5)如下：

```
1   #include <iostream>
2   using namespace std;
3
4   void   sometest( )
5   {
6    cout << __func__ << endl;          //__func__不是宏
7   }
8   int   main( )
9   {
10   cout << __DATE__ << endl;
11   cout << __TIME__ << endl;
12   cout << __FILE__ << endl;
13
```

```
14    cout << __LINE__ << endl;
15    cout << __LINE__ << endl;
16
17    cout << __cplusplus << endl;
18    sometest( );
19    cout << __func__ << endl;
20    system( "pause" );   return 0;
21  }
```

```
F:\Desktop\C++测试\test\Debug\test.exe
Feb 14 2021
16:34:05
F:\Desktop\C++测试\test\测试1.cpp
14
15
199711
sometest
main
请按任意键继续. . .
```

图 9.5 例 9-4 的输出结果

__func__是字符串常量而不是宏，存放调用它的函数名。VC++IDE 中，用鼠标指向它时，可看见提示(下同)，本例提示：const char **__func__[9]** ="sometest"。

__DATE__ 编译日期(字符串)。

__TIME__ 编译时间(字符串)。

__FILE__ 源文件名(全路径，字符串)。

__LINE__ 源文件行号(整数)，用于测试它所在的代码行号。

__cplusplus 整数(常量)表示 C++ 代码，未定义则为 C 代码。它用以指定代码依赖的编译器版本。本例 199711 是 VC++ 历史遗留问题(兼容性考虑)，默认情况下该宏都是 199711，只有明确指定“/Zc:__cplusplus”选项，才能得到正确结果，做法如下：

(1) 单击系统菜单“**项目**”→“**属性**”，弹出项目属性设置窗口，见图 9.6。

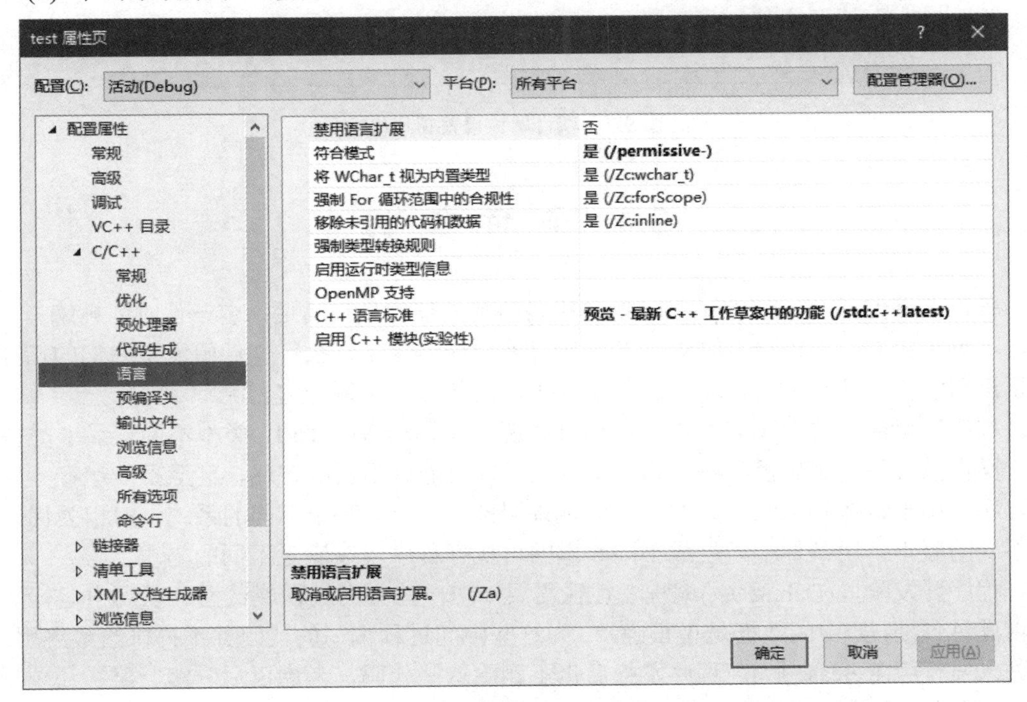

图 9.6 项目属性设置窗口(1)

点选左侧窗口的“**语言**”，然后在右上“**平台**”中选“**所有平台**”(也可指定 32 或 64 位平台)。最后，在右侧大窗口找到“**C++ 语言标准**”，选择图示 C++ 版本或其他版本。

(2) 在图 9.7 中点选左侧窗口的“**命令行**”，在右侧底部的“**其他选项**”中输入“**/Zc:__cplusplus**”，如图 9.7 所示。最后单击“应用”按钮。

以上两步不分先后，完成相应修改后运行程序，观察输出结果。

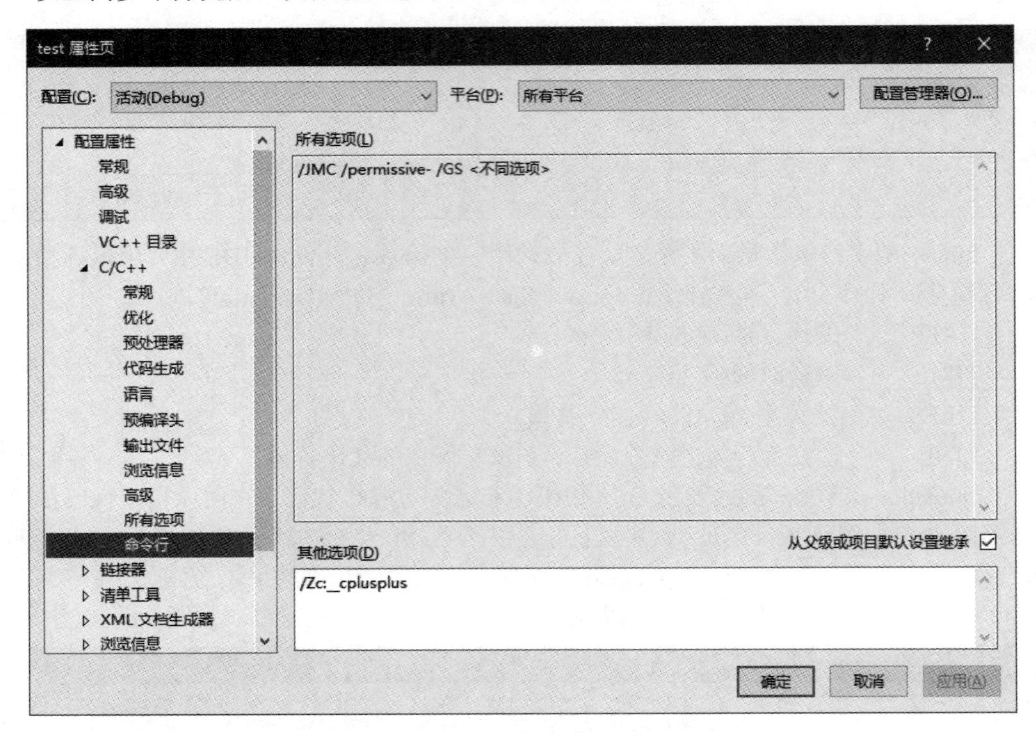

图 9.7　项目属性设置窗口(2)

9.4　条件编译

条件编译(Conditional Compile)指源代码的某些部分只有满足指定条件时才被编译；否则，不编译它们。不编译意味着这部分代码被编译器忽略，执行文件中没有它们的指令，等于没写它们。那么，既然写了这部分代码，为什么又不编译它们呢？

程序有可能需要在不同的用户计算机系统上运行，诸如 CPU 类型不同、显卡类型不同、操作系统不同等，程序在不同的系统上运行可能有不同的表现，甚至不能运行。如何让程序适用于这些不同呢？方案之一就是采用条件编译。基于不同的系统，对相关代码编写不同的版本，用条件编译生成不同版本的可执行程序，以满足不同的需求。

程序开发阶段(Debug 版)编程者往往需要知道一些中间过程或数据，以观察运行情况是否满足预期，如中间数据是否正确等。为这些中间过程编写的代码并不提供给最终用户，不进入发行版(Release 版)。程序发行后也不删除这些代码，考虑以后升级、维护还要用。于是，条件编译让这些代码在开发阶段被编译，以帮助编程人员观察或分析程序运行状况，而发行时则不编译它们(最终用户不需要知道这些中间过程或数据)。

9.4.1 #if

1. # if 的基本形式

if 的基本形式如下：

```
# if 常量条件表达式          //如果“常量条件表达式”为真，则编译“程序段”
    程序段 ;                 //否则，不编译“程序段”( #if 和 #endif 之间 )
#endif                       //结束 # if (不能省略)
```

注意：“常量”指**直接常量或宏**，不能是变量或常变量。例如：

```
const bool TEST = 1 ;        //TEST 为常变量，其值在预处理时(编译前)不确定
#if   TEST                   //TEST 不符合要求，条件不成立
    cout << " OK " ;         //不编译
#endif
```

作如下修改：

```
#define TEST   1             //宏 TEST：预处理替换为 1
#if   TEST                   //条件成立
    cout << " OK " ;         //编译
#endif
```

2. # if-#else 的基本形式

if-#else 的基本形式如下：

```
# if   常量条件表达式
    程序段 1;        //条件成立时编译
#else
    程序段 2;        //条件不成立时编译
#endif               //结束#if(不能省略)
```

举例：

```
#define TEST   0
#if   TEST     //条件不成立(0 为假)
    cout << "已定义 TEST" ;     //不编译
#else
    cout<< "未定义 TEST";      //编译
#endif
```

3. # if - # elif 的基本形式

elif 即 else if，可多次使用，例如：

```
#define   TEST1   0
#define   TEST2   1
#if   TEST1          //条件不成立
```

```
        cout << "TEST1" << endl;         //不编译
    #elif   TEST2        //条件成立
        cout << "TEST2" << endl;      //编译
    #else
        cout<< "NO" <<endl ;             //不编译
    #endif
```

例 9-5　编程实验：# if 嵌套。

程序代码及程序输出结果(图 9.8)如下：

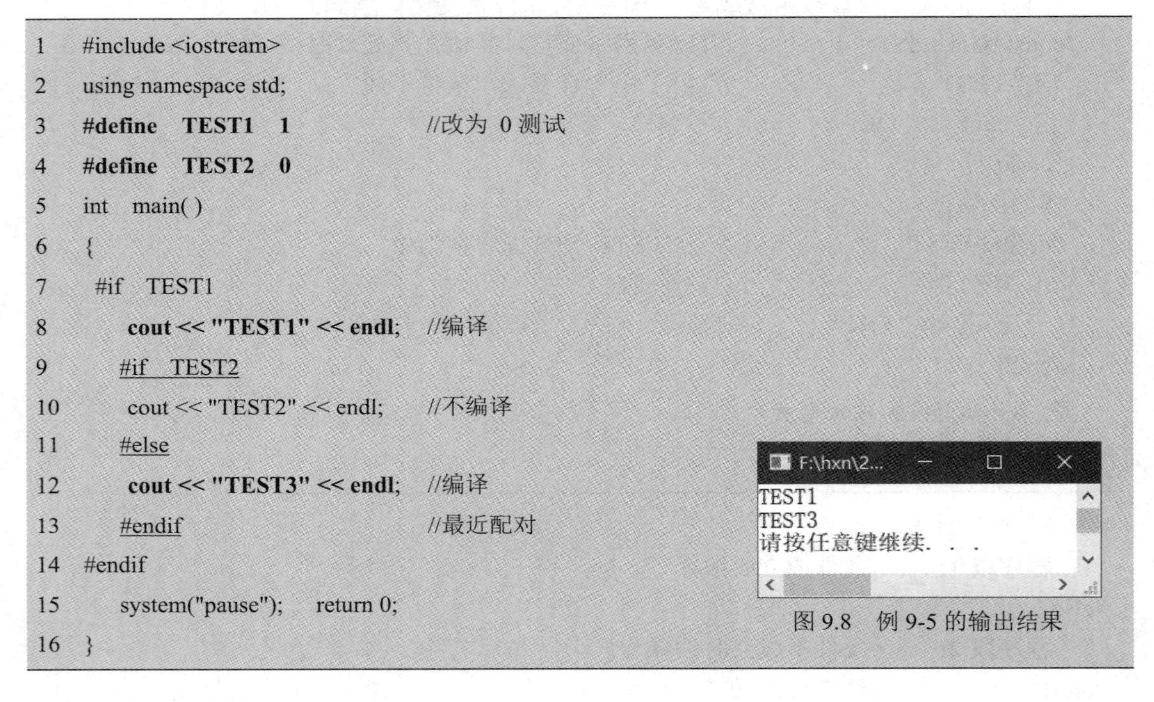

```
1   #include <iostream>
2   using namespace std;
3   #define   TEST1   1                    //改为 0 测试
4   #define   TEST2   0
5   int   main( )
6   {
7    #if   TEST1
8        cout << "TEST1" << endl;   //编译
9       #if   TEST2
10       cout << "TEST2" << endl;     //不编译
11      #else
12       cout << "TEST3" << endl;   //编译
13      #endif                       //最近配对
14  #endif
15      system("pause");     return 0;
16  }
```


图 9.8　例 9-5 的输出结果

9.4.2　#ifdef 与 #ifndef

#ifdef 和 #ifndef 判断某个宏是否定义(#define)，格式如下：

```
# ifdef   宏     //如果定义了该宏，则条件为真
# ifndef  宏     //如果未定义该宏，则条件为真
```

例 9-6　编程实验：易混淆的条件编译。

程序代码如下：

```
1   #include <iostream>
2   using namespace std;
3   #define   TEST
4   void   showTEST( )
5   {
6     #ifndef   TEST
```

```
7           #define   TEST
8           cout<<"已定义 TEST"<<endl;
9     #else
10       #undef   TEST
11       cout<<"未定义 TEST"<<endl;
12    #endif
13  }
14  #define   TEST     //有何作用
15  int   main( )
16  {
17   #undef   TEST    //有何作用
18   showTEST( );
19   system("pause");     return 0;
20  }
```

本例没有错误，可正常运行。请先回答：程序输出什么？

若回答“**已定义 TEST**”，那么你是如何得到该答案的？

错误思考过程：从 main 开始执行，第 17 行解除了 TEST 定义，即 TEST 未定义，然后调用 showTEST 并进入函数执行，第 6 行 TEST 未定义条件成立，故定义 TEST(第 7 行)，则第 8 行输出“已定义 TEST”。

以上思考过程好像很自然，其实是混淆了预处理宏与语句的区别。

➢ 宏不是语句，预处理器**在编译之前**对源程序按“**从上至下**”的顺序进行处理。

正确的理解过程如下：

第 3 行定义了宏 TEST，第 6 行判断 TEST 未定义为假(条件不成立)，故第 7、8 行被忽略。第 9 行判断成立，则第 10 行解除 TEST 定义并编译第 11 行。

运行时，调用 showTEST 函数输出“未定义 TEST”。

思考与练习：

第 14、17 行有什么作用？去掉它们对程序有无影响？

9.4.3 包含保护

实际项目的规模(源代码量)通常较大，不止一个.CPP 源文件和.H 头文件，通常有多个 .CPP 和 .H 文件，可能用#include 命令构成文件的多重包含。

例 9-7 编程实验：文件的多重包含。

程序代码如下：

```
1  //------------------------------ 主程序.CPP --------------------------------
2  #include  "声明与定义.h"
3  #include  "函数实现.cpp"   //变量 x、y 重定义错误
4  int  main( )
5  {
6    cout << "输入两个整数：" ;
7    cin >> x >> y;
8    cout<< "max = " << myMax(x, y) << endl ;
9    system( "pause" );  return 0;
10 }
11 //----------------------------- 函数实现.CPP ------------------------------
12 //通常把函数的定义放入相关 .CPP 文件中
13 #include "声明与定义.h"
14 static  int  myMax( int m,  int n )  //函数定义
15 {
16   return (m > n ? m : n) ;
17 }
18 //--------------------------- 声明与定义.H --------------------------------
19 //通常把全局变量、结构体、类、函数等的定义或声明放入.H 文件中
20 #include <iostream>
21 using namespace std;
22 static  int  x, y;             //变量定义
23 int  myMax( int x, int y );    //函数声明
```

“声明与定义.h”被包含 2 次，编译**“主程序.CPP”**时，出现 x 和 y 重定义错误。较大的项目有更多.CPP 和.H 文件，多重包含情况更为复杂。为避免包含时产生重定义错误，在**“声明与定义.H”**文件的开头、结尾处添加下面 3 行宏，实现**“包含保护”**。

```
#ifndef  ONLY
#define  ONLY
//----------要保护的代码------------
#include <iostream>
using namespace std ;
static  int  x, y ;
int myMax(int x,  int y) ;
//----------------------------------------
#endif
```

解释：第一次包含本文件时，宏 ONLY 未定义，本文件内容被正常编译。第二次以后包含本文件时，由于宏 ONLY 已定义，因此忽略 #ifndef … #endif 之间的内容，达到了本文件仅被包含一次的目的(不会产生重定义错误)。

9.5 宏运算符*

宏运算符“#”和“##”只能用于宏。

- \#　将宏参数转换为**字符串**(只能用于带参数的宏)。
- \##　将两个字符串(至少一个宏参数)连接为一个已定义的**标识符**或合法表达式。

例 9-8　编程实验：宏操作符 # 和 ## 的用法。

程序代码及程序输出结果(图 9.9)如下：

```
1   #include <iostream>
2   using namespace std;
3   #define   STR(s)   "http://" # s ".com"        //宏操作符 #
4   #define   _STR(s) # s
5   #define   LINE_STR( line )   _itoa_s(__LINE__, line, 10)
6   #define   XNAME( name, num )   \              //续行符后不能有任何字符
7    cout << _STR(name)   ## _STR(num) ## " = "   \
8          << name ## num <<endl;
9   int   main( )
10  {
11     int   num = 100;
12     cout << STR( num ) << endl;
13
14     char   str[80];
15     LINE_STR( str );
16     cout << str << endl;
17
18     int   x1 = 100;
19     int   x2 = 200;
20     XNAME( x , 1 );            // 连接成 x1
21     XNAME( x , 2 );            // 连接成 x2
22     //for ( int i = 1; i <=2; i++ )  XNAME( x , i );
23     system( "pause" );   return 0;
24  }
```

```
http://num.com
15
x1 = 100
x2 = 200
请按任意键继续. . .
```

图 9.9　例 9-8 的输出结果

思考与练习：

(1) 第 3、12 行：将宏名改为_STR，结果会如何？

(2) 第 22 行的用法正确吗？

例 9-9　编程实验：转换宏的用法。

程序代码如下：

```
1   #include <iostream>
2   using namespace std;
3   #define   N   2
4   #define   NUM(a, b)   _NUM( a, b )                         //转换宏
5   #define _NUM(a, b)   int ( a ## E ## b ## + ## 0.5 )       //##连接为合法表达式
6   int   main( )
7   {
8       //_NUM( 1.235 , N );             //先替换为 int (1.235EN+0.5)，内层宏 N 还没替换
9       cout << NUM( 1.235 , N );        //再替换宏 N 得到 int (1.235E2+0.5)，输出为 124
10      system( "pause" );   return 0;
11  }
```

第 10 章　类 和 对 象

10.1　程序设计方法

“类”是 C++的一种自定义数据类型，C 不支持类。类的变量称为“对象”(广义变量)，由此产生了一种新的程序设计方法——面向对象的程序设计方法。

10.1.1　面向过程的程序设计方法

面向过程的程序设计就是面向函数的程序设计。程序由一个个函数(模块)组装(调用)构成，函数是组成程序的基本单位，使编程序就像搭积木，每个积木是一个模块。因此，面向过程的程序设计也是一种模块化设计。

面向函数(过程)的程序设计采用自顶向下、逐步求精的方法，对任务进行层层分解，最终分解成一个个功能单一的模块；每个模块用一个函数实现，众多函数组装成整个程序。随着规模不断增大，程序变得越来越复杂，其严重缺陷是“软件危机”的主因之一，主要表现为软件(程序)不可开发、不可维护。

这种设计方法有什么严重缺陷呢？它用函数组装程序，就好比用零件(函数)组装一台计算机(整个程序)。它把计算机拆为一个个小零件，如将主板完全拆为电容、电阻等很多个小零件，将 CPU、硬盘、显卡、声卡、网卡、内存条等都完全拆为一个个小零件，每个小零件就是一个函数，你能用这众多的小零件组装一台计算机吗？这就是函数组装程序的难度和弊病。函数(零件)功能单一，必然数量众多，使得程序难以开发和维护。因此，绝大多数编程语言都采用了面向对象的程序设计方法。

10.1.2　面向对象的程序设计方法

面向对象程序设计方法(Object Oriented Programming, OOP)也是一种模块化程序设计方法。OOP 不是把函数作为模块，而是把对象(Object)作为模块，模块的规模更大、功能更强，能独立完成某些任务。对象把数据和代码封装在一起，每个对象是一个完整的、有一定功能的“部件”而非“零件”。仍以组装计算机为例，把一台计算机分解为主板、CPU、硬盘、声卡、显卡、网卡、内存条、机箱等部件(对象)，用部件(而非零件)组装计算机，使组装计算机的难度大幅度减小，电脑商城的装机员也能轻松完成。大部件可分解为小部件，如各种类型的芯片等，单独设计、制造和维修这些小部件的难度要小很多，这就是 OOP 的优势。掌握了 OOP 的思想和方法后，学习其他编程语言也将驾轻就熟。

10.2　定义类与创建对象

10.2.1　定义类类型

类(Class)是一种自定义的数据类型。从程序设计角度看，类是结构体的扩展，类中封装有**数据(成员变量**，也称“属性”)和**代码(成员函数**，也称“行为”或“方法”)。

下面以定义 student 类为例来学习类的相关知识。

```
class   student      //关键词 class，类名 student(可省略，成为无名类)
{   //花括号{ }表示“类体”
  private :          //访问权限：私有(可省略，缺省或默认方式)
    char   name[10];   //成员变量
    int     age;         //成员变量
    char   sex;          //成员变量
    …
  protected :        //访问权限：保护
    long long int   ID;
    …
  public :           //访问权限：公有
    void   Display(void);    //声明成员函数，不是函数的定义(实现)
    char * GetName(void)   { return   name ; }        //成员函数的定义(实现)
    void   SetAge( int a)     { age = a; }              //成员函数的定义(实现)
    …
} ;    //类型定义结束有分号
```

成员变量和成员函数封装在一个类体中，其个数及类型自行设计。每个成员(包括变量与函数)有且仅有一种访问权限，只有取得访问权限才能访问它们。访问权限有 private、protected、public 3 种，越权访问会有语法错误。

private：表示类的私有成员，外部无权访问。关键在于理解内部访问与外部访问。

- **内部访问：**本类成员函数中的访问。
- **外部访问：**非内部访问。

以 student 类为例，name、age、sex 是私有成员，只有在本类的成员函数 Display、GetName、SetAge 中才有权访问它们。类好比一个家庭，成员变量(数据)是家里的东西，成员函数就是家人。显然，家里的东西(数据)只有家人(函数)才有权使用，类外(外人)无法看见，也无权使用，这就是信息隐藏与封装的概念。

protected：表示类的保护成员，外部无权访问。protected 和 private 的访问权限相同，两者的差异在派生类(第 12 章介绍)中才体现出来。

public：表示类的公有成员，内部和外部均可访问。

- 将类的成员变量(数据)设计为 **private**(缺省)，实现信息隐藏和数据保护。
- 将类的成员函数(接口)设计为 **public**，外部需要通过**公共接口**访问内部成员。

一方面，类外不必知道类的内部构造(有哪些成员)也能使用类(用公有成员函数)，简化类的使用。就像电视机类，会用遥控器即可，不必知道电视机的内部构造(信息隐藏)，那是制造商(类设计者)关心的事情。

另一方面，类不能与外界隔绝成为封闭系统，外部没法使用内部成员。为此，设计公共接口函数(简称接口)与外部相通，外部通过公共接口(如 student 类的 Display、GetName、SetAge 等)访问内部成员，外部不能直接访问内部成员，实现了数据保护。

类成员(变量和函数)在类中的位置有两种习惯写法。其一，私有成员写在前面，公有成员写在其后(本书采用的写法)；其二，公有成员写在前面，私有成员写在其后。可根据自己的喜好、习惯选一种写法并保持一致。

同一个访问权限关键字可以多次出现，如下写法也正确：

```
class   student
{
 //private       //第一次
   char   name[10];
   int   age;
   char   sex;
  public :      //第一次
     char *GetName(void)     { return    name ; }
     void   SetAge( int a)   { age = a; }
  private :    long long int   ID;       //第二次
  public :     void   Display(void);    //第二次
} ;
```

10.2.2　成员函数声明与实现

成员函数可以在类中声明，也可在类中实现。常把一些小型函数(结构简单、代码少)在类中实现，如 Display、GetName、SetAge 等，默认为内联函数(需符合内联函数条件)；若不符合内联函数条件，则即使有 inline 关键字，也不会成为内联函数(编译器优化)。

Set 和 Get 系列成员函数通常在类中实现，它们通常代码少、结构简单、符合内联函数条件，类中实现不会造成类定义臃肿。当然，成员函数也可在类外实现(定义)，类中只有函数声明。举例如下：

```
class   Rectangle          //定义矩形类
{
     double    length ;
```

```
    double    width ;
  public :
    double   GetLength(void)    { return   length ; }           //类内实现
    double   GetWidth(void)     { return   length ; }           //类内实现
    double   Area(void )        { return   length*width; }      //类内实现
    inline   void   SetData( double, double );                  //类内声明，在类外实现
};  //SetData 函数也可以在类内实现
```

想一想：在类外定义成员函数该怎么书写？

SetData 是成员函数而非类外函数(不属于任何类)，两者写法应有所区别，编译器才能区别成员函数与类外函数(或称独立函数、自由函数)。

➢ 类外定义成员函数：须在函数名前加上“::”**域运算符**，表明它属于该类。

本例 SetData 成员函数的类外实现如下：

```
void   Rectangle::SetData( double len, double wid )  //加上类域限定
{
  length = len ;   width = wid ;      //内部访问：有权访问私有成员 length 和 width
}
```

“::”是**作用域运算符**，表示 SetData 作用域在 Rectangle 类中，类外看不见。

若定义如下的 SetData 函数：

```
void   SetData( double len, double wid )          //不是成员函数
{
    length = len;    width = wid; //ERROR
}
```

这个 SetData 是类外函数，无权访问私有成员 length 和 width。编译器报错“length 和 width 是未声明的标识符”(成员属于类作用域，类外看不见私有成员)。

定义一个类外函数 Area 如下：

```
double   Area( double len, double wid )     { return   len*wid; }
```

它与 Rectangle 的成员函数 Area 同名，它们是重载函数吗？

➢ 函数重载必须在同一个作用域。如果作用域不同，则不是重载关系。

类外函数 Area 属于**文件作用域**(所在单元文件)，成员函数 Area 属于 **Rectangle 类域**，两者作用域不同，故不是重载函数。此前的重载函数都是类外函数，同在一个文件作用域。

10.2.3　对象的创建与使用

类是一种自定义数据类型。类的“变量”(理解为广义变量)称为“对象”，对象的定义与使用在形式上与结构体变量一样。

例 10-1　编程实验：对象的创建与使用。

程序代码及程序输出结果(图 10.1)如下：

```
1   #include <iostream>
2   using namespace std;
3   class  Rectangle      //定义矩形类
4   {
5       double   length; //长
6       double   width; //宽
7       double   area;  //面积
8       void  calcArea( ) { area = length*width; }          //私有成员函数
9   public:
10      double  getLength( ) { return  length; }
11      double  getWidth( ) { return  width; }
12      inline   void  setData(double, double);             //类中声明
13      double  getArea( ) { calcArea( );  return area; }
14  };
15  void  Rectangle::setData( double len, double wid )      //类外定义
16  {
17      length = len;     width = wid;                      //内部访问私有成员
18  }
19  int  main( )
20  {
21      Rectangle  box;                      //定义对象 box
22      //cout << box.width;                 //ERROR
23      box.setData(10, 12.5);               //外部访问公有成员
24      cout << box.getArea() << endl;
25      Rectangle& b = box;                  //定义对象的引用
26      b.setData(10, 10);
27      cout << b.getArea() << endl;
28      Rectangle* pbox = &box;              //定义对象的指针
29      pbox->setData(20, 15);
30      cout << pbox->getArea() << endl;
31      system("pause");  return 0;
32  }
```

```
F:\hxn\...
125
100
300
请按任意键继续. . .
```

图 10.1　例 10-1 的输出结果

思考与练习：

(1) 第 22 行为什么错？

(2) calcArea 为私有成员函数，用在哪里？类外可否调用它？

10.2.4　类成员的存储方式

思考问题：创建对象时，内存中如何存储类的成员变量和成员函数？

1. 成员变量的存储

以定义变量 int x1, x2, x3 为例，为什么定义 3 个变量而不是一个？理由是 x1、x2、x3 有各自的内存单元，存放各自的数据。同样地，一个类可以创建多个对象，各个对象有独立的内存空间，存放各自的数据，例如：

Rectangle　**b1, b2, b3, b4**；//创建矩形类的 4 个对象

4 个对象的 length 和 width 各自存放(独立内存空间)，即成员数据与对象存放在一起，数据随对象的不同而不同。

例 10-2　编程实验：对象空间及大小。

程序代码及程序输出结果(图 10.2)如下：

```
1   #include <iostream>
2   using namespace std;
3   class  one
4   {
5      int    a;
6      int    b;
7   public:
8      int      getA(void)   { return a; }
9      int      getB(void)   { return b; }
10     void     setA(int x)  { a = x; }
11     void     setB(int y)  { b = y; }
12  };
13  int  main( )
14  {
15    one  obj1,  obj2 ;
16    obj1.setA(10);
17    obj1.setB(20);
18    //--------------------
19    obj2.setA(30);
20    obj2.setB(40);
21    //--------------------
22    cout << "obj1: " << obj1.getA() << "," << obj1.getB() << endl;
23    cout << "obj2: " << obj2.getA() << "," << obj2.getB() << endl;
24    cout << sizeof(obj1) << " Byte" << endl;
25    cout << sizeof(obj2) << " Byte" << endl;
26    system("pause");
27  }
```

```
obj1: 10,20
obj2: 30,40
8 Byte
8 Byte
请按任意键继续. . .
```

图 10.2　例 10-2 的输出结果

对象 obj1 和 obj2 的成员变量 a、b 的值不同，证明它们是独立存放的，每个对象占用的内存为 8 字节，即 sizeof(a) + sizeof(b)。

2. 成员函数的存储

上例结果表明，对象的内存空间没有包括成员函数代码占用的空间，也就是说函数代码没有与对象存放在一起。不禁要问：类的成员函数代码存放在哪儿？

同一个类可以创建多个对象，成员函数代码不可能随对象的改变而改变。每个同类对象不会都存放一份成员函数代码，这样不仅浪费内存，更严重的是多处存放如何保证一致性(代码相同)？如果出现差异，则哪一份是正确的？

成员函数没有存放在对象空间中，而存储在类代码区，**同类对象共享类的成员函数**。如果多个同类对象调用同一个成员函数，则怎么知道是哪个对象调用的？回答这个问题，涉及成员函数的 this 指针。

10.2.5　this 指针

本类对象都可以调用成员函数，为确定是哪个对象调用了成员函数，系统为每个成员函数内置了一个 this 指针(特例除外，后述)。当对象调用成员函数时，成员函数内置的 this 指针就指向该对象，从而通过 this 指针就能确定调用成员函数的对象。

➢ 成员函数有一个隐藏的 this 指针，指向调用它的对象。

例如，矩形类有计算面积的成员函数 area。不同的矩形对象调用 area 函数时，area 函数需要知道谁调用它(用 this 指向它)，从而计算该矩形对象的面积(而非其他矩形对象)。

例 10-3　编程实验：this 指针的概念。

程序代码及程序输出结果(图 10.3)如下：

```
1   #include <iostream>
2   using namespace std;
3   class   myClass
4   {
5       int   x;
6   public:
7       void   SetVal( int x )       { this->x = x; }    //this 指向哪里
8       void   Display( )    { cout << "x=" << x << endl; }
9   };
10  int   main ( )
11  {
12     myClass c1, c2;         //同类对象
13     c1.SetVal(5);           c1.Display();
14     c2.SetVal(8);           c2.Display();
15     system("pause");   return 0;
16  }
```

```
F:\hxn\2...
x=5
x=8
请按任意键继续. . .
```

图 10.3　例 10-3 的输出结果

第 7 行：SetVal(int x) 形参 x 与成员 x 同名，this->x 是成员变量而非形参 x。若两者不同名，则 this 可省略。

第 13 行：**c1**.SetVal(5) 调用 SetVal 成员函数，SetVal 的 this 指针指向 c1，故知道 c1 调用它，将实参 5 传给 c1 的成员变量 x 而不是 c2。同理，c1.display() 输出 c1 的成员 x，而非 c2 的成员 x。

10.2.6 静态成员变量

可以用关键字 static 声明静态成员变量，如：

```
class   Point                    //平面点类
{
        double   X;              //x 坐标
        double   Y;              //y 坐标
        static int Count;        //静态成员变量，记录调用 Set_XY 函数的次数
 public:
        void   Set_XY(double x, double y)   { X = x; Y=y;   Count++ ; }
} ;
```

成员变量存储在各自的对象空间中，有时需要同类对象**共享某些数据**，又不想把这些共享数据用类外变量存储(破坏信息隐蔽与保护)，则可以用静态成员变量存储。

静态成员变量具有全局性，其数据存储在全局数据区而非对象空间；同时，静态成员变量又有局部性，即作用域限于该类，遵从类的内部与外部访问规则。

➢ 静态成员变量为本类对象所共享。

即便不创建该类的对象，也可访问静态成员变量，见例 10-4。

例 10-4 编程实验：static 成员变量的声明、定义与使用。

程序代码及程序输出结果(图 10.4)如下：

```
1   #include <iostream>
2   using namespace std;
3   class   Point                          //平面点类
4   {
5     double   X;                          //x 坐标
6     double   Y;                          //y 坐标
7     //static int Count;                  //私有成员
8   public:
9     void   Set_XY(double x, double y) { X = x; Y = y;   Count++; }
10    static int Count;                    //变量声明。保存调用函数 Set_XY 的次数
11  };
12  int Point::Count = 0;                  //须全局定义(可不初始化，其值为 0)
13  int   main( )
```

```
14  {
15      // int Point::Count = 0;                  //ERROR：局部定义
16      Point::Count = 10;                        //用类名访问(尚未创建对象)
17      cout << Point::Count << endl;             //输出：10
18      //----------下面创建对象，用对象访问------------
19      Point   P1, P2;
20      P1.Set_XY(10, 20);          //Count++
21      P2.Set_XY(0, 0);            //Count++
22      cout << "P1.Count =        " << P1.Count << endl;
23      cout << "P2.Count =        " << P2.Count << endl;
24      cout << "Point::Count = " << Point::Count<< endl;
25      system("pause");    return 0;
26  }
```

```
10
P1.Count =       12
P2.Count =       12
Point::Count = 12
请按任意键继续. . .
```

图 10.4　例 10-4 的输出结果

第 3 行：**必须全局定义有静态成员的类**，Point 类不能定义在函数中，如 main 中。

第 7、10 行：这是变量的声明而非定义。

第 12 行：**必须全局定义静态成员变量**，不能定义在函数中，如 main 中。

第 22～24 行：访问静态成员可用 **“类名::静态成员名”**，也可用对象方式访问。

思考与练习：

(1) 注释第 10 行，不注释第 7 行，有错吗？

(2) 怎么证明静态成员变量不存放在对象空间中？

10.2.7　静态成员函数*

用 static 关键字可以把成员函数声明为静态成员函数。

例 10-5　编程实验：static 成员函数的使用与限制(改写例 10-4)。

程序代码及程序输出结果(图 10.5)如下：

```
1   #include <iostream>
2   using namespace std;
3   class   Point
4   {
5       double   X;
6       double   Y;
7       static int Count;     //声明为私有成员
8   public:
9       void   Set_XY(double x, double y) { X = x; Y = y;   Count++; }
10      //static double GetX( void ) { return X; }          //ERROR，不能访问非静态成员
11      //static void SetX( int x ) { this->X = x; }        //ERROR，没有 this 指针
12      static void   Show1(void) { cout << Count << endl; }   //静态
```

```
13          void  Show2(void) { cout << Count << endl; }   //非静态
14  };
15  int  Point::Count ;          //必须全局定义(初值为 0)
16  int  main( )
17  {
18    //Point::Count = 10;        //ERROR，外部访问私有成员
19    Point  P1, P2;
20    P1.Set_XY(10, 20);
21    P2.Set_XY(0, 0);
22    P1.Show1( );          //对象方式调用静态成员
23    P2.Show2( );          //对象方式调用非静态成员
24    Point::Show1( );      //类名方式调用静态成员
25    //Point::Show2( );    //ERROR，类名方式不能调用非静态成员
26    system("pause");  return 0;
27  }
```

```
2
2
2
请按任意键继续. . .
```

图 10.5　例 10-5 的输出结果

静态成员函数的相关语法规则如下：

- 静态成员函数可用类名方式调用，故没有 this 指针。
- 静态成员函数只能访问静态成员(变量或函数)，不能访问非静态成员。
- 非静态成员函数既能访问静态成员，也能访问非静态成员，但需要用对象方式访问。

当然，相比静态成员函数，非静态成员函数的使用广泛得多。

10.3　类的构造函数与析构函数

10.3.1　构造函数及其作用

所有类都有构造函数(Constructor)，无论类中是否声明或定义。如果没有声明或定义，则系统生成一个缺省构造函数；若声明或定义了构造函数，则系统不再生成缺省构造函数。

构造函数是一个类的特殊函数，特性如下。

- **函数功能**：完成对象的初始化工作(创建成员变量)。
- **何时调用**：定义该类对象时(对象诞生时)调用。
- **谁调用它**：系统调用(不能写代码调用)它。

创建对象时系统调用构造函数来完成对象的初始化。

下面的“对象初始化”是否正确？

```
class  student
{
```

```
    long  ID = 20190001 ;
    char  name[10] = "黎明" ;
    char  sex = 'M' ;
};
```

错误(C++11 之前)，类是一种抽象类型而非实体，赋值没有意义。

正确(C++11 支持)，为简化编程提供的快速初始化手段。

创建对象时，成员变量值从哪来？这就是构造函数的事情。如果不编写构造函数，则系统生成一个缺省的空构造函数。若希望创建对象时初始化，则需要编写构造函数。相关规则如下：

- 构造函数名须与类名相同，通过函数名识别构造函数。
- 构造函数可以有形参，故允许重载(一个类可以有多个构造函数)。
- 构造函数没有返回值，也不能写 void。
- 构造函数通常在 public 域(有例外)，允许系统调用(外部调用)。
- 构造函数可以用 inline 声明为内联函数。

例 10-6 编程实验：构造函数的声明、定义与重载。

程序代码及程序输出结果(图 10.6)如下：

```
1   #include <iostream>
2   using namespace std;
3   class  Box                          //三维立方体类
4   {
5       int  length;                    //长
6       int  width;                     //宽
7       int  height;                    //高
8   public:
9       //Box( ) { }                    //声明：缺省构造函数(形参缺省)
10      //Box( int, int );              //声明：带参构造函数
11      Box( int=1 , int=1 , int=1 );  //声明：形参有缺省值的构造函数
12      int volume(void)   { return   height*width*length; }
13  };
14  Box::Box( int len, int w, int h )   //类外定义
15  {  length = len;  width = w; height = h;  }
16  //Box::Box( int len, int w, int h ) : length(len), width(w), height(h) { }
17  int  main( )
18  {
19      Box  box1;
20      Box  box2 { 10, 20 } ;          // {初值}：C++11
```

```
21      Box  box3 ( 10, 20, 2 ) ;        // (初值)
22      cout << "box1 体积=" << box1.volume() << endl;
23      cout << "box2 体积=" << box2.volume() << endl;
24      cout << "box3 体积=" << box3.volume() << endl;
25      system("pause");   return 0;
26  }
```

```
box1体积=1
box2体积=200
box3体积=400
请按任意键继续. . .
```

图 10.6　例 10-6 的输出结果

第 9～11 行：构造函数声明。构造函数名须与类名相同，多个构造函数属于重载。

这 3 个 box 函数是重载吗？第 11 行构造函数形参有缺省值，调用时可不传实参或者传 1 个、2 个、3 个实参都正确，这个构造函数包含了第 9、10 行的两个构造函数。不传或者传 2 个实参时，系统不能确定调用哪个构造函数，会出现二义性错误，故仅保留第 11 行即可。

第 19 行：创建对象 box1 时没初始化，系统调用缺省构造函数(第 11 行)。

第 20 行：创建并初始化对象 box2(10, 20)，初始化值可用()或 { } 给出。

第 21 行：创建并初始化对象 box3(10, 20, 2)，3 个初值对应传给如下的构造函数的形参：

10 → len，20 → w，2 → h

构造函数的初始化列表(第 16 行)

Box::Box(int **len**, int **w**, int **h**) **: length(len), width(w), height(h)** { }

构造函数的初始化列表

这种写法与第 15 行的作用相同，但更为重要。后面的组合类、派生类等只能用这种写法，而不能用第 15 行的写法(错误)。

初始化列表中各项的先后顺序无所谓，即 length(len)、width(w)、height(h) 谁在前面、谁在后面没影响，上面的写法改为 width(w), height(h), length(len) 也正确。

- 只有构造函数才有初始化列表，非构造函数没有初始化列表。

10.3.2　析构函数及其作用

析构函数(Destructor)也是类的特殊成员函数，其特殊性如下：

- **函数功能**：完成对象的善后工作。
- **何时调用**：对象即将被删除时(消亡时)调用。
- **谁调用它**：系统调用(不能写代码调用)。

对象即将消亡时系统调用析构函数来完成对象的善后工作。

像构造函数一样，无论类中是否声明或定义，每个类都有析构函数。如果没有定义析构函数，则系统生成一个缺省的空析构函数；若定义了析构函数，则系统不再生成缺省析构函数。如果希望在对象即将消亡时进行善后工作，则需要编写析构函数。相关规则如下：

> 析构函数名是在类名前加波浪号“~”，如~Box( )是 Box 类的析构函数。
> 析构函数不能有形参，故不能重载(一个类仅有一个析构函数)。
> 析构函数没有返回值，也不能写 void。
> 析构函数须在 public 域，允许系统调用(外部调用)。
> 析构函数可以用 inline 声明为内联函数。

例 10-7 编程实验：析构函数及其作用。

程序代码及程序输出结果(图 10.7)如下：

```
1  //创建对象时计数器加一，删除对象时计数器减一
2  #include <iostream>
3  using namespace std;
4  class  Box
5  {
6     int  length;
7     int  width;
8     int  height;
9     //~Box( ) { Num-- ; }         //ERROR
10 public:
11    static int Num ;             //记录 Box 对象个数
12    Box( int len = 1, int wid = 1, int height = 1 ) : length(len), width(wid), height(height)
13    { Num++; }                   //构造时：对象个数加一
14    ~Box( ) { Num-- ; }          //析构时：对象个数减一
15 };
16 int  Box::Num = 0;             //静态成员变量须全局定义
17 int  main( )
18 {
19    Box  b1, b2(10), b3(10,10), b4(10,10,10) ;
20    cout << Box::Num << endl;
21    Box *p = new Box ;           //new 对象
22    cout << Box::Num << endl;
23    delete p;                    //删除对象
24    cout << Box::Num << endl;
25    system("pause");  return 0;
26 }
```

```
F:\hxn\...
4
5
4
请按任意键继续. . .
```

图 10.7 例 10-7 的输出结果

第 19 行：创建 4 个对象，调构造函数 4 次，故第 20 行输出 4。

第 21 行：再动态创建 1 个对象，调构造函数 1 次，故第 22 行输出 5。

第 23 行：删除(释放)new 对象，调析构函数 1 次，故第 24 行输出 4。

通常把 delete 放入析构函数，只要删除对象则释放其内存，不会因为人为疏忽(忘记释

放)而造成内存泄漏。

思考与练习：

修改：在析构函数中释放对象所占内存。

10.3.3　对象构造与析构顺序

创建或删除多个对象时，特别是组合类和派生类对象(第 12 章介绍)，需要清楚知道每个对象的构造与析构顺序，这关系到系统调用构造或析构函数的先后顺序，以及保证构造函数参数传递的正确性。

例 10-8　编程实验：对象的构造与析构顺序。

程序代码及程序输出结果(图 10.8)如下：

```
1   #include <iostream>
2   #include <string>
3   using namespace std;
4   class  A
5   {
6      string  objname;
7   public:
8      A( string s ) { objname = s;   cout << "构造：" << objname << endl; }
9      ~A( ) { cout << "析构：" << objname << endl; }
10  };
11  class  B
12  {
13     string  objname;
14  public:
15     B( string s ) { objname = s;   cout << "构造：" << objname << endl; }
16     ~B( ) { cout << "析构：" << objname << endl; }
17  };
18  void  sequence( void )
19  {
20     A  a1("A1"), a2("A2");          //创建局部对象
21     B  b1("B1"), b2("B2");
22     cout << "==========" << endl;
23  }
24  int  main( )
25  {
26    sequence ( );
27    system("pause");  return 0;
28  }
```

```
F:\h...
构造：A1
构造：A2
构造：B1
构造：B2
==========
析构：B2
析构：B1
析构：A2
析构：A1
请按任意键继续. . .
```

图 10.8　例 10-8 的输出结果

输出结果图表明了各个对象的构造与析构顺序，证明了下面的重要结论：

> **析构与构造顺序相反：** 先构造的后析构，后构造的先析构。

10.4　对象与数组及对象与指针结合

10.4.1　对象数组

对象数组的每个元素都是**同类对象**。创建对象数组时，每个元素对象都要创建，有多少个元素对象就要调构造函数多少次。同理，删除对象数组时，每个元素对象都要删除，调用析构函数的次数也是元素的个数。

例 10-9　编程实验：对象数组的初始化及使用。

程序代码及程序输出结果(图 10.9)如下：

```
1   #include <iostream>
2   using namespace std;
3   typedef  class  point           //定义平面点类
4   {
5      int  x ;                     //x 坐标
6      int  y;                      //y 坐标
7   public:
8      point( ) { }                 //缺省构造函数有何作用？注释它为什么会出错
9      point( int x, int y ) { this->x = x;  this->y = y; }
10     int Getx( void ) {  return  x;  }
11     int Gety( void ) {  return  y;  }
12  } POINT, *pPOINT ;              //类型名
13  int  main( )
14  {
15    const int N = 5;              //点对象的个数
16    POINT arr[N] = { {10, 20}, {30, 40}, {50, 60} };
17    for ( int i = 0; i < N; i++ )
18    {
19        cout << "x=" << arr[i].Getx( ) << ",";
20        cout << "y=" << arr[i].Gety( ) << "\n";
21    }
22    system("pause");  return 0;
23  }
```

```
F:\hxn\2018...
x=10, y=20
x=30, y=40
x=50, y=60
x=-858993460, y=-858993460
x=-858993460, y=-858993460
请按任意键继续. . .
```

图 10.9　例 10-9 的输出结果

第 16 行：定义对象数组并部分初始化，但下面的写法可读性更好。

POINT arr[N] = { **POINT** {10,20}, **POINT** {30,40}, **POINT** {50,60} };　//C++11

或　POINT arr[N] = { **POINT**(10,20), **POINT**(30,40), **POINT**(50,60) };

注意：POINT(10, 20) 这种写法不是直接调用构造函数，而是创建**“无名对象”**(系统调用构造函数)。考虑只是一次性使用对象，不必给它取名字，这种写法也不能命名。

第 19 行：arr[i] 是数组的第 i 个对象，arr[i].Getx( ) 调用第 i 个对象的 Getx 成员函数。

思考与练习：

(1) 最后 2 行的输出结果如何解释？

(2) 第 8 行有何作用？为什么注释它会有语法错？

(3) 若第 9 行改为 point(**int x=1, int y=1**)，则第 8 行可注释吗？

10.4.2　对象指针数组

数组的每个元素都是**指向同类对象的指针**，遵循对象、指针、数组的相关语法规则。

例 10-10　编程实验：对象指针数组及使用。

程序代码及程序输出结果(图 10.10)如下：

```
1   #include <iostream>
2   using namespace std;
3   typedef  class  Point
4   {
5       int  X;  int  Y;
6   public:
7       void  Set_XY( int x, int y ) { X = x; Y = y; }
8       void  Display(void)
9       {  cout << "X=" << X << ",Y=" << Y << endl;  }
10  } POINT,  *pPOINT ;
11  int  main( )
12  {
13    const int N = 5;
14    POINT     a[N];                    //对象数组
15    pPOINT   p[N];                     //对象指针数组
16    for ( int i = 0;   i < N;   i++ )
17    {
18        p[i] = &a[i];                  //取元素对象的地址
19        p[i]->Set_XY( i*10, i *10 );   // "->" 运算符
20        ( *p[i] ).Display( );          // "." 运算符
21        //( *p )->Display( ); ( *p )++;  //也正确
22    }
23    system("pause");   return 0;
24  }
```

```
X=0, Y=0
X=10, Y=10
X=20, Y=20
X=30, Y=30
X=40, Y=40
请按任意键继续. . .
```

图 10.10　例 10-10 的输出结果

第 19 行：因数组 p[i]的每个元素是对象指针，故用“->”访问对象的成员。

第 20 行：“.”运算符优先级高于“*”，故 *p[i] 两端加圆括号，可读性也更好。

第 21 行：用指针访问数组。p 是一维指针数组名，指向第一个元素的指针。(*p)获取数组的第一个元素，而数组元素是对象指针，故用“->”访问成员。

思考与练习：

(1) 第 19、20 行两种写法均可，哪一种可读性更好？

(2) 第 21 行：如何理解(*p)++，运算后指向哪里？

(3) 修改：定义一个指向 p 数组的指针 pt，在 for 循环中用 pt 取代 p。

(4) 修改：定义 **pPOINT** pp[2][2] 并用 a 数组初始化，访问 pp 元素及成员。

10.5　对象与函数结合

10.5.1　对象与函数形参

对象、引用对象、对象指针等均可作为函数参数在函数之间进行传递。

例 10-11　编程实验：对象、引用对象、对象指针作为函数的形参。

程序代码及程序输出结果(图 10.11)如下：

```
1   #include <iostream>
2   using namespace std;
3   class Point
4   {
5       int X;  int Y;
6   public:
7       Point ( int x=0, int y=0 ) : X(x), Y(y)
8       {  cout << "构造：" << X << "," << Y << endl;  }
9       int GetX( )  { return X; }
10      int GetY( )  { return Y; }
11  };
12  void Show1( Point a )             //对象作形参
13  {
14      cout << a.GetX( ) << "," << a.GetY( ) << endl;
15  }
16  void Show2( Point &a )            //引用对象作形参
17  {
18      cout << a.GetX( ) << "," << a.GetY( ) << endl;
19  }
20  void Show2( Point *a )            //对象指针作形参
```

```
21  {
22      cout << a->GetX( ) << "," << a->GetY( ) << endl;
23  }
24  int   main( )
25  {
26      Point   P(10, 20);
27      Show1( P );
28      Show2( P );
29      Show2( &P );
30      system("pause");   return 0;
31  }
```

```
构造：10, 20
10, 20
10, 20
10, 20
请按任意键继续. . .
```

图 10.11　例 10-11 的输出结果

Show1(Point a) 对象作形参。若对象较“大”(有多个数据成员甚至有结构体成员)，则创建局部对象 a 时其内部数据成员须全部创建，不仅占用内存较大，而且参数传递也耗费更多时间。若 Show1 函数位于大循环中，则时空耗费更大，形参对象宜采用引用或指针。

思考与练习：

(1) 第 16、20 行的 2 个 show2 是重载函数，show1 也改名为 show2 可以吗？

(2) **提前思考：**由结果图 10.11 可见，调用 show1 时将创建形参局部对象 a，但没有调用构造函数，这是为什么？10.7 节学习拷贝构造函数。

10.5.2　对象的动态创建

与前面的 new 变量、数组、结构体一样，对象也可以用 new 动态分配内存。

例 10-12　编程实验：动态创建对象与返回对象指针的函数。

程序代码及程序输出结果(图 10.12)如下：

```
1   #include <iostream>
2   using namespace std;
3   class   Box
4   {
5       int   length;     int   width;    int   height;
6   public:
7       Box( int len = 1, int w = 1, int h = 1 ) : length(len), width(w), height(h) { }
8       int   volume( void ) { return ( height*width*length ); }
9   };
10  Box* NewArr( int num )        //返回对象指针
11  {
12      Box *p = new Box [num];   //new 对象数组
13      return   p ;
14  }
```

```
15  int   main( )
16  {
17      int   n = 3;                     //n 为变量
18      Box *pt = NewArr( n );           //返回对象指针，指向 new 内存区首地址
19      Box *p = pt;                     //pt 指向不能改变，否则 new 内存泄漏
20      for ( int i = 0; i < n; i++ )
21      {
22          *p = Box( i, i, i );         //创建无名对象并初始化
23        //p[i]=Box( i, i, i );           //下标访问也正确
24          //*p = { i, i, i } ;         //可读性不好，C++11 支持
25            p++ ;                      //指针访问
26      }
27      p = pt;              //容易忘记！数组下标访问没这问题
28      for ( int i = 0;   i < n;   i++, p++ )
29            cout << "[" << i << "]: " << p->volume( ) << endl;
30      delete [ ]pt;        //不要忘记了释放
31      system("PAUSE");        return 0;
32  }
```

```
F:\hxn\...
[0]: 0
[1]: 1
[2]: 8
请按任意键继续. . .
```

图 10.12　例 10-12 的输出结果

思考与练习：

(1) 第 25 行：p++ 运算后指向哪里？

(2) 修改：将第 28、29 行 for 循环的指针访问改用数组下标访问。

10.6　指向成员的指针

类成员包括成员变量与成员函数，可以定义其同类型的指针分别指向它们。

10.6.1　指向成员变量的指针

使用指针必须清楚知道它的指向，指向对象的指针和指向其成员的指针不同。

例 10-13　编程实验：指向成员变量的指针。

程序代码及程序输出结果(图 10.13)如下：

```
1   //本例稍复杂，若概念清楚，则不会犯错，不要死记硬背
2   #include <iostream>
3   using namespace std;
4   typedef   class   Point
5   {
6       int   X ;
7       int   Y ;
```

```
8    public :
9        static int N;           //声明静态成员变量，用作对象计数器
10       Point( int x = 0, int y = 0 ): X(x), Y(y) { N++; }  //创建对象时 N++
11       int* GetX( ) { return &X; }                          //返回成员 X 的地址
12       int* GetY( ) { return &Y; }                          //返回成员 Y 的地址
13   } POINT, *pPOINT;
14   //-------------------------------------------------------------
15   int POINT:: N = 0;                     //静态成员变量须全局定义
16   int   main( )
17   {
18       POINT arr[3] = { POINT (10,20),   POINT(30,40),   POINT(50,60) };
19       int *pn = &POINT::N;              // pn 指向静态成员 N，注意“&”的位置
20       cout << "N=" << *pn << endl;
21       pPOINT    p = arr ;               //指向对象数组首地址
22       int *px, *py ;                    //指向成员变量 X 和 Y
23       for ( int i = 0; i < *pn;   i++)
24       {
25         px = ( *p ).GetX( ) ;           //指针写法
26         p++ ;
27         py = arr[i].GetY( ) ;           //下标写法
28         cout << "x=" << *px << "," ;
29         cout << "y=" << *py << "\n";
30       }
31     system("pause");    return 0;
32   }
```

```
N=3
x=10, y=20
x=30, y=40
x=50, y=60
请按任意键继续. . .
```

图 10.13　例 10-13 的输出结果

思考与练习：

(1) 第 27 行：将 arr[i] 改为 p[i] 正确吗？

(2) 修改：将第 9 行的 static int N 改为私有成员。

(3) 修改：将第 18 行的数组定义改为 POINT *arr[3]。

10.6.2　指向成员函数的指针

成员函数也是函数，指向成员函数的指针同样遵循函数指针的语法规则。

例 10-14　编程实验：指向成员函数的指针。

程序代码及程序输出结果(图 10.14)如下：

```
1    #include <iostream>
2    using namespace std;
3    class    Point
```

```
4   {
5       int   X;
6       int   Y;
7   public:
8       void   set ( int x, int y ) { X = x; Y = y; }
9       void   show ( )
10      {   cout << "X=" << X << ",Y=" << Y << endl; }
11  };
12  int   main( )
13  {
14      void ( Point::*SET ) (int, int);        //定义指向成员函数的指针变量 SET
15      SET = &Point::set ;                     //指向成员函数 set
16     //定义成员函数指针 SHOW
17      void ( Point::*SHOW ) ( ) = &Point::show ;
18      Point   obj ;
19      obj.set(10, 20);            //对象调用成员 set
20      ( obj.*SHOW )( );           //函数指针调用成员 show
21      ( obj.*SET)(30, 40);        //函数指针调用成员 set
22      ( obj.*SHOW )( );
23      system("pause");      return 0;
24  }
```

```
X=10, Y=20
X=30, Y=40
请按任意键继续. . .
```

图 10.14　例 10-14 的输出结果

第 14 行：SET 前面有“*”，否则为函数名而非指针变量名。由于它指向 Point 的成员函数，因此前面加“Point::”类域限定，第 17 行同理。

第 15 行：让 SET 指向成员函数 set，注意“&”的位置。

第 17 行：定义 Point 类成员函数的指针变量 SHOW，初始化指向 show 成员函数。

第 20～22 行：用函数指针调用成员函数，注意指针前面有“*”。若省略“*”，编译器会认为这是成员函数名，则有语法错：不是 Point 的成员。

思考与练习：

(1) 第 15 行：改为 SET = &Point :: show 正确吗？

(2) 修改：将第 18 行改为 Point * obj。

10.7　对象赋值与复制

10.7.1　对象赋值的概念

同类变量可以相互赋值，同类对象也可以相互赋值。以 Point 类为例：

```
class   Point           //定义类
{
```

```
        int   x;    int   y;
    public:
        Point( int x=0, int y=0) : x(x), y(y) { }
        set( int x, int y)   { this->x = x;   this->y = y; }
    };
```

创建 2 个 Point 对象：Point　P1(10, 20),　P2 ;

P2 = P1;　　//同类对象赋值，P2 与 P1 完全相同(克隆、拷贝、复制)

也可以这样：

Point　P1(10, 20), **P2 = P1** ; //创建 P2 时用 P1 初始化

问题：对象可有多个成员变量和成员函数，对象赋值如何进行呢？

- 同类对象赋值：**数据成员**一一对应赋值。
- 赋值条件：同类对象(类型兼容除外，见 12.3 节)。

与前面同类结构体变量的赋值一样，本例 P2 = P1 相当于 P2.x = P1.x，P2.y = P1.y。

同类对象的属性(数据成员)完全相同(类型、个数及顺序)，不同类对象的属性不同，当然不能相互赋值。好比“猪”与“人”不是同类对象，不能把猪的属性赋值给人。

那么，成员函数也一一赋值吗？同类对象**共享**成员函数代码，不存在赋值问题。

10.7.2　对象赋值出错

同类对象赋值也会出错吗？不仅会，而且这类错误隐藏很深、很难发现、后果很严重，是初学者经常犯的错误。分析例 10-15，理解这类错误的原因与后果。

例 10-15　编程实验：同类对象赋值可能产生严重错误——内存泄漏。

程序代码及程序输出结果(图 10.15)如下：

```
1   #include <iostream>
2   using namespace std;
3   class   test
4   {
5       int   x;
6       int * p;                    //注意：指针型成员
7       char   name[10];            //对象名，用于查看是哪个对象
8   public:
9       test( const char *str,   int k ): x( k )   //构造函数
10      {
11          strcpy_s( name, str );   //字符串拷贝库函数
12          p = new   int (x);       //注意 p 的指向
13      }
14      ~test( )               //析构函数
15      {
```

```
16          cout << "释放" << name << endl;
17          delete   p ;
18        }
19        void   SetVal( int a, int b, const char *str )
20        {
21          strcpy_s ( name, str );
22          x = a;    *p = b;
23        }
24        void   Show( )
25        {
26          cout << name << "：x = " << x ;
27          cout<< ", p = "<< p << ", *p = " << *p << endl;
28        }
29   };
30   int   main( )              //运行有“异常”错误
31   {
32       test   A1( "A1",100 ), A2( "A2", 888 );
33       A1.Show( );    A2.Show( );
34       A2 = A1;                //同类对象赋值
35       A1.Show( );    A2.Show( );
36       A1.SetVal ( 111, 111, "A1" );
37       A2.SetVal ( 222, 222, "A2" );
38       A1.Show( );    A2.Show( );
39       return 0;               //◀设断点，按 F5 调试运行
40   }
```

```
F:\hxn\2018...
A1: x=100 p=00F20568,*p=100
A2: x=888 p=00F20598,*p=888
A1: x=100 p=00F20568,*p=100
A1: x=100 p=00F20568,*p=100
A1: x=111 p=00F20568,*p=222
A2: x=222 p=00F20568,*p=222
释放A2
释放A1
```

图 10.15　例 10-15 的输出结果

第 33 行：输出 2 个对象的属性，见结果图 10.15 的前两行，注意 p 地址不同。

第 34 行：同类对象 A1 赋值给 A2。

第 35 行：输出赋值后 2 个对象的属性，见结果图 10.15 的第 3、4 行。可见，A2 输出的 name、x、**p 地址都与 A1 相同**。

第 36～38 行：重新设置 A1 和 A2 属性，见结果图 10.15 的第 5、6 行。可见，A2 输出的 x 和 name 不同，**p 地址与 A1 相同**。

想一想：为什么 A2 和 A1 的成员指针 p 指向相同地址？可能产生什么后果？

同类对象赋值是数据成员一一对应赋值。成员 x 和 name 赋值没问题，name 数组元素一一对应赋值。**关键是指针赋值**：A1 的 p 地址赋给 A2 的 p，**A2 的 p 指向 A1 的 p 地址**。A2 的 p 原指向的一块 new 内存(第 12 行)丢失了(没有指针指向)，于是产生了**内存泄漏**：这块内存既无法使用，也无法释放。

第 39 行：运行到断点处暂停后，再按 F10 继续运行，会触发保护异常错误。**这是因为**执行 return 时 main 的局部对象 A1 和 A2 将被删除，分别调用析构函数，释放 new 分配

的内存(第 17 行：delete p)。由于 **A1、A2 的 p 指向同一地址**，因此导致 p 指向的内存块被释放两次(两次析构)。第一次正常释放，该内存块已还给了系统；第二次再释放就触发了系统的保护异常错误。

➢ **重要结论：**类中有指针型数据成员时，对象赋值可能导致错误。

但对象赋值又是常用操作，该如何避免这类错误呢？这涉及拷贝构造函数。

10.7.3　拷贝构造函数

拷贝构造函数(Copy Constructor)也称复制构造函数，它也是一种特殊的构造函数，遵循构造函数的语法规则，其特殊性体现在：

(1) **函数功能：**复制一个同类对象的方式来完成当前对象的初始化。

(2) **何时调用：**对象初始化时(注意“初始化”的含义)调用。

(3) **谁调用它：**系统调用(不能写调用它的代码)。

用同类对象初始化对象时，系统调用拷贝构造函数来完成。

对象初始化发生在定义对象，即在内存中创建对象时，此时将调用拷贝构造函数。

定义对象指针或引用变量，这是创建指针或引用变量本身，不创建对象实体，不是对象的初始化，也就不会调用拷贝构造函数。对象初始化(调用拷贝构造函数)包括以下几种：

(1) 创建对象时，用现有的同类对象来初始化。

(2) 创建对象时，用函数返回的对象来初始化。

(3) 函数调用时，创建形参对象并用实参对象初始化。

若不编写拷贝构造函数，则系统生成一个拷贝构造函数，执行对象的**浅拷贝**(按位拷贝)，本书在此之前介绍的都属于浅拷贝。

➢ 若类中有**指针型**数据成员，则应编写拷贝构造函数。否则，可能导致错误。

拷贝构造函数的形式如下：

拷贝构造函数名(const 本类型　&　对象名)

拷贝构造函数名与类名相同，即与构造函数同名，因此只能通过形参来区分拷贝构造函数与构造函数。

➢ 拷贝构造函数的形参：本类对象的引用，区别于构造函数。

这里的“本类”包括后面与它“类型兼容”的公有派生类(第 12 章学习)。

形参为什么是本类对象的引用呢？拷贝构造函数的任务是复制一个本类对象，用以初始化新创建的同类对象。被复制的对象必然已创建，只需要引用该对象即可。注意，**const** 用于限制拷贝构造函数，使其不能修改被引用的对象(只能复制)。

例 10-16　编程实验：对象初始化与拷贝构造函数。

程序代码及程序输出结果(图 10.16)如下：

```
1   #include <iostream>
2   using namespace std;
3   class   test
4   {
5       int * p;          //指针变量
6   public:
7       test( int k )   //构造函数
8       {
9           p = new   int( k ) ;
10          cout << "调构造函数\n";
11      }
12      test( const test& obj )            //拷贝构造函数(形参区分)，10.9 节介绍 const 对象
13      {
14          p = new   int ( *obj.p );      //使成员变量的数据相同(复制)
15          cout << "调拷贝构造\n";
16      }
17      void     SetVal( int n )    { *p = n; }
18      void     Show( )    { cout << p << " " << *p << endl; }
19      ~test( )
20      {
21          cout << "调析构函数\n" ;
22          delete p;
23      }
24  };
25  int   main( )//运行有“异常”错误
26  {
27      test   Obj1( 10 );            //初始化：调构造函数
28      test   Obj2 = Obj1;           //初始化：调拷贝构造函数
29      Obj1.Show( ) ;                //p 地址：00E35820
30      Obj2.Show( );                 //p 地址：00E35850
31      Obj2.SetVal(20);
32      Obj2.Show( );
33      Obj2 = Obj1;                  //非初始化：不调拷贝构造函数
34      Obj2.Show( );                 //p 地址：00E35820
35      return 0;
36  }     //◀设断点，按 F5 调试运行
```

```
F:\hxn...
调构造函数
调拷贝构造
00E35820  10
00E35850  10
00E35850  20
00E35820  10
调析构函数
调析构函数
```

图 10.16　例 10-16 的输出结果

第 28 行：调用拷贝构造函数执行“**深拷贝**”，“=”也可改为圆括号或花括号。

第 29、30 行：由结果可见，两个对象的 p 指针没有指向同一地址，而指向各自的地址，体现了拷贝构造函数的作用。

第 33 行：对象赋值不是初始化，执行浅拷贝。Obj2 的 p 指向 Obj1 的 p，同样会产生上例的异常错误。要解决这个问题，需要用赋值运算符重载才能实现(第 11 章学习)。

例 10-17　编程实验：对象作为形参和返回值时，将调用拷贝构造函数。

程序代码及程序输出结果(图 10.17)如下：

```
1   #include <iostream>
2   #include <string>
3   using namespace std;
4   class   Point
5   {
6       string   name;          //对象名
7       int   x;    int   y;
8   public:
9       Point( string str="**", int x=0, int y=0) : x(x), y(y), name(str)
10      {
11          cout << "构造" << name << endl;
12      }
13      Point( const Point& obj ): x(obj.x), y(obj.y), name(obj.name)      //拷贝构造函数
14      {  //也是构造函数，支持初始化列表
15          cout << "拷贝构造" << name <<   endl;
16      }
17      int   Getx( ) { return x; }
18      int   Gety( ) { return y; }
19      void   Setx(int x) { this->x = x; }
20      void   Sety(int y) { this->y = y; }
21  };
22  Point   ObjAdd( Point a, Point b )          //类外函数(非成员函数)
23  {                                           //形参对象 a、b
24      Point   c( "C" );                       //创建并初始化 c 对象
25      c.Setx( a.Getx( ) + b.Getx( ) );        //注意访问权限
26      c.Sety( a.Gety( ) + b.Gety( ) );
27      return   c ;                            //返回对象
28  }
29  int   main( )
30  {
31      Point   P1("P1", 10, 20),   P2 ("P2", 30, 40);
32      Point   P = ObjAdd ( P1, P2 );          //初始化 P
```

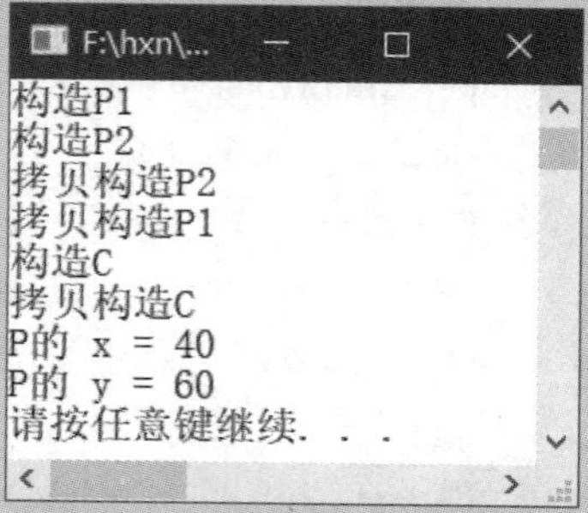

```
F:\hxn\...
构造P1
构造P2
拷贝构造P2
拷贝构造P1
构造C
拷贝构造C
P的 x = 40
P的 y = 60
请按任意键继续. . .
```

图 10.17　例 10-17 的输出结果

```
33      cout << "P 的  x = " << P.Getx( ) << endl;
34      cout << "P 的  y = " << P.Gety( ) << endl;
35      system("pause");   return 0;
36  }
```

第 32 行：

(1) 调用 ObjAdd 函数时创建形参对象 a 和 b，用实参对象 P1 和 P2 分别初始化 a 和 b，故调用拷贝构造函数 2 次(见图 10.17 的第 3、4 行)。

(2) 进入 ObjAdd 函数。第 24 行创建对象 c，调用构造函数 1 次(见图 10.17 的第 5 行)。

第 27、32 行：用返回对象 c 初始化对象 P，调用 1 次拷贝构造函数(见图 10.17 的第 6 行)。

思考与练习：

(1) 第 22 行改为：Point ObjAdd(**Point&** a, **Point&** b)；解释输出结果并说明特点。

(2) 第 22 行改为：Point ObjAdd(**Point*** a, **Point*** b)；解释输出结果并说特点。

例 10-18　编程实验：观察赋值对象的地址，理解函数的返回对象。

程序代码及程序输出结果(图 10.18)如下：

```
1   #include <iostream>
2   using namespace std;
3   class   test
4   {
5   public:
6       test( )     { cout << "构造  " << this << endl; }     //this 指针
7       ~test( )    { cout << "析构  " << this << endl; }
8       test(const test& obj )
9       { cout << " 用  " << &obj << "  拷贝构造  " << this << endl; }
10  };
11  test   func( test b) { return b; } //类外函数
12  int   main( )
13  {
14      test   x ;
15      //func(x);
16      test   y = func(x);
17      cout << "   &y " << &y << endl;
18      return 0;
19  }  //◀此行设断点，按 F5 调试运行
```

```
F:\hxn\2018 编写...
构造 0034FEC7
  用 0034FEC7 拷贝构造 0034FDD0
  用 0034FDD0 拷贝构造 0034FEBB
析构 0034FDD0
  &y 0034FEBB
析构 0034FEBB
析构 0034FEC7
```

图 10.18　例 10-18 的输出结果

第 14 行：创建对象 x(地址后 3 位 EC7)，结果见图 10.18 的第 1 行。

第 16 行：调用函数 func，用实参对象 x(EC7)初始化形参对象 b(DD0)，调用拷贝构造函数，结果见图 10.18 的第 2 行。函数返回 b(DD0)对象时，调用拷贝构造函数用 b(DD0)

初始化对象 y(EBB)，结果见图 10.18 的第 3 行。func 执行完毕退出，析构形参对象 b(DD0)，结果见图 10.18 的第 4 行。第 18 行 main 返回时，析构局部对象 x(EC7)和 y(EBB)。

思考与练习：

注释第 16、17 行，不注释第 15 行，输出会有什么变化？

例 10-19　编程实验：拷贝构造的应用——对象计数器。

程序代码如下：

```
1   #include <iostream>
2   #include <string>
3   using namespace std;
4   class  test
5   {
6   public:
7     static  int  count ;                          //对象计数器
8     test( ) { count ++ ; }
9     test(const test& obj ) { count ++ ; }         //拷贝构造函数
10  };
11  int  test::count = 0;
12  int  main( )
13  {
14     test  t1,  t2( t1 ),  t3 = t1;               //定义 3 个对象
15     cout << test::count << endl;                 //输出：3 (正确)
16     system("pause");   return 0;
17  }
```

思考与练习：

注释第 9 行，解释输出结果。

10.8　组　合　类

10.8.1　组合类的概念与定义

类组合就是把不同的类组合在一起，形成一个组合类。显然，这是一个很重要的手段。以第 1 章图 1.1 计算机系统为例，可以把计算机系统设计为一个大类，它是软件类和硬件类的组合类；硬件类又是主机类和外设类的组合类，主机类又是 CPU 类和 RAM 类的组合类，以此类推。这种将复杂问题不断分解为更小、更简单问题的方法就是**分治法，**即“分而治之”，类组合就是这种策略的具体实现之一。

类组合可以把不相关的类组合在一起，注意区别于“类继承”(第 12 章学习)。

➢ 定义组合类：类中声明有其他类的**对象**，也包括本类或其他类对象的**指针和引用**。

例如：

```
class   date
{
    int   year, month, day ;   //声明成员变量
    …
};
class   student              //组合类
{
    long   ID;
    char   name[20] ;
    date   birthday ;         //声明内嵌对象
    …
} ;
```

类可以嵌套定义，如：

```
class   student              //组合类
{
    long   ID;
    char   name[20];
    class   date             //date 类仅限于在 student 类中使用
    {                        //类名 date 也可省略(成为无名类)
        int   year, month, day;
        …
    } birthday;              //声明内嵌对象
        …
} ;
```

10.8.2　类的提前声明

有的情况下，类声明要提前告诉编译器。否则，编译器不知道其类型，如：

```
class   A
{
    public:
        void func( B &b ) ;
};
```

此时，编译时(从上至下)不知道 B 是什么类型，语法错。

```
class      B;    //编译 A 之前，告诉编译器 B 是一个类
classA
```

```
{
public:
   void func( B &b ) { }   //不创建B对象，无须知道B的内部结构(有哪些成员)
};
class  B      //组合类
{
   A  a;      //声明内嵌对象a，A定义在前(创建a对象时需要知道A的内部结构)
public:
};
```

以上定义A和B正确，之后可以正确创建A类和B类对象。

例10-20　编程实验：类的提前声明，类设计应注意避免出现矛盾。

程序代码如下：

```
1   #include <iostream>
2   using namespace std;
3   class  B;          //提前声明
4   class  A           //组合类
5   {
6      B *b1;          //声明B对象指针
7      B &b2;          //声明B对象引用
8    //B  b3 ;         //声明B对象，ERROR(创建对象时需要知道内部结构)
9   public:
10     A( B *b1, B& b2 ) : b1(b1),b2(b2) { }                    //构造函数
11   //A( B *b1, B& b2, B b3) : b1(b1),b2(b2), b3(b3) { }       //ERROR
12    //void  FA ( ) { b1->FB();  b2.FB(); }                    //ERROR
13  };
14  class  B           //组合类
15  {
16     A *a1;
17   //A &a2 ;         //ERROR
18   //A  a3 ;         //ERROR
19  public:
20     void  FB( ) { }
21  };
22  int  main( )
23  {
24     B  b;           //B对象须先创建
25     A  a( &b, b) ;
26  }
```

本程序没有错误，但设计得不好，A 和 B 相关性太强。

第 6、7 行：声明 B 类对象的指针和引用，不需要知道 B 类的内部结构。

第 8 行：声明 b3 对象，需要知道 B 的内部结构，而此时 B 类还没定义，故错误。

第 10 行：构造函数对 b1 和 b2 进行初始化。

第 12 行：此时，编译器并不知道 B 类有哪些成员(内部结构)。

第 17、18 行：A 和 B 相互包含，先创建对象 a 或 b 都不行，都会产生互为前提的矛盾。

10.8.3　组合类对象的构造与析构

组合类中可以声明多个嵌入对象，创建组合类对象的顺序为**“先内后外”**，具体顺序为：首先创建全部内嵌对象，并按类中的**声明顺序**创建；然后创建组合类对象。

如果组合类有缺省构造函数，则嵌入类也必须有缺省构造函数。因为创建组合类对象时不传实参(缺省构造)，则嵌入类的参数无法传入，故嵌入类也必须提供缺省构造函数。

例 10-21　编程实验：组合类对象的构造与析构顺序。

程序代码及程序输出结果(图 10.19)如下：

```
1   #include <iostream>
2   #include <string>
3   #define  OUT(x, y)   cout << "(" << (x) << "," << (y) << ")"      //宏函数
4   using namespace std;
5   class  Point
6   {
7       string  name;        //存放对象名，用于观察输出的是哪个对象
8       int  x,  y;
9   public:
10      Point ( string str="", int x=0, int y=0 ) : name(str), x(x), y(y)
11      {  cout << name << "点构造" << endl;  }
12      Point ( Point& obj ) : name(obj.name), x(obj.x), y(obj.y)  //拷贝构造函数
13      {  cout << name << "点拷贝构造" << endl;  }
14      ~Point( ) { cout << name << "点析构" << endl; }
15      void  ShowPoint( ) { OUT(x, y); }
16  };
17  class  Line              //组合类
18  {
19      Point  p2;           //内嵌对象 2 个
20      Point  p1;           //交换这两行，观察结果
21  public:
22      Line ( Point& a, Point& b ) : p1(a), p2(b)
```

```
23      { cout << "线构造" ; }
24      ~Line( ) { cout << "线析构" << endl; }
25      void ShowLine(void)
26       { p1.ShowPoint();   p2.ShowPoint(); }
27  };
28  int   main( )
29  {
30      Point     P1("P1", 1, 2),   P2("P2", 3, 4);
31      Line      L( P1, P2);
32      L.ShowLine( );
33      cout << "\n===============\n" ;
34      return 0;
35  }  //◀此行设断点，按 F5 调试运行
```

```
P1点构造
P2点构造
P2点拷贝构造
P1点拷贝构造
线构造(1,2)(3,4)
===============
线析构
P1点析构
P2点析构
P2点析构
P1点析构
```

图 10.19　例 10-21 的输出结果

难点在第 31 行，需要理解其执行过程：

(1) 创建组合类对象 L，故调用 Line 类构造函数(第 22 行)。

(2) Line 构造函数的形参 a 和 b 为引用对象，故不再创建它们。

(3) 用 a 和 b **初始化** Line 内嵌对象 p1 和 p2(按声明顺序)，调用 Point 类拷贝构造函数，结果见图 10.19 的第 3、4 行；然后，执行 cout << "线构造" 后返回。

(4) main 返回时(第 34 行)析构 P1、P2、L 三个对象，注意析构与构造顺序相反。

思考与练习：

(1) 交换第 19、20 行的顺序，结果有什么不同？

(2) 交换第 22 行初始化列表的顺序，改为 p2(b), p1(a)，对结果有无影响？

(3) 注释第 12、13 行，不定义拷贝构造函数，结果会如何？

(4) 修改：注释第 30 行，不创建 P1 和 P2 对象。会提示 Line 类添加相应构造函数。

10.9　const 成员与对象

前面已学习了用 const 声明变量、指针、函数形参等，本节学习用 const 声明成员变量和成员函数、对象及对象指针。

10.9.1　const 成员变量

用 const 把成员变量声明为常量，称为**常成员变量**，例如：

```
class   Point
{
        const   int   Ox, Oy ;     //常成员变量，需用构造函数初始化
        int   x, y ;
```

```
public:
    Point ( int a, int b, int c, int d) : Ox(a), Oy(b), x(c), y(d)  //初始化正确
    {  }
    //Point ( int a, int b, int c, int d ): x(c), y(d)              //初始化列表
    //{ Ox = a;   Oy = b; }                                        //ERROR：不是初始化
};
```

初始化后不能再改变常成员变量的值，符合 const 的语法规则。

10.9.2　const 成员函数

用 const 把成员函数声明为**常成员函数，不能修改成员变量的值**，例如：

```
class   Point
{
    int   X, Y;
public:
    void   SetX( int x ) const              //常成员函数，注意 const 的位置
    {
        X = x ;                             //ERROR：不能改变成员变量的值
    }
    void   SetY( int y ) { Y = y; }         //正确：不是常成员函数
};
```

只有成员函数才能用 const，类外函数不能用。常成员函数可避免因人为疏忽而造成的对成员变量的错误修改(保护成员变量)，它是避免人为错误的好手段。

特殊场合可用 **mutable**(可变的)声明成员变量，使得常成员函数也可以修改其值。尝试在成员变量 X 声明前加上 mutable，观察是否还报错。

10.9.3　const 对象与形参

用 const 声明的对象称为**常对象，常对象的所有成员变量都是常量**，需用构造函数来初始化其成员变量。

例 10-22　编程实验：常对象的概念与使用。

程序代码如下：

```
1   #include <iostream>
2   using namespace std;
3   class   Point
4   {
5       int   X, Y;
6   public:
7       Point ( int x=0, int y=0 ) : X(x),Y(y) { }
8       Point ( const Point& obj ) : X( obj.X ),Y( obj.Y ) { }          //声明常对象的引用
```

```
9       int   GetX( ) const    { return X ; }                        //常成员函数
10      int   GetY( ) const    { return Y; }                         //常成员函数
11      void SetXY ( int x, int y ) { X = x; Y = y; }                //不能是常成员函数
12  };
13  int   main( )
14  {
15      const   Point   P1, P2(1,2) ;                                //定义 2 个常对象
16      //P2.SetXY(1, 2);                                            //ERROR：P1、P2 是常对象
17      cout << "P1: " << P1.GetX() << " " << P1.GetY() << endl;    //结果：0,0
18      cout << "P2: " << P2.GetX() << " " << P2.GetY() << endl;    //结果：1,2
19      system("PAUSE");     return 0;
20  }
```

第 15 行：定义两个常对象 P1 和 P2，其数据成员在初始化后不能修改。

第 16 行：常对象只能调用常成员函数。否则，就可以修改其数据成员。

思考与练习：

(1) 将第 9、10 行函数后的 const 去掉，程序正确吗？理解 const 的作用与好处。

(2) 常对象用于函数形参，预防在函数中修改其数据成员。第 8 行拷贝构造函数的形参须声明为常对象的引用。

10.9.4　const 对象指针

第 7.6 节学习过 const 指针，根据 const 位于指针定义符“*”前或后，有 3 种类型的 const 指针。对象指针也是指针，也遵循指针的语法规则。

例 10-23　编程实验：用 const 限制对象指针。

程序代码如下：

```
1   #include <iostream>
2   using namespace std;
3   class   Point
4   {
5       int   X, Y;
6   public:
7       Point(int x=0, int y=0) : X(x),Y(y) { }
8       int GetX( ) const    { return X ; }
9       int GetY( ) const    { return Y; }
10      void SetXY( int x, int y ) { X = x; Y = y; }   //修改成员值
11  };
12  void   func( const Point * pt )            //常量指针：防止指针 pt 修改成员数据
13  {
```

```
14      cout << pt->GetX( ) << "," << pt->GetY( );
15      // pt->SetXY(100, 100);                    //ERROR：pt 不能修改成员数据
16  }
17  int   main( )
18  {
19      Point P1, P2(10,10) ;
20      const   Point * p1;                        //常量指针 p1，可不初始化(指向可以变)
21      Point * const   p2 = &P1 ;                 //指针常量 p2，需要初始化(指向不能变)
22      const Point * const   p3 = &P1;
23      p1 = &P1;                                  //指向可变
24      p1 = &P2;                                  //指向可变
25     //p1->SetXY(10, 10);                        //ERROR：不能修改成员值
26     //p2 = &P2;                                 //ERROR：不能改变指向
27      p2->SetXY(10, 20);                         //可以修改成员值
28     //p3 = &P2;                                 //ERROR：不能改变指向
29     //p3->SetXY(10, 10);                        //ERROR：不能修改成员值
30      system("PAUSE");   return 0;
31  }
```

10.10　类 的 友 元

类好比一个家庭，家里的东西只有家庭成员才有权使用。当你朋友来家做客时，朋友也有权使用你家的东西。朋友就是类的友元(Friend)，分为友元函数和友元类。

10.10.1　友元函数

类允许把不属于它的函数声明为它的友元函数，**拥有与成员函数同样的权限**，有权访问该类的私有成员(变量和函数)。

友元包括友元函数和友元类，具有以下性质：

(1) 友元函数可以是类外函数或其他类的成员函数，且可以有多个友元函数。

(2) 友元不具有对称性。如果 A 是 B 的友元，则不能得出 B 是 A 的友元。

(3) 友元不具有传递性。如果 A 是 B 的友元、B 是 C 的友元，则不能得出 A 是 C 的友元。

(4) 友元只能在类定义中声明，即只能由类进行声明。

例如，友元 A 不能自己声明是类 B 的友元，而是由类 B 声明 A 是它的友元。

例 10-24　编程实验：自由函数作为类的友元函数。

程序代码如下：

```
1   #include <iostream>
2   using namespace std;
3   class  Point            //平面点类
4   {
5       int  x,  y ;        //私有成员
6   public:
7       Point ( int x = 0, int y = 0) :x(x), y(y ) { }
8       int  GetX( ) const  { return x; }
9       int  GetY( ) const  { return y; }
10      friend double Distance ( Point& a, Point& b );        //Point 类声明它的友元函数
11  };
12  /*friend*/ double Distance ( Point& a, Point& b )        //类外函数
13  {
14      double  dx = a.x - b.x ;                //外部访问：有权访问私有成员 x 和 y
15      double  dy = a.y - b.y ;
16      return    sqrt( dx*dx + dy*dy ) ;        //sqrt 是计算平方根的库函数
17  }
18  int  main( )
19  {
20      Point   p1(0, 0),  p2(3, 4);
21      cout << Distance( p1, p2 ) << endl;        //输出：5
22      system("PAUSE");    return 0;
23  }
```

第 10 行：类中用 friend 关键字声明它的友元。

第 12 行：须注释 friend，否则有语法错“friend 不允许位于类定义之外”。

如果注释第 10 行的友元函数声明，则应如何修改程序？答案如下。

修改 Distance 函数如下：

```
double Distance ( Point& a, Point& b )        //类外函数(非成员、非友元)
{
    double dx = a.GetX() - b.GetX();         //通过类的公共接口访问私有成员 x 和 y
    double dy = a.GetY() - b.GetY();
    return  sqrt( dx*dx + dy*dy ) ;
}
```

对比本例的两种方案(友元和非友元)，可知友元函数的优缺点。

优点：直接访问类的私有数据(不通过类的接口函数)，提高了时空效率。

缺点：破坏了类的封装和信息隐蔽，诸如友元函数可能会错误地处理数据。

建议：尽量少用，只有在能充分发挥其优点时才考虑使用。

例 10-25　编程实验：声明其他类的成员函数为友元函数。

程序代码及程序输出结果(图 10.20)如下：

```
1   //本例只为演示友元函数，不表示这是好方案
2   #include <iostream>
3   using namespace std;
4   class Date;                                          //提前声明日期类
5   class Time                                           //时间类
6   {
7       int H, M, S;                                     //Hour, Minute, Second
8   public:
9       Time ( int h, int m, int s ) : H(h), M(m), S(s) { }   //函数实现
10      void   display ( Date& );                        //函数声明
11  };
12  class Date                                           //日期类
13  {
14      int Y, M, D;                                     //Year, Month, Day
15  public:
16      Date(int y, int m, int d) : Y(y), M(m), D(d) { }
17      friend   void Time::display ( Date & );          //Date 类声明其友元函数
18  };
19  void Time::display( Date& d )                        //放在 Date 定义之前会如何
20  {   //访问 Date 私有成员
21      cout << d.Y << "-" << d.M << "-" << d.D << "    ";
22      cout << H << ":" << M << ":" << S << endl;
23  }
24  int   main ( )
25  {
26      Date   date(2019, 10, 25);
27      Time   time(15, 10, 30);
28      time.display ( date );
29      system("PAUSE");     return 0;
30  }
```

```
2019-10-25   15:10:30
请按任意键继续. . .
```

图 10.20　例 10-25 的输出结果

Time 类成员函数 display 是 Date 类的友元函数(第 17 行)，有权访问 Date 类的私有成员 Y、M 和 D (第 21 行)。

思考与练习：

(1) 第 19～23 行：可否把它们提前到 Date 类定义(第 12 行)之前？理由是什么？

(2) 第 10 行：可否把 display 函数声明改为类内实现(取代 19～23 行代码)？

10.10.2　友元类

理解了友元函数，友元类就好理解了，友元类就是把其他类声明为本类的友元。

➢　友元类的所有成员函数都是该类的友元函数。

就像你把朋友的全家都声明为你的友元，那么他家全体成员都有权来你家做客。

第 12 章学习类继承，友元关系是不被继承的。这很好理解，就像你父母的朋友不必然是你的朋友一样。

例 10-26　编程实验：友元类的声明与使用。

程序代码如下：

```
1    #include <iostream>
2    using namespace std;
3    class A
4    {
5        int   x ;
6        void   Display(void) { cout << x << endl; }                 //私有
7        friend class B;                                            //类 A 声明它的友元类 B
8    public:
9        A( int x=0 ): x(x) { }
10   };
11   class B
12   {
13       //A    a;    //内嵌对象
14   public:
15       void   Set( A& obj, const int i ){ obj.x = i; }            //有权访问 A 类私有成员
16       void   Display( A* const obj )  { obj->Display( ); }       //有权访问 A 类私有成员
17   };
18   int   main( )
19   {
20       A   a ;
21       B   b ;
22       b.Set( a, 100 );
23       b.Display(&a);                                             //输出结果是什么
24       system("PAUSE");     return 0;
25   }
```

思考与练习：

(1) 输出结果是什么？第 15、16 行中的 const 的作用是什么？

(2) 修改：注释第 7 行，不声明友元类，给出两种正确的实现方案。

(3) 注释第 9 行，程序有错吗？

(4) 注释第 9 行且去掉第 15 行“&”，程序有错吗？

(5) 修改：不注释第 13 行、注释第 20 行。

第 11 章　运算符重载

11.1　重载运算符的概念

C++ 支持运算符重载，C 语言不支持运算符重载。

11.1.1　重载运算符的原因

运算符重载也称操作符重载，它是**对系统提供的运算符进行重新定义，使其在保持原有功能不变的基础上，增加新功能**。如加法运算符“+”能够执行两个整型、浮点型、字符型数据的加法运算，但不能对结构体、类等自定义类型的数据进行运算。当然，通过分别编写函数也可以实现同样的功能，但运算符使用更简便、可读性更好，因此更希望通过运算符重载来完成。

11.1.2　重载运算符的限制

不允许重载的运算符有 5 个，见表 11-1，其他的运算符都可以重载。

表 11-1　不能重载的运算符(操作符)

成员运算符	成员指针运算符	域运算符	条件运算符	内存运算符
.	**.***	**::**	**?:**	**sizeof**

注意：只能重载系统定义的运算符，不能重载或发明系统未定义的运算符。为防止修改运算符的原功能，有下面几个限制条件。

(1) 不能改变运算符的原功能。例如，重载“+”运算符不能把加法变为乘法。因此，要求至少有一个操作数是自定义类型(运算符原功能不支持，是对原功能的扩展)。

(2) 不能改变运算符的优先级与结合性。例如，重载“+”运算符不能改为“先加后乘”，也不能改变表达式的计算方向(从左向右)。

(3) 不能改变运算符的操作数个数。例如，“+”需要 2 个操作数，重载后不能改为只需 1 个操作数。

(4) 重载运算符的功能应与原功能相近。例如，“+”重载后不要改为两个操作数相减，虽然没有语法错误，但违背了“+”的原义，使得可读性很差，让人费解、容易出错。

11.2　用运算符函数实现重载

运算符重载是通过编写函数实现的，称为运算符函数，其定义形式如下：

返回类型 operator 运算符(形参表)

函数名

重载运算符与关键字 operator 一起看作函数名(下画线部分)。运算符函数有 3 种重载方式：重载为友元函数、重载为成员函数和重载为自由函数。下面，以重载运算符“+”实现 Point 对象的加法为例，来学习这 3 种重载方式。

11.2.1　重载为友元函数

例 11-1　编程实验：重载“+”为友元函数，实现 Point 对象的加法。

程序代码及程序输出结果(图 11.1)如下：

```
1   #include <iostream>
2   #include <string>
3   using namespace std;
4   class   Point
5   {
6       string   name ;        //对象名
7       int   x,   y ;
8   public:
9       Point (string name, int x=0, int y=0): name(name), x(x),y(y) { }
10      string Getname( ) { return name; }
11      int Getx( ) { return x; }
12      int Gety( ) { return y; }
13      void Setx(int x) { this->x = x; }
14      void Sety(int y) { this->y = y; }
15      void Setname(string name) { this->name = name; }
16      friend Point operator +( Point& p1, Point& p2 );   //重载为友元函数
17  };
18  Point   operator + ( Point& p1, Point& p2 )            //返回 Point&或 Point*会如何
19  {     //将 name 作为第 3 个形参会如何
20      Point   p( "" );           //对象名不相加
21      p.x = p1.x + p2.x ;        //x 相加
22      p.y = p1.y + p2.y ;        //y 相加
23      return   p ;
24  }
```

```
25  int  main( )
26  {
27      Point  A("A", 10, 20),  B("B", 30, 40);
28    //Point C ;  C = A + B ;  //ERROR
29      Point C = A + B;       //返回对象初始化 C
30      C.Setname("C");        //注释该行会如何
31      cout << C.Getname() << ":" << C.Getx() << "," << C.Gety() << endl;
32      system("PAUSE");   return 0;
33  }
```

```
F:\hxn\...
C:40, 60
请按任意键继续. . .
```

图 11.1　例 11-1 的输出结果

第 16 行："+"二元运算符需 2 个操作数，故有 2 个形参。

思考与练习：

(1) 为什么第 28 行错误、第 29 行正确？

(2) 第 16、18 行：两个形参为引用对象，有何好处？去掉"&"有错吗？

(3) 第 16、18 行：将两个形参改为对象指针，该如何修改程序？

(4) 第 16、18 行：将函数返回类型改为 Point&或 Point*会如何？

11.2.2　重载为成员函数

例 11-2　编程实验：重载"+"为成员函数，实现 Point 对象的加法。

程序代码如下：

```
1   #include <iostream>
2   #include <string>
3   using namespace std;
4   class  Point
5   {
6       string  name;
7       int  x, y ;
8   public:
9       Point (string name, int x=0, int y=0): name(name), x(x),y(y) { }
10      string Getname( ) { return name; }
11      int Getx( ) { return x; }
12      int Gety( ) { return y; }
13      void Setx( int x) { this->x = x; }
14      void Sety( int y) { this->y = y; }
15      void Setname(string name) { this->name = name; }
16      Point  operator +( Point& p2 );       //重载为成员函数
17  };
18  Point  Point::operator+( Point& p2 )      //只有一个形参
```

```
19  {
20          Point    p( "" );
21          p.x = this->x + p2.x ;                    //this 可省略
22          p.y = this->y + p2.y ;
23          return    p ;
24  }
25  int    main( )
26  {
27          Point    A("A", 10, 20), B("B", 30, 40);
28          Point    C = A + B;
29          C.Setname("C");
30          cout << C.Getname() << ":" << C.Getx() << "," << C.Gety() << endl;
31          system("PAUSE");    return 0;
32  }
```

第 16 行：只有一个形参 p2(加法的一个操作数)，另一个操作数呢？

第 21、22 行：this 指向谁？表示什么意思？

第 28 行：“A+”表示 A 对象调用“+”成员函数，**“A + B”**即 **A**.operator+ **(B)**，因此“+”成员函数的 this 指针指向调用对象 A，故“+”成员函数只需一个形参。双目运算符的这种重载方法相比重载为友元函数而言，少了一个操作数而不太好理解。

11.2.3　重载为自由函数

这里的自由函数指既非成员、又非友元的函数。这种重载方式对对象运算不太好。

例 11-3　编程实验：重载“+”为自由函数，实现 Point 对象的加法。

程序代码如下：

```
1   #include <iostream>
2   #include <string>
3   using namespace std;
4   class    Point
5   {
6           string    name;
7           int    x,    y ;
8   public:
9           Point (string name, int x=0, int y=0): name(name), x(x),y(y) { }
10          string Getname( ) { return name; }
11          int Getx( ) { return x; }
12          int Gety( ) { return y; }
13          void Setx( int x) { this->x = x; }
```

```
14        void Sety( int y) { this->y = y; }
15        void Setname(string name) { this->name = name; }
16  };
17  Point   operator+( Point p1, Point p2 )     //重载为自由函数(非成员、非友元)
18  {
19        Point   p("");
20        p.Setx( p1.Getx( ) + p2.Getx( ) );    //外部访问成员，效率较差
21        p.Sety( p1.Gety( ) + p2.Gety( ) );
22        return   p ;
23  }
24  int   main( )
25  {
26        Point   A("A", 10, 20), B("B", 30, 40);
27        Point   C = A + B;
28        C.Setname("C");
29        cout << C.Getname() << ":" << C.Getx() << "," << C.Gety() << endl;
30        system("PAUSE");   return 0;
31  }
```

11.2.4 重载方式的选择

为了增加代码的可读性，使其更容易理解，通常(建议)的做法是：

> 二元(双目)运算符重载为友元函数，一元(单目)运算符重载为成员函数。

很少重载为自由函数，因为它没有访问私有成员的权限，通过公用接口访问既不方便、效率又低，不建议采用。

系统规定：有些运算符必须重载为友元函数，有些必须重载为成员函数。其中，赋值“=”、下标“[ ]”、函数“( )”、访问成员“->”运算符必须重载为成员函数，流运算符“<<”“>>”必须重载为友元函数。

11.3 重载“=”实现对象的深拷贝

例 11-4 编程实验：重载“=”实现对象的深拷贝。

程序代码及程序输出结果(图 11.2)如下：

```
1   #include <iostream>
2   using namespace std;
```

```
3   class   test
4   {
5          int   *p;                                  //指向 new 内存区
6          int     n;                                 //new 内存区存放的元素个数
7   public:
8          test( int n ): n(n) { p = new int [n ]; }
9          test( const test& obj ): n(obj.n)          //编写拷贝构造函数
10         {
11             p = new int [n];
12             for (int i = 0; i < n; i++)
13                  p[i] = obj.p[i];
14             cout << "拷贝构造" << endl;
15         }
16         void   operator = ( test& obj )            //重载赋值运算符
17         {
18             //n = obj.n;                            //为什么要注释
19             //p = new int[n];                       //为什么要注释
20             for ( int i = 0; i < n; i++ )
21                  p[i] = obj.p[i];
22             cout << "重载=\n";
23         }
24         void   SetVal( int k )
25         {
26             for( int i=0; i<n; i++)
27                 p[i] = k+i ;
28             cout << "设置值" << endl;
29         }
30         void   Show(const string name)
31         {
32             cout << name;
33             for( int i=0;   i<n;   i++ )
34                 cout << &p[i] << " " << p[i] <<" " ;
35             cout << endl;
36         }
37         ~test( )
38         {
39             cout << "析构:" << p << endl;
```

```
40            delete []p;
41        }
42  };
43  int   main( )
44  {
45        test   A1(2);
46        A1.SetVal(10);
47        A1.Show("A1:");
48        //================================
49        test   A2 = A1;          //初始化：调拷贝构造
50        A2.Show("A2:");
51        A2.SetVal(20);           //设置值
52        A2.Show("A2:");
53        //================================
54        A2 = A1;                 //非初始化：调重载 =
55        A2.Show("A2:");
56        system("pause");
57        return 0;
58  }  //◄设断点，按 F5 调试运行
```

```
F:\hxn\201...
设置值
A1:0013E5C0 10 0013E5C4 11
拷贝构造
A2:0013E588 10 0013E58C 11
设置值
A2:0013E588 20 0013E58C 21
重载=
A2:0013E588 10 0013E58C 11
请按任意键继续. . .
析构:0013E588
析构:0013E5C0
```

图 11.2　例 11-4 的输出结果

第 49 行：用对象 A1 初始化 A2，调用拷贝构造函数，而不调用“=”重载。由于 test 类有指针变量 p，因此为避免对象的浅拷贝错误，实现深拷贝，故编写拷贝构造函数。

第 54 行：对象赋值而非初始化，如果不重载“=”，则执行浅拷贝(错误)。

思考与练习：

(1) 注释第 16～23 行，不重载“=”，程序会有什么错误？

(2) 注释第 9～15 行，不编写拷贝构造函数，程序会有什么错误？

(3) 为什么 operator = 函数与拷贝构造函数的代码不尽相同？

(4) 为什么拷贝构造函数与构造函数的代码不尽相同？

(5) 结果图 11.2 的最后两行析构地址不同，说明什么？若相同，则又说明什么？

(6) 第 16 行：operator = 函数为什么返回 void，而不是返回对象？

(7) 第 18～19 行：为什么注释这两行？不注释会如何？

11.4　重载自增自减运算符

自增运算符“++”和自减运算符“--”有前置和后置两种情况，下面以“++”为例说明其前置与后置的重载方法，“--”运算符的重载方法与“++”运算符相同。

例 11-5　编程实验：重载前置与后置“++”。

程序代码及程序输出结果(图 11.3)如下：

```
1   #include <iostream>
2   using namespace std;
3   class   MyClass
4   {
5        int   x,   y;
6   public:
7        MyClass( int n = 0 ) : x(n), y(n) { }
8        void   show( )
9        {   cout << "x = " << x << ", y = " << y << endl;   }
10       void   operator ++ ( )          //重载前置 ++
11       {   x = ++ y ;      }
12       void   operator ++( int )       //重载后置 ++，int 仅用于区分
13       {   x = y ++ ;      }
14  };
15  int   main( )
16  {
17       MyClass obj( 10 );
18       obj.show();
19       ++ obj ;          //调用前置 ++重载
20       obj.show();
21       obj ++ ;          //调用后置 ++重载
22       obj.show();
23       system("PAUSE");   return 0;
24  }
```

```
F:\hx...
x = 10, y = 10
x = 11, y = 11
x = 11, y = 12
请按任意键继续. . .
```

图 11.3　例 11-5 的输出结果

11.5　重载流运算符“>>”和“<<”

流运算符“<<”和“>>”不适用于自定义类型数据，通过重载可以实现。

重载“>>”运算符的函数原型如下：

istream&　**operator >>** (istream **&in**, 自定义类型 **&obj**) ;

说明：

(1) istream 是输入流(input stream)类，它是系统定义的用于输入数据的流类。

(2) **流对象不可复制**，返回类型和形参 in 必须是 **istream 对象的引用**。

(3) 形参 obj 接受从流对象 in 输入的数据，主要是结构体变量、对象的引用或指针。

(4) 形参 in 可以引用预定义的 cin 对象或其他流对象(第 13 章介绍)。

重载“<<”运算符的函数原型如下：

ostream&　**operator <<** (ostream **&out**, 自定义类型 **&obj**) ;

说明：

(1) ostream 是输出流(output stream)类，它是系统定义的用于输出数据的流类。

(2) **流对象不可复制**，故返回类型和形参 out 必须是 **ostream 对象的引用**。

(3) 形参 obj 的数据输出到流对象 out。obj 主要是结构体变量、对象的引用或指针。

(4) out 可以引用预定义的 cout 对象或其他流对象(第 13 章介绍)。

例 11-6　编程实验：重载流运算符，使其适用于对象。

程序代码及程序输出结果(图 11.4)如下：

```
1   #include <iostream>
2   using namespace std;
3   class  Complex                      //复数类
4   {
5     double  real;                     //实部
6     double  imag;                     //虚部
7   public:
8     friend  istream& operator >> ( istream &in, Complex &c )       //不能重载为成员
9     {                                 //c 数据来自于 in
10      cout << "输入实部：";
11      in >> c.real ;
12      cout << "输入虚部：";
13      in >> c.imag;
14      return  in;
15    }
16    friend  ostream& operator << ( ostream &out, Complex &c )      //不能重载为成员
17    {                                 //c 数据输出到 out
18      out << c.real;
19      if (c.imag >= 0)  out << "+";
20      out << c.imag << "i";
21      return  out;
22    }
23  };
24  int  main( )
25  {
26    Complex  c ;
27    cin >> c ;                                  // in 引用 cin
28    cout << "所输复数：" << c << endl;           // out 引用 cout
```

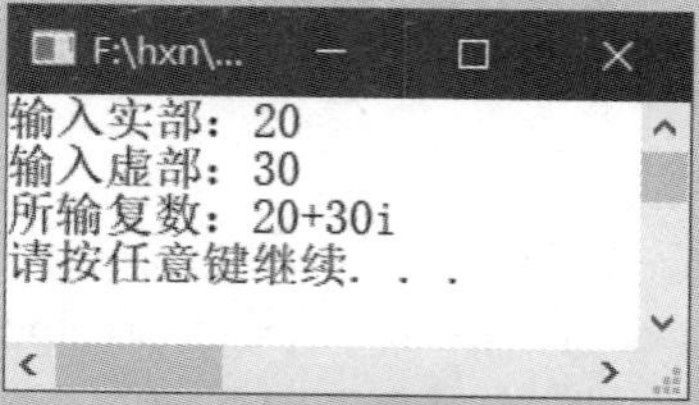

```
F:\hxn\...
输入实部：20
输入虚部：30
所输复数：20+30i
请按任意键继续. . .
```

图 11.4　例 11-6 的输出结果

```
29   system("pause");     return 0;
30 }
```

思考与练习：

(1) 修改：将第 8、16 行第二个形参 c 改为对象指针，其他地方相应修改。

(2) 第 8、16 行：第二个形参 c 是否可以是对象(非引用、非指针)？

例 11-7　编程实验：重载流运算符，用于结构体的输入/输出。

程序代码及程序输出结果(图 11.5)如下：

```
1   #include <iostream>
2   using namespace std;
3   struct   MyStruct
4   {
5       char   name[10];
6       double   data;
7   };
8   istream& operator >> ( istream &in , MyStruct *s )                //指针形参
9   {
10      cout << "输入 name 和 data：";
11      in >> s->name >> s->data;
12      return   in;
13  }
14  ostream& operator << ( ostream& out , MyStruct &s )               //引用形参
15  {
16      out << s.name << "," << s.data << endl;
17      return   out;
18  }
19  int   main ( )
20  {
21      MyStruct st ;
22      cin >> &st ;
23      cout << st;
24      system ( "pause" );   return 0;
25  }
```

```
F:\hxn\2018...
输入name和data: ABCD 12.35
ABCD,12.35
请按任意键继续. . .
```

图 11.5　例 11-7 的输出结果

11.6　类的转换函数

有时(例 11-8 的第 33 行)需要把**数值转换为对象**，可用类的**构造函数**实现。

有时(例 11-8 的第 36 行)需要把**对象转换为数值**，可用类的**转换函数**实现。

例 11-8　编程实验：类的转换函数的定义及使用。

程序代码及程序输出结果(图 11.6)如下：

```
1   #include <iostream>
2   #include <string>
3   using namespace std;
4   class   Complex          //复数类
5   {
6       string name;         //对象名
7       int   real;          //实部
8       int   imag;          //虚部
9   public:
10      void SetName ( string name ) { this->name = name; }
11      Complex ( string name = "" , int r=0 , int i=0 ) : real (r) , imag (i) , name (name)
12      { }      //构造函数
13      Complex operator + ( Complex &c2 )   //重载"+"
14      {
15        Complex   c ;                        //可以不创建对象 c 而用 this 吗
16        c.real   = real + c2.real;
17        c.imag = imag + c2.imag;
18        return   c ;
19      }
20      friend ostream& operator << ( ostream &out,   Complex &c )   //重载"<<"
21      {
22       out << c.name+": " <<"real="<< c.real << "\timag=" << c.imag << endl;
23       return   out;
24      }
25      operator int ( ) { return   real ; }         //类的转换函数。它处理本类对象，必须
26  };                                               //重载为成员函数，且无返回类型和形参
27  int   main ( )
28  {
29      Complex   c1 ( "c1" , 10 , 20 ) ;
30      Complex   c2 ( "c2" , 30 , 40 );
31      Complex   c3 ( "c3" );
32      cout << c1 << c2 << c3;        //调用重载"<<"
33      c3 = Complex("", 5) + c1;      //对象赋值
34      c3.SetName ( "c3" );
35      cout << c3;
36      double db = 100 + c3 ;         //数值赋值
```

```
F:\hxn...
c1: real=10      imag=20
c2: real=30      imag=40
c3: real=0       imag=0
c3: real=15      imag=20
db = 115
请按任意键继续. . .
```

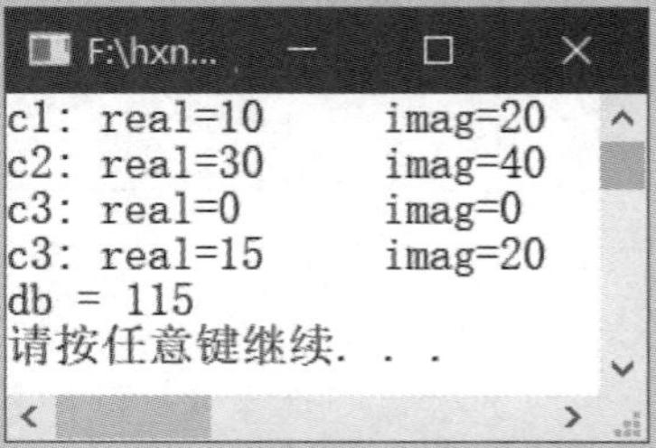

图 11.6　例 11-8 的出结果

```
37        cout << "db = " << db << endl;
38        system ( "pause" );
39    }
```

第 33 行：对象赋值，=右端需要对象。Complex("", 5) 创建无名对象，系统调用构造函数(第 11 行)将数值“5”构造为对象，再调用重载“+”运算符完成对象的加法。

第 36 行：数值赋值，=右端需要数值。数值“100”不是对象，它不调用重载“+”(只有对象才能调用)，故用转换函数(第 25 行)将 c3 转为数值(real)。

思考与练习：

(1) 注释第 13～19 行：不重载“+”，哪里有错？

(2) 第 37 行中的“<<”调用重载“<<”运算符函数吗？

(3) 不用转换函数，如何实现同样的功能？可读性和易用性哪种更好？

(4) 修改 operator + 函数代码(第 15～18 行)如下：

```
real += c2.real ;
imag += c2.imag ;
return   *this ;
```

运行结果与图 11.6 的结果有什么区别吗？

11.7 类的转换构造函数

例 11-8 第 33 行：

c3 = **Complex("", 5)** + c1；　//计算数学表达式 5 + c1

方法虽然没错，但不符合人们书写数学表达式的通常写法，更希望写成下面这样：

c3 = 5 + c1; 或者 c3 = c1+ 5;

但这种写法存在语法错误，应该怎么办呢？下面分两种情况讨论。

1. c3 = 5 + c1

5 不是对象，不能调用 operator +函数，故系统调用 operator int ( ) 把对象 c1 转为数值 10(实部)而丢弃虚部，再与 5 相加，结果 15 赋值给 c3。若不重载“=”(例 11-8)，则数值不能赋给对象(语法错)。如果重载“=”是否就能解决问题呢？不妨做个实验，增加“+”运算符重载函数如下：

```
void operator = ( int r )        //重载“=”为成员函数
{ real = r ; }                   //c3. operator = (15 ) 得到 c3.real=15
```

语法没错，15 赋值给 c3 实部。但是，由于 c1.imag 虚部丢失导致 c3.imag 为 0 的逻辑错误：复数运算规则要求 c3 虚部应该等于 c1 虚部(20)。因此，增加“=”运算符重载也不能正确解决问题。

2. c3 = c1 + 5

“c1+5”即 c1.operator + (5)，数值 5 不符合 operator +( )的形参类型(要求自定义类型)，语法错。再重载一个 operator +( )函数可以解决该问题：

```
Complex   operator + ( int r )      //第 2 次将“+”重载为成员函数，实参 5 传给形参 r
{
    Complex c ;
    c.real = this->real + r ;       // this 指向 c1 且可省略
    c.imag = this->imag;            //虚部同 c1 虚部
    return c;
}
```

目前，第一个问题 c3 = 5 + c1 还没得到解决。关键是用构造函数把数值 5 转换为对象，而这个构造函数是**用一部分数据成员来构造对象**，称为**转换构造函数**，例如：

Complex (int r) : name(""), real (r), imag(0) { }

将数值 r 转换为 Complex 对象，本例实部为 r，虚部为 0。

例 11-9　编程实验：类转换构造函数的使用。

本例稍复杂，但只要清楚理解相关概念，就不难作出正确分析。

程序代码及程序输出结果(图 11.7)如下：

```
1   #include <iostream>
2   #include <string>
3   using namespace std;
4   class Complex          //复数类
5   {
6        string name;      //对象名
7        int   real;       //实部
8        int   imag;       //虚部
9   public:
10       void SetName ( string name ) { this->name = name; }
11       Complex ( string name="" , int r=0 , int i=0 ) : real (r) , imag(i) , name(name) { }
12       Complex ( int r ) :name ( "" ) , real ( r ) , imag ( 0 ) { }         //转换构造函数
13       friend Complex operator + (Complex c1, Complex& c2 )       //第 1 次重载“+”
14       {                         //本例 c1 不能为引用(见第 49、52 行)
15          Complex c ;
16          c.real = c1.real + c2.real;
17          c.imag = c1.imag + c2.imag;
18          return   c ;
19       }
20       Complex   operator+ ( int r )      //第 2 次重载“+”
21       {                                  //数值 5 为实参(第 46 行)
22          Complex c ;
23          c.real = this->real + r ;
24          c.imag= this->imag;
25          return c;
```

```
26          }
27          friend   ostream& operator << ( ostream &out , Complex &c )      //重载"<<"
28          {
29              out << c.name + ": " << "real=" << c.real << "\timag=" << c.imag << endl;
30              return out;
31          }
32          //operator int ( ) { return   real; }       //转换函数与转换构造函数不能同时用
33          int GetReal ( void ) { return   real; }
34  };
35  int   main ( )
36  {
37          Complex c1 ( "c1" , 10 , 20 ) ;
38          Complex c2 ( "c2" , 30 , 40 );
39          Complex c3 ( "c3" ) , c4 ( "c4" );
40          cout << c1 << c2 << c3;
41          c2 = c1 + c2 ;              //对象加法，调第 1 次重载 +
42          //c2 += c1 ;
43          c2.SetName ( "c2" );
44          cout << c2 ;
45          cout << "========================\n";
46          c3 = c1 + 5;                //调第 2 次重载 +
47          c3.SetName ( "c3" );
48          cout << c3;
49          c4 = 5 + c1;                //转换对象后再相加
50          c4.SetName ( "c4" );
51          cout << c4;
52          int   db = (100 + c3).GetReal( ) ;
53          cout << "db = " << db << endl;
54          system ( "pause" );
55  }
```

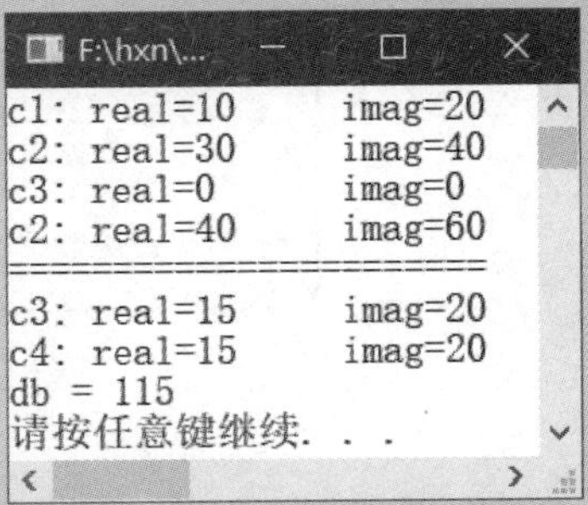

```
F:\hxn\...
c1: real=10      imag=20
c2: real=30      imag=40
c3: real=0       imag=0
c2: real=40      imag=60
========================
c3: real=15      imag=20
c4: real=15      imag=20
db = 115
请按任意键继续. . .
```

图 11.7　例 11-9 的输出结果

第 46 行：数值 5 不是对象，故调用第 2 次重载 operator +( )函数。

第 49、52 行：数值不能调 operator +( )成员函数。先把数值转换为对象(第 12 行转换构造函数)，然后调用第一次 operator +( )。

第 52 行："=" 右端要求数值，第 32 行转换函数可将对象转换为数值，不能与转换构造函数同时用，否则会产生二义性错误，即系统不知道用哪个，故用 GetReal 函数。

思考与练习：

"+" 第一次重载能重载为成员函数吗(第 13～19 行)？

第 12 章　继承与多态

12.1　基类与派生类

类继承实现了对现有类的拓展(代码复用、软件复用)，它能够满足新的需求而不用重复开发，大大提高了软件开发与维护的效率。

12.1.1　继承与拓展

图 12.1 以现有类为基类，通过派生机制产生新的派生类。父类与子类有密切联系，**除构造函数、析构函数、静态成员、赋值运算符等不被继承外**，派生类几乎“全部”继承基类的属性和行为，并可以添加新的属性和行为来满足新的需求。

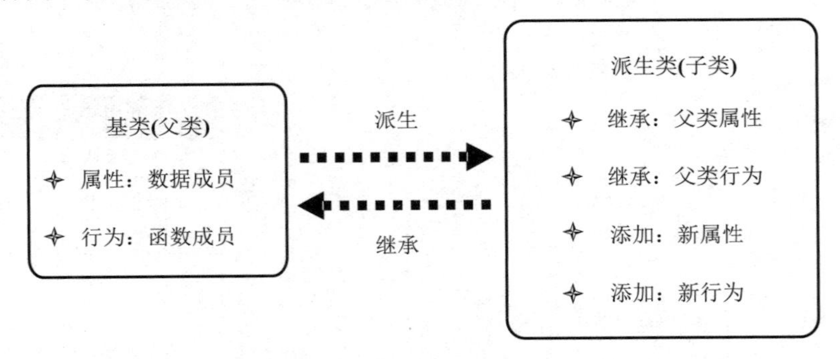

图 12.1　基类与派生类

派生与继承是站在不同角度来说的同一个语法概念，父类派生了子类，子类继承于父类。

例如，student 类有 2 个数据成员 ID 和 name，现在软件版本升级需要增加新成员 age。为了不修改(重用)student 类，用 student 为基类派生 student_1 子类并添加 age 成员。派生类与基类不同于组合类(内嵌对象)。组合类是把不同的类组合在一起，派生类与基类是继承关系，类组合与类继承在类设计时需要考虑清楚。

12.1.2　类族层次模型

派生类可作为基类继续派生，就像人类繁衍形成家族(类族)，是一种层次结构(一层表示一代)，如图 12.2、图 12.3 所示。

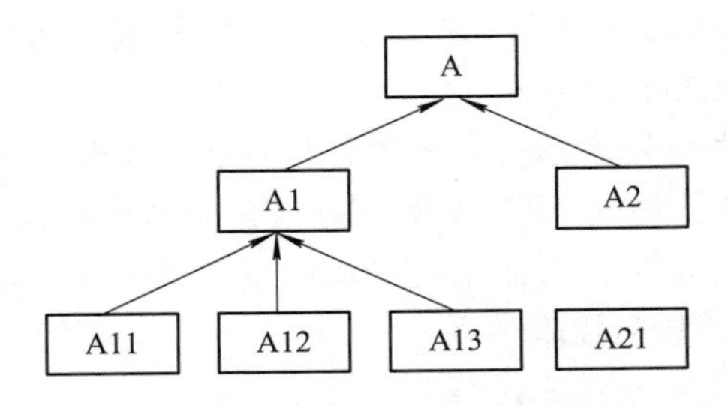

图 12.2　**单继承**类族层次模型

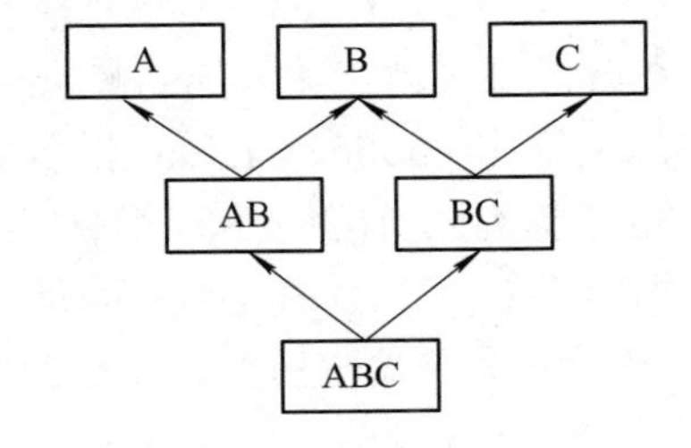

图 12.3　**多继承**类族层次模型

单继承(Single Inheritance)：派生类只有一个基类，继承关系较简单，应用广泛。

多继承(Multiple Inheritance)：派生类有多个基类，继承关系较复杂、可读性较差、容易出错。为了避免给初学者造成混乱与困惑，本书不包含多继承的内容。

12.1.3　派生类的定义与使用

以 Student 类为例，说明派生类的定义与使用。

```
class  Student           //作为基类派生 StudentEX 子类
{   int  ID ;            //私有成员
    string  name ;       //私有成员
  public :
    Student( ) { }       //不被继承
    Student( int id, string str ) : ID(id), name(str) { }   //不被继承
    ~Student( ){ }       //不被继承
    void  SetData( int id, string str ) { ID = id;  name = str; }
    void  Show( )
    {  cout << "学号:" << ID << endl ;
       cout << "姓名:" << name << endl ;
    }
};
class  StudentEX : public  Student      //定义派生类 StudentEX
{   //StudentEX 是 student 类的公有派生类，public 是继承(派生)方式
  private :
    int  age ;            //新增一个数据成员
  public :
    void  ShowEX()      //新增一个函数成员
    {  //cout <<"学号:"<< ID << endl ;          //ERROR：无权访问
       //cout <<"姓名:"<< name << endl ;        //ERROR：无权访问
       cout <<"年龄:"<< age << endl ;
    }
};
```

说明：派生类 StudentEX 继承了基类 Student 的全部数据成员和函数成员(构造和析构除外)，StudentEX 类有 ID、name、age 和 SetData、Show、ShowEX 成员。

继承关键字 public、private 和 protected，分别表示公有继承、私有继承和保护继承，它们决定了基类成员(变量和函数)在派生类中的访问权限。本例 ShowEX 函数中访问 ID 和 name 的语法错，因 ID 和 name 的是基类私有成员，故派生类 StudentEX 中无权访问。表 12-1 给出了继承方式与基类成员在派生类中的访问权限关系。

表 12-1　继承方式与访问权限

基类成员	继承方式	派生类继承的基类成员的访问权限
私有成员	**public**	**无权访问**
保护成员		保护成员
公有成员		公有成员
私有成员	**private**	**无权访问**
保护成员		私有成员
公有成员		私有成员
私有成员	**protected**	**无权访问**
保护成员		保护成员
公有成员		保护成员

表 12-1 的规律性很强、容易记忆。

- 无论哪种继承方式，派生类中都无权访问继承于基类的私有成员。
- **public 继承**：派生类中不改变继承于基类成员的访问权限。
- private 继承：基类成员变成派生类的私有成员。
- protected 继承：基类成员变成派生类的保护成员。

派生类 StudentEX 无权访问继承于基类的私有成员 ID 和 name。那么，派生类中如何才能访问 ID 和 name 呢？基类公有成员函数 Show 在 public 继承后，在派生类中仍是公有成员，派生类有权调用 Show，Show 有权访问 ID 和 name，于是改写 ShowEX 如下：

```
void   ShowEX( )         //派生类新增的成员
{
  show( ) ;              //继承于基类的成员
  cout << "年龄:" << age << endl ;
}
```

12.1.4　成员的同名遮蔽

基类 Student 有成员函数 SetData 和 Show，如果在派生类 StudentEX 中也增加一个同名 SetData 函数用来设置 age 值，同时把函数 ShowEX 也改为同名 Show 函数，那么派生类会调用哪一个同名函数呢？见例 12-1。

例 12-1　编程实验：派生类成员遮蔽基类的同名成员。

程序代码及程序输出结果(图 12.4)如下：

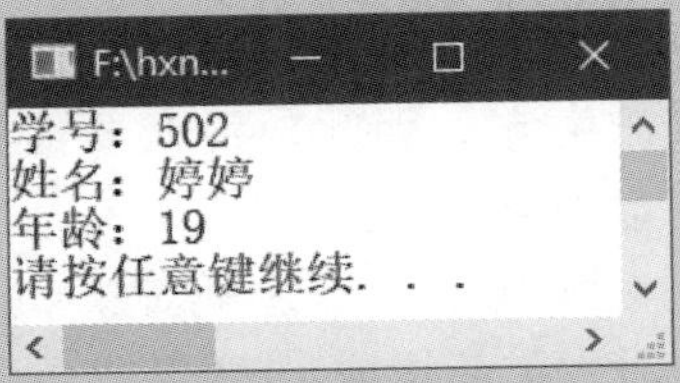

```
1  #include <iostream>
2  #include <string>
3  using namespace std;
4  class  Student          //作基类(父类)
5  {
6       int  ID;
7       string  name ;
8  public:
9       Student ( ) { }                                          //不被继承
10      Student ( int id , string str ) : ID ( id ) , name ( str ) { }   //不被继承
11      ~ Student ( ) { }                                        //不被继承
12      void  SetData ( int id , string str ) { ID = id; name = str; }
13      void  Show ( )
14      {  cout << "学号：" << ID << endl;
15         cout << "姓名：" << name << endl;
16      }
17 };
18 class  StudentEX : public  Student                  //从 Student 类公有继承
19 {
20      int  age ;                                    //新增变量
21 public:
22      void  SetData ( int id , string str , int age )  //新增的同名函数
23      {
24       Student::SetData ( id , str );               //调用基类的同名函数
25       this->age = age;
26      }
27      void Show ( )                                 //新增的同名函数
28      {
29       Student::Show ( );                           //调用基类的同名函数
30       cout << "年龄：" << age << endl;
31      }
32 };
33 int  main ( )
34 {
35      StudentEX  stud;                              //创建派生类对象
36      stud.SetData ( 502 , "婷婷" , 19 );
```

F:\hxn...
学号：502
姓名：婷婷
年龄：19
请按任意键继续. . .

图 12.4　例 12-1 的输出结果

```
37        stud.Show ( );
38        system ( "PAUSE" );     return 0;
39 }
```

第 35 行：创建派生类对象而不创建基类对象，因派生类比基类的功能更强、属性更多。基类对象能做的事情，派生类对象都能做。再说，如果不用派生类，那么为什么派生它？因此，没必要浪费时间和空间创建基类对象。这个概念很重要，希望读者注意理解。

第 36 行：派生类对象 stud 调用哪一个同名函数 SetData 呢？**同名遮蔽**或称**同名覆盖**，即派生类新增成员(变量和函数成员)遮蔽了继承于基类的同名成员，只能看见派生类新增的同名成员，故调用派生类新增的成员函数，第 37 行也是如此。

继承于基类的同名成员仍在派生类中，与派生类新增的同名成员不属于同一个作用域(简称域)。重载函数要求在同一个作用域，故两者不属于函数重载。

第 24、29 行：公有继承基类的公有成员函数 SetData 和 Show，派生类中可以访问。为区别于派生类的新增同名函数，用域运算符“::”限定其作用域为基类。

12.2　派生类对象的构造与析构

12.2.1　构造与析构顺序

理解派生类对象的构造和析构顺序，对正确编写构造和析构函数很重要。派生类继承于基类，如果基类没有创建，则派生类当然没东西可继承。派生类对象的构造顺序：先创建继承于基类的数据成员(父母的)，后创建派生类新增的数据成员(自己的)。

该顺序总结为四个字即“先父后子”。另外，前面已知析构顺序与构造顺序相反。

例 12-2　编程实验：派生类对象的构造与析构顺序。

程序代码及程序输出结果(图 12.5)如下：

```
1  #include <iostream>
2  using namespace std;
3  class  A
4  {
5          int   x, y ;
6  public:
7          A ( int x=0 , int y=0 ) : x ( x ) , y ( y )
8          {
9           cout << "构造基类：x = " << x << ", y = " << y << endl;
10         }
11         ~A ( ) { cout << "析构基类" << endl; }
12 };
```

```
F:\hxn\2...
构造基类：x = 20, y = 20
构造子类：x = 10, y = 10
请按任意键继续. . .
析构子类
析构基类
```

图 12.5　例 12-2 的输出结果

```
13 class  B : public  A  //公有派生类B
14 {
15        int  x, y ;        //同名数据成员
16 public:
17        B ( int x1=0 , int y1=0 , int x2=0 , int y2=0 ) : x ( x1 ), y ( y1 ), A(x2, y2)
18        {
19         cout << "构造子类：x = " << x << ", y = " << y << endl;
20        }
21        ~B ( ) { cout << "析构子类" << endl ; }
22 };
23 int  main ( )
24 {
25        B b (10, 10, 20, 20);    //创建派生类对象
26        system ( "pause" );   return 0;
27 }  //◀设置断点，按 F5 调试运行
```

第 25 行：创建派生类 B 的对象 b，调用 B 构造函数(第 17 行)。参数初始化列表中 **A(x2, y2)** 是创建 A 类的无名对象，此时系统调用 A 类构造函数。

注意理解：构造函数的调用顺序及参数传递过程。

思考与练习：

(1) 第 17 行：改为“B (int x1=0 , int y1=0) : x(x1), y(y1)”，有错吗？
(2) 第 17 行：改为“B (int x2=0 , int y2=0) : A(x2, y2)”，有错吗？
(3) 第 17 行：可否改变初始化列表中各项的顺序？有什么影响吗？
(4) 修改：将第 17 行的形参 int x2=0 和 int y2=0 改为 A &a，相应修改其他地方。

12.2.2　多层派生类的构造函数设计与参数传递

派生类可以作为基类、继续派生，多次派生形成多级派生类。最后派生的子类是该类的最新版本，通常功能最全最强、属性最多。创建派生类对象时，按“先父后子”的构造顺序调用各层构造函数，形成**构造函数调用链**，参数沿调用链逐级传递。因此，理解各层构造函数的参数传递是关键和难点，在准确理解概念的基础上勤加练习，熟能生巧方能得心应手。析构函数没有参数，相对比较简单。

例 12-3　编程实验：多层派生类的构造函数设计与参数传递。

程序代码及程序输出结果(图 12.6)如下：

```
1  #include <iostream>
2  using namespace std;
3  class  Point_1D       //一维点类
4  {
```

```
5        int   x ;
6  public:
7        Point_1D ( ) : x ( 0 )
8        { cout << "1D 点缺省构造" << endl; }
9        Point_1D ( int x ) : x ( x )
10       { cout << "1D 点构造" << endl;  }
11       void  OutX(void) { cout << "x="<< x <<" "; }
12 };
13 class  Point_2D : public  Point_1D          //二维点类
14 {
15       int   y ;                              //新增 y 坐标
16 public:
17       Point_2D ( ) : y ( 0 )
18       { cout << "2D 点缺省构造" << endl; }
19       Point_2D ( int x , int y ) : y ( y ) , Point_1D ( x )
20       { cout << "2D 点构造" << endl;  }
21       void  OutXY ( void ) { OutX ( ); cout << "y=" << y << " "; }
22 };
23 class  Point_3D : public  Point_2D          //三维点类
24 {
25       int   z ;                              //新增 z 坐标
26 public:
27       Point_3D ( ) : z ( 0 )
28       { cout << "3D 点缺省构造\n"; }
29       Point_3D ( int x , int y , int z ) : z ( z ) , Point_2D ( x , y )
30       { cout << "3D 点构造" << endl;  }
31       void  OutXYZ ( void ) { OutXY ( ); cout << "z=" << z << " "; }
32 };
33 int  main ( )
34 {
35       Point_3D   A (1, 1, 1);      //初始化
36       cout << "A: ";
37       A.OutXYZ ( );
38       cout << "\n==============\n" ;
39       Point_3D   B;                 //不初始化
40       cout << "B: ";
41       B.OutXYZ ( );
42       cout << "\n==============\n" ;
43       system ( "PAUSE" );     return 0;
44     }
```

一维点类 Point_1D → 二维点类 Point_2D → 三维点类 Point_3D

类族关系

```
1D点构造
2D点构造
3D点构造
A: x=1 y=1 z=1
==============
1D点缺省构造
2D点缺省构造
3D点缺省构造
B: x=0 y=0 z=0
==============
请按任意键继续. . .
```

图 12.6　例 12-3 的输出结果

第 35 行：创建派生类 Point_3D 对象 A 并初始化。Point_3D 类有继承于 Point_1D 和 Point_2D 的数据成员(x, y)和新增成员，要求各层构造函数有相应参数并正确传递。

第 39 行：创建 Point_3D 对象 B 时不初始化，要求各层派生类要提供缺省构造函数，否则会出现语法错误。

12.2.3　组合派生类的构造函数设计与参数传递

组合派生类的构造函数调用原则是**“先父后子、先内后外”**，先创建内嵌对象(调用其构造函数)，然后才创建组合类对象。

例 12-4　编程实验：组合派生类对象的构造与析构。

两点确定一条直线，Line 类有 2 个内嵌 Point 对象，故 Line 为组合类。Line 派生子类 LineEX 并增加成员变量 LineColor(线颜色)。

创建组合派生类 LineEX 对象的关键在于编写各个构造函数，并理解对象的构造与析构顺序。源代码及输出结果(图 12.7)如下：

```
1   #include <iostream>
2   #include <string>
3   using namespace std;
4   class  Point                    //平面点类
5   {
6       int  x , y ;                //点坐标 ( x, y )
7       string  name;               //点对象名
8   public:
9       Point ( string name , int x = 0 , int y = 0 ) : x ( x ) , y ( y ) , name ( name )
10      {   cout  << "点构造" << name << endl;     }
11      Point ( Point& obj ) : x ( obj.x ) , y ( obj.y ) , name ( obj.name )
12      {   cout << "点拷贝构造" << name << endl;   }
13      ~Point ( ) { cout  << "点析构" << name << endl; }
14  };
15  class  Line                     //组合类 Line
16  {
17      Point  p1;                  //内嵌点对象
18      Point  p2 ;                 //内嵌点对象
19  public:
20      Line ( Point& p1 , Point& p2 ) : p2 ( p2 ) , p1 ( p1 ) //组合类构造函数
21      {   cout << "线构造<Line>" << endl;   }
22      ~Line ( ) { cout << "线析构<Line>" << endl; }
23  };
24  class  LineEX : public Line         //组合派生类 LineEX
25  {
```

```
26        int   LineColor;    //新增成员
27  public:
28        LineEX ( Point& p1, Point& p2, int color=0 ): Line ( p1, p2 ), LineColor ( color )
29        {
30          cout << "线构造<LineEX>" << endl;
31        }
32        ~LineEX ( ) { cout << "线析构<LineEX>\n"; }
33  };
34  int   main ( )
35  {
36        Point   a ( "<A>" , 1 , 1 );
37        Point   b ( "<B>" , 2 , 2 );
38        LineEX   line ( a , b , 255 );
39        cout << "==============\n";
40        return 0;
41  }     //◀此行设断点，按 F5 键调试运行
```

```
F:\...
点构造<A>
点构造<B>
点拷贝构造<A>
点拷贝构造<B>
线构造<Line>
线构造<LineEX>
==============
线析构<LineEX>
线析构<Line>
点析构<B>
点析构<A>
点析构<B>
点析构<A>
```

图 12.7　例 12-4 的输出结果

第 38 行：创建组合派生类对象 line 并初始化，调构造函数 LineEX(第 28 行)。由于参数初始化列表 Line (p1, p2) 创建基类 Line 的无名对象，因此需要先调 Line 类构造函数(第 20 行)。由于 Line 类内嵌 Point 类对象，故先调 Point 类构造函数创建并初始化内嵌对象 p1 和 p2。因此，各对象的创建顺序是：先创建 2 个内嵌对象 p1 和 p2，然后创建基类无名对象，最后创建派生类对象 line。

思考与练习：

(1) 由结果可见，调 Point 类拷贝构造函数 2 次，这是为什么？

(2) 交换第 17、18 行顺序，运行结果有何变化？

(3) 去掉第 20、28 行形参 p1 和 p2 前面的“&”，运行结果有何变化？

(4) 修改：注释第 36、37 行，即不创建基类对象，修改相关构造函数及 main 函数。

(5) 注释第 11、12 行，即不编写拷贝构造函数，运行结果有何变化？

12.3　类型兼容规则

派生类功能更强、属性更多。那么，使用基类的场合必须创建基类对象吗？“类型兼容”(也称“赋值兼容”)规则告诉我们：

(1) 使用基类的场合，可以用它的公有派生类替代(兼容)。

(2) 替代后只能访问基类成员，不能访问派生类新增的成员。

优点：创建派生类对象即可，无须创建基类对象，提高了开发和维护效率。

为什么公有派生类对象可以替代基类对象使用呢？理由如下：

(1) 派生类继承了基类的属性和方法(特殊除外)，基类能做的派生类也能做。

(2) 公有继承方式不改变派生类继承的基类成员的访问权限。

公有派生类对象代替基类对象使用，分为下列 3 种情况：

(1) **对象替代**：派生类对象可以赋值给基类对象。

(2) **指针替代**：派生类指针可以赋值给基类指针。

(3) **引用替代**：基类对象可以引用派生类对象。

上述规则举例如下：

```
class A    { ... }              //基类 A
class B: public   A { ... }     //公有派生类 B
A   a, *pa ;                    //定义基类对象 a、基类对象指针 pa
B   b ;                         //定义派生类对象 b
a = b ;                         //正确：对象替代
pa = &b ;                       //正确：指针替代
A& a1= b;                       //正确：引用替代
```

作函数形参的例子如下：

```
class B                         //基类
{
 public:
    B ( const B& b );           // b 是 B 类对象的引用
}
class C : public   B            //公有派生类 C
{
 public:
    C ( C& c ) : B ( c ) { }    // b 引用了 C 类对象 c
}
```

例 12-5　编程实验：类型兼容规则。

程序代码及程序输出结果(图 12.8)如下：

```
1  #include <iostream>
2  using namespace std;
3  class   A                       //基类 A
4  {
5  public:
6      void   show ( ) { cout << "A::show()" << endl ; }
7  };
8  class   B : public A            //公有派生类 B
9  {
10 public:
11     void   show ( ) { cout << "B::show()" << endl ; }
```

```
F:\hxn\...
A::show()
A::show()
A::show()
A::show()
B::show()
请按任意键继续. . .
```

图 12.8　例 12-5 的输出结果

```
12 };
13 void   fun ( A& a )        // a 是基类 A 对象的引用
14 {   a.show ( );   }
15 int   main ( )
16 {
17    A   a , *pa = &a;       //定义基类对象及指针
18    B   b , *pb = &b;       //定义派生类对象及指针
19    a = b ;                 //对象替代
20    a.show ( );             //输出什么
21    pa->show ( );           //输出什么
22    pa = pb ;               //指针替代
23    pa->show ( );           //输出什么
24    fun ( b ) ;             //引用替代
25    pb->show ( );           //输出什么
26    system ( "pause" );   return 0;
27 }
```

12.4　多态性的概念

多态性(Polymorphism)是一个接口有多种实现形式，概括为“**一个接口、多种实现**”。“接口”先简单理解为函数，一个函数有多种实现代码以满足不同需求，如重载函数的名称相同(函数名多义)。编译或运行时须消除多义性，称为**绑定**(Binding)。在编译时(Compile Time)或运行时(Run Time)把“一对多”关系绑定为“一对一”，分别称为**静态绑定**和**动态绑定**。

1. 静态绑定

静态绑定(Static Binding)也称早期绑定(Early Binding)，这种绑定发生在编译时，由编译器绑定，重载和模板属于静态绑定。

对于重载(函数重载和操作符重载)，一个函数可有多个版本，编译时根据实参(类型、个数、顺序等)确定(绑定)调用哪一个函数。

对于模板(函数模板和类模板)，模板中定义了泛型，编译器根据实参类型对泛型进行具体化(确定类型)，生成具体的模板函数或模板类供使用。

2. 动态绑定

动态绑定(Dynamic Binding)也称晚期绑定(Late Binding)，编译时不绑定而在运行时绑定，虚函数(Virtual Function，12.6 节介绍)就属于动态绑定。

12.5 类 模 板

模板技术有着广泛应用，诸如 C++ STL(Standard Template Library)、OpenCV(Open Source Computer Vision Library)等。5.12 节介绍过函数模板，本节介绍类模板。

12.5.1 类模板的定义与声明

同函数模板一样，类模板也是为了让代码适用于各种数据类型，不必为每种类型的数据编写单独的处理代码，这种编程技术称为**泛型编程**(Generic Programming，GP)。

定义类模板的语法如下：

```
template < class T1, class T2, … > class  myClass      //定义类模板 myClass
{        //泛型(类型参数)T1，T2，…，根据需要确定个数
  ⋮
};
```

声明类模板的语法如下：

```
template < class T1, class T2, … > class  myClass ;     //没有类体
```

下面以“栈”为例，介绍类模板的设计、定义与使用。

栈(Stack)是一种数据结构，具有后进先出(Last in First out，LIFO)的特点，如图 12.9 所示。可用一维数组 a 实现，栈底 a[0]固定不动。元素进栈、出栈都在栈顶进行(栈顶浮动)，先进栈的元素位于下面，后进栈的元素压在先进栈元素上面，实现后进先出。

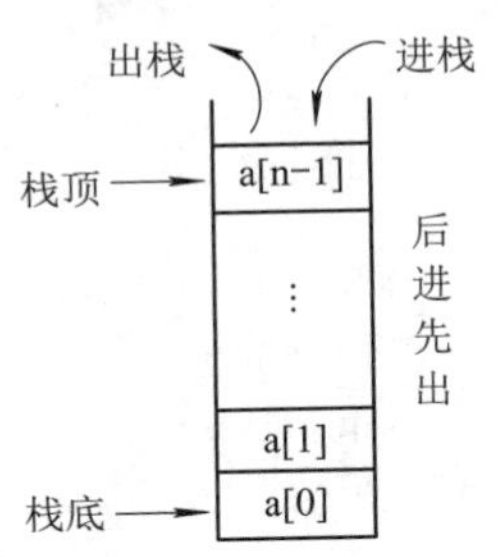

图 12.9　栈结构图

问：数组 a 应设计为何种数据类型？

若 a 设计为具体的类型，如 int、double、char 等，则限制了其他类型数据的使用。我们希望它能适用于各种类型数据，如结构体、对象、指针、枚举等，则把数组类型设计为泛型。于是，定义栈的类模板如下：

```
const int N = 10 ;                     //栈容量(元素个数)
template < class T > class Stack       //定义类模板
{
  T a [ N ];     //元素类型为泛型 T，静态分配 N 个元素空间(动态分配更好)
  int   top;     //栈顶位置(数组下标)。入栈前 ++ top，出栈后 top--
public:
```

```
    Stack ( ) { top = -1; }          //构造函数，初始化为空栈
    void   push ( T elem ) ;         //元素 elem 入栈
    T   pop( ) ;                     //栈顶元素出栈并返回它
};
```

12.5.2　类模板的实例化

类模板实例化是**用类模板生产出具体的模板类**(泛型已被确定为具体类型)。用类模板创建对象需要经历如下两个过程：

(1) 由类模板根据实参类型生成具体的类，称为模板类。

(2) 用模板类创建对象，其写法为：

类模板名 <实参类型表> 对象名；

例 12-6　编程实验：类模板的定义与实例化。

程序代码及程序输出结果(图 12.10)如下：

```
1   #include <iostream>
2   using namespace std;
3   const   int   N = 10;                   //栈容量(最多能够存储的元素个数)
4   template < class T > class   Stack      //定义类模板 Stack
5   {
6         T   a [ N ];                      //元素类型为泛型 T
7         int   top;                        //栈顶位置。入栈前 ++top；出栈后 top--
8   public:
9         Stack ( ) { top = -1; }           //构造函数：初始化为空栈
10        void   push ( T elem );           //函数声明：元素 elem 入栈
11        T   pop ( void );                 //函数声明：栈顶元素出栈并返回它
12  };
13  template <class T> void   Stack <T> :: push ( T elem )       //类外实现，注意写法
14  {
15        if ( top == N - 1 ) { cout << "栈满";      return; }
16        a [++ top ] = elem ;              //元素 elem 入栈
17  }
18  template < class T > T   Stack <T> :: pop ( )                //类外实现，注意写法
19  {
20        if ( top < 0 ) { cout << "栈空";     return 0; }
21        return   a [ top -- ] ;           //栈顶元素出栈
22  }
23  int   main ( )
24  {
25        Stack < char > s1 ;               //创建对象，泛型 T 为 char
```

```
26        s1.push ( 'A' );                //进栈顺序 A B C
27        s1.push ( 'B' );
28        s1.push ( 'C' );
29        cout << "s1 出栈：" << endl ;
30        for ( int i = 0; i < 3; i++ )
31            cout << s1.pop ( ) << endl;
32        Stack < int > s2 ;              //创建对象确定泛型 T 为 int
33        Stack < int > *sp = &s2 ;       //int 改为 char 如何
34        s2.push ( 10 );                 //进栈顺序  10 20 30
35        s2.push ( 20 );
36        s2.push ( 30 );
37        cout << "s2 出栈：" << endl;
38        for ( int i = 0; i < 3; i++ )
39                cout << sp->pop ( ) << endl;
40        system ( "pause" );
41        return 0;
42   }
```

```
F:\hx...
s1出栈:
C
B
A
s2出栈:
30
20
10
请按任意键继续. . .
```

图 12.10　例 12-6 的输出结果

思考与练习：

(1) 就像函数形参缺省值一样，模板的泛型参数也可以指定缺省值(具体类型)。试将第 4 行的参数<class T>改为<class T = int>，第 32、33 行的< int >改为< >，运行结果是什么？再将第 25 行的< char >改为< >，结果又如何？

(2) 修改：main 中定义并初始化 int b[4] = { 50, 60, 70, 80 }，将每个元素的地址进栈。然后，逐个元素出栈并输出。

(3) 修改：main 中定义结构体数组 struct student { long ID;　string name; } stu[3]并初始化；然后，将 stu 数组每个元素的地址进栈；最后，逐个元素出栈并输出。

(4) 修改：将第 6 行的 T a[N] 改为 T *a 并动态分配内存，相应修改其他地方。

12.5.3　类模板的特化

对于类模板实例化不能正确处理的数据类型，要编写特殊的实例化版本(简称特化)。类模板的特化分为**全特化**和**偏特化**。全特化是把类模板的全部泛型都确定为具体类型，偏特化(部分特化)只是把类模板的一部分泛型进行具体化。

例 12-7　编程实验：类模板的全特化。

程序代码如下：

```
1   #include <iostream>
2   using namespace std;
3   //-----------------------------------------------
4   template< class T > class compare          //类模板 compare 泛型版
```

```
5   {
6   public:
7        bool   IsEqual ( T t1 , T t2 )
8        {   return   t1 == t2;   }                  //错误：t1、t2 是 char 字符数组时
9   };
10  template < > class compare < char* >             //类模板 compare 全特化版
11  {      //无泛型 T，下画线部分不能省略
12  public:
13       int   IsEqual ( char *t1 , char *t2 )       //没有泛型 T
14       {   return   strcmp ( t1 , t2 );   }        //库函数，比较 char 字符串
15  };
16  int   main ( )
17  {
18       char   s1[ ] = "abCdefg";
19       char   s2[ ] = "abcde";
20       compare< int > c1;                          //用泛型版
21       compare< char* > c2;                        //用特化版。char*不能省略
22       int   a = 15 , b = 15;
23       cout << c1.IsEqual ( a , b ) << endl;       //输出：1
24       cout << c2.IsEqual ( s1 , s2 ) << endl;     //输出：-1
25       system ( "pause" );     return 0;
26  }
```

例 12-8　编程实验：类模板的全特化与偏特化。

程序代码及程序输出结果(图 12.11)如下：

```
1   #include <iostream>
2   using namespace std;
3   template< class T1 , class T2 > class   myClass      //类模板泛型版
4   {                              //两个泛型 T1、T2
5        T1   a;
6        T2   b;
7   public:
8        myClass ( T1 a=0 , T2 b=0 ) : a ( a ) , b ( b )
9        { cout << "泛型版：" << a << ' ' << b << endl; }
10  };
11  template < > class   myClass < int , char >       //类模板全特化版
12  {                              //T1、T2 特化为 int、char
13       int      a;
14       char   b;
```

```
15  public:
16          myClass ( int a=0 , char b=0 ) : a ( a ) , b ( b )
17          { cout << "全特化: " << a << ' ' << b << endl; }
18  };
19  template < class T > class   myClass < char , T >     //类模板偏特化版
20  {    //T1 特化为 char，T2 仍为泛型 T
21          char   a;
22          T      b;
23  public:
24          myClass ( char a , T b ) :a ( a ) , b ( b )
25          { cout << "偏特化: " << a << ' ' << b << endl; }
26  };
27  int   main ( )
28  {
29          double      d = 10.;
30          char        c = 'A';
31          int         i = 20;
32          myClass<double, int> obj1 ( d , i );
33          myClass<int , char>   obj2 ( i , c );
34          myClass<char, double>    obj3 ( c, d ) ;
35          system ( "pause" );     return 0;
36  }
```

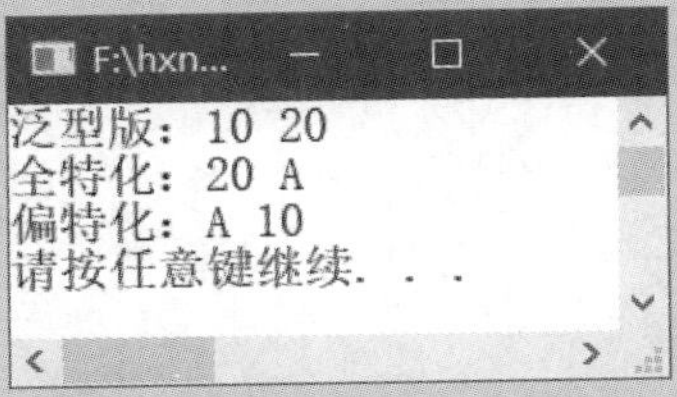

图 12.11　例 12-8 的输出结果

12.5.4　类模板的继承

类模板也可以派生子类，子类仍为类模板。

例 12-9　编程实验：类模板的派生。

程序代码及程序输出结果(图 12.12)如下：

```
1   #include <iostream>
2   #include <string>
3   using namespace std;
4   template< class Type >class A     //类模板 A
5   {
6       Type   data ;
7   public:
8       A ( Type data ) :data ( data ) { cout << "A: data = " << data << endl; }
9   };
10  template<class T1 , class T2, class T3> class B : public A < T3 >
```

```
11  {                                   //模板类 A 派生模板类 B，<T3>不能省略
12          T1   x;
13          T2   y;
14  public:
15          B ( T1 x , T2 y , T3 data ) : x ( x ) , y ( y ) , A<T3> ( data )
16          { cout << "B：x = " << x << ", y = " << y << endl; }
17  };
18  class   C                           //不是类模板
19  {
20          int   x;
21  public:
22          C ( int x ) : x ( x ) { cout << "C：x = " << x << endl;      }
23  };
24  template<class T> class D : public C   //C 不是类模板，D 是类模板
25  {
26          T   d;
27  public:
28          D ( T d , int   x ) :d ( d ) , C ( x )
29          {   cout << "D：d = " << d << endl;      }
30  };
31  int   main ( )
32  {
33          B<int , double, string>b ( 2.8 , 8.8, "12345" );
34          //T1→int，T2→double, T3→string
35          D<string> d ( "ABCDE", 20 );
36          system ( "pause" );     return 0;
37  }
```

```
A: data = 12345
B: x = 2, y = 8.8
C: x = 20
D: d = ABCDE
请按任意键继续. . .
```

图 12.12　例 12-9 的输出结果

思考与练习：

(1) 理解运行过程并解释运行结果。

(2) 修改：将 C 改为类模板 A 的派生类。

12.5.5　类模板的组合*

像类组合一样，类模板也可嵌入其他类对象。类模板的组合分为两种：嵌入非模板类对象和嵌入模板类对象。

例 12-10　编程实验：类模板嵌入非模板类的对象。

程序代码及程序输出结果(图 12.13)如下：

```
1   #include <iostream>
2   #include <string>
3   using namespace std;
4   class  A          //非类模板 A
5   {
6          A *pa ;
7          int   a;
8   public:
9          A ( int a ) : a ( a ) { }
10         A* getAaddr ( void )   {   pa = this;      return pa ;   }
11         int getAdata ( void ) {   return a;   }
12  } ;
13  template < class T > class B              //组合类模板 B
14  {
15         B<T> *pb;        //本类可省略 <T>
16         T b;
17         A   a ;              //嵌入非模板类 A 的对象
18  public:
19         B ( T b , A a ) : b ( b ) , a ( a ) { }
20         B* getBaddr ( ) {   pb = this;   return   pb;   }
21         T   getBdata ( ) {   return   b;   }
22         A* getAaddr ( ) {   return   &a ;   }
23         int getAdata ( ) {   return   a.getAdata ( );   }
24  };
25  int   main ( )
26  {
27         A   a ( 10 ) ;
28         cout << "A::\t" << a.getAaddr ( ) << " " << a.getAdata ( ) << endl;
29         B < string > b ( "ABC" , a );
30         cout << "B::A\t" << b.getAaddr ( ) << " " << b.getAdata ( ) << endl;
31         cout << "B::\t" <<   b.getBaddr ( ) << " " << b.getBdata ( ) << endl;
32         system ( "pause" );    return 0;
33  }
```

```
A::       00EFF84C 10
B::A      00EFF83C 10
B::       00EFF81C ABC
请按任意键继续. . .
```

图 12.13　例 12-10 的输出结果

思考与练习：

(1) 修改：注释第 27、28 行(不创建 a 对象)，修改相关地方。

(2) 修改：要求 A 类与 B 类的 a 对象地址相同。

例 12-11　编程实验：类模板嵌入其他模板类的对象。

程序代码及程序输出结果(图 12.14)如下：

```
1   #include <iostream>
2   #include <string>
3   using namespace std;
4   template<class T> class A          //类模板 A
5   {
6       A<T> *pa ;                     //本类可省略 <T>
7       T a;
8   public:
9       A ( T a ) : a ( a ) { }
10      A* getAaddr ( void ) {  pa = this;  return  pa ;  }
11      T getAdata ( void )  {  return a;  }
12  } ;
13  template <class T1 , class T2, template < class T2 > class C > class B
14  {                                   //声明类模板 C
15      B< T1,T2, C > *pb;              //本类可省略 < T1,T2, C >
16      T1 b;
17      C<T2> c ;                       //嵌入类模板 C 的对象 c，不可省略<T2>
18  public:
19      B ( T1 b , C<T2> a ) : b ( b ) , c ( a ) { }
20      B*  getBaddr ( ) {  pb = this; return pb;  }
21      C<T2>* getCaddr ( ) { return &c ; }
22      T1  getBdata ( ) { return b; }
23      T2  getCdata ( ) { return c.getAdata ( ); }
24  };
25  int  main ( )
26  {
27      A < int > a(10) ;
28      cout << "A::\t" << a.getAaddr ( ) << " " << a.getAdata ( ) << endl;
29      B < string , int , A > b ( "ABC" , A < int > ( 20 ) );      //A 是类模板
30      cout << "B::C\t" << b.getCaddr ( ) << " " << b.getCdata ( ) << endl;
31      cout << "B::\t" <<  b.getBaddr ( ) << " " << b.getBdata ( ) << endl;
32      system ( "pause" );   return 0;
33  }
```

```
A::     0115FC40 10
B::C    0115FC30 20
B::     0115FC10 ABC
请按任意键继续. . .
```

图 12.14　例 12-11 的输出结果

重点理解第 13、29 行的语法。

思考与练习：

第 29 行：A<int>(20)是什么意思？改为 a 正确吗？结果如何？

12.5.6　类模板的友元*

例 12-12　编程实验：类模板的友元函数——类内实现。

程序代码及程序输出结果(图 12.15)如下：

```
1   #include <iostream>
2   #include <string>
3   using namespace std;
4   template < class T > class A                    //类模板 A
5   {
6       A * pa ;    T a;
7   public:
8       A ( T a ) : a ( a ) , pa ( this ) { }
9       T   geta ( ) { return a ; }
10      friend   T getA ( A& obj , A*& p )           //友元函数：类内实现
11      {   p = obj.pa ;   return obj.a ; }          //p 是指针的引用
12  } ;
13  template <class T1 , class T2 , template < class T2 > class C > class B
14  {                                                //组合类模板 B
15      B *pb;      T1 b;
16      C<T2>   c ;
17  public:
18      B ( T1 b , C<T2> a ) : b ( b ) , c ( a ) , pb ( this ) {   }
19      C<T2> & getC ( ) { return c ; }
20      friend   T1 getB ( B& obj , B*( &p ) )  //友元函数：类内实现
21      {   p = obj.pb ;   return   obj.b ;   }
22  };
23  int   main ( )
24  {
25      A<int > a ( 100 ) , *pa = 0 ;
26      cout << "A::\t" << pa <<" "<< getA(a , pa)<<endl;
27      cout << "A::\t" << &a << endl;
28      cout << "======================\n";
29      B<string , int , A>   b ( "ABC" , A<int> ( 200 ) );
30      B<string , int , A> * pb;
31      cout <<"B::\t" << pb <<" "<<getB(b , pb) <<endl;
32      cout << "B::\t" << &b <<endl;
33      A< int > &c = b.getC ( );
34      cout <<"B::A\t" << &c <<" "<<c.geta( ) <<endl;
35      system ( "pause" );     return 0;
36  }
```

```
F:\hxn\20...
A::        00E2FE00 100
A::        00E2FE00
====================
B::        00E2FDC4 ABC
B::        00E2FDC4
B::A       00E2FDE4 200
请按任意键继续. . .
```

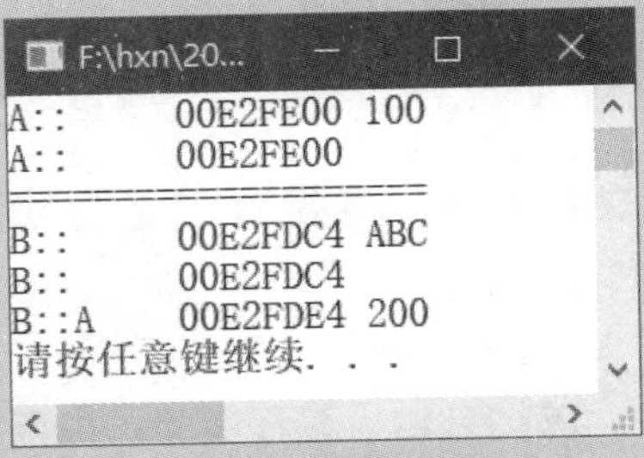

图 12.15　例 12-12 的输出结果

第 10、20 行：分别是类模板、组合类模板的友元函数定义。类模板的友元函数可以在类内定义或类外定义，类内定义较简单，类外定义较繁杂，本书略。

写法 A* &p 表示 p 是指针变量的引用，指针本身是变量，可定义它的引用。

思考与练习：

(1) 第 11 行：可否将 p = obj.pa 改为 p = this->pa？

(2) 第 10 行：将 A* &p 改为 A &p，结果有何变化？

(3) 你能否通过自学将本例类模板的友元函数改为类外实现？

12.6 虚成员函数

12.6.1 虚成员函数的用途

回顾类型兼容规则：**公有派生类(对象、引用和指针)可代替基类使用**，反过来不行，即不能用基类顶替派生类使用，因为基类中没有派生类的新成员。

类型兼容规则同时规定：**当公有派生类代替基类使用时，只能访问基类成员而不能访问派生类成员**。开发软件时需要考虑到未来的需求变化，要预计到当前类的某些成员函数在未来派生类中可能要改写、修改或完善功能。那么，当前的类该如何设计呢？

第一种方案：未来把今天的类作为基类进行派生，当前基类中需要改进的成员函数在未来派生类中增加**新成员函数(函数名相同或不同)**，使用的基类对象改用公有派生类对象(包括基类引用和指针都改为引用派生类对象和指针)，以保证用的是派生类中该成员函数的最新版。这种方案的缺点是当前代码中使用基类对象引用和指针的地方，都要改用派生类对象引用和指针，增加了代码的修改量。如果多次派生，则需要把基类对象的引用和指针都改为类族中相应层上的派生类对象的引用或指针，以调用该层上的派生类成员函数，这样做不仅修改量大，还易出错。

第二种方案：不修改基类对象的引用和指针，当引用或指向派生类对象时(无论位于类族哪层)都能正确调用该层派生类的**同名成员函数**(修改版)，所谓“**引用或指向谁就调用谁**”，不会错误调用不同层的同名成员函数。这就突破了类型兼容规则的限制，使基类对象的引用或指针可访问派生类对象的成员，克服了第一种方案的缺陷。为此，当前需要把基类中未来可能改进的成员函数声明为**虚成员函数，**简称**虚函数**(Virtual Function)。

12.6.2 虚函数的定义与使用

虚函数就是在成员函数的定义(或声明)前面加上 virtual 关键字。

例 12-13　编程实验：虚函数的定义与使用(一)。

程序代码及程序输出结果(图 12.16)如下：

```
1   #include <iostream>
2   using namespace std;
3   class A
4   {
5   public:
6       virtual void SHOW ( ) { cout << "A::SHOW()   "; }              //虚函数定义
7   };
8   class B : public A        //派生类中可省略 virtual，自动成为虚函数
9   {         //重写虚函数的条件为：函数类型(返回类型及形参类型、个数、顺序)相同
10  public:
11      void   SHOW ( ) { cout << "B::SHOW()   ";   }               //重写虚函数
12      void   SHOW ( int x ) { cout << "B::SHOW(int x)    ";   }    //非重写虚函数
13      //int   SHOW ( ) { cout << "B::SHOW()    ";   return 0; }     //ERROR
14      //错误理由：既非函数重载，也非重写虚函数
15  };
16  class C : public B
17  {
18  public:
19      void   SHOW ( ) { cout << "C::SHOW()    "; }        //重写虚函数
20  };
21  void   fun ( A& a ) { a.SHOW ( );   cout << endl; }     //a 是基类的引用
22  int   main ( )
23  {
24      A   a ,   *pa = &a ;          //基类
25      B   b ,   *pb = &b ;          //派生类
26      C   c ,   *pc = &c ;          //派生类
27      a.SHOW ( );      pa->SHOW ( );    cout << endl;
28      b.SHOW ( );      pb->SHOW ( );    cout << endl;
29      c.SHOW ( );      pc->SHOW ( );    cout << endl;
30      cout << "=====================" << endl;
31      a = b;   a.SHOW ( );       //类型兼容
32      a = c;   a.SHOW ( );       //类型兼容
33      cout << "\n=====================\n" ;
34      pa = &b;    pa->SHOW ( );       //指向派生类
35      pa = &c;    pa->SHOW ( );       //指向派生类
36      cout << "\n=====================\n" ;
37      fun ( a );       //引用基类 A 对象 a
38      fun ( b );       //引用派生类 B 对象 b
39      fun ( c );       //引用派生类 C 对象 c
```

```
A::SHOW()   A::SHOW()
B::SHOW()   B::SHOW()
C::SHOW()   C::SHOW()
=====================
A::SHOW()   A::SHOW()
=====================
B::SHOW()   C::SHOW()
=====================
A::SHOW()
B::SHOW()
C::SHOW()
=====================
请按任意键继续. . .
```

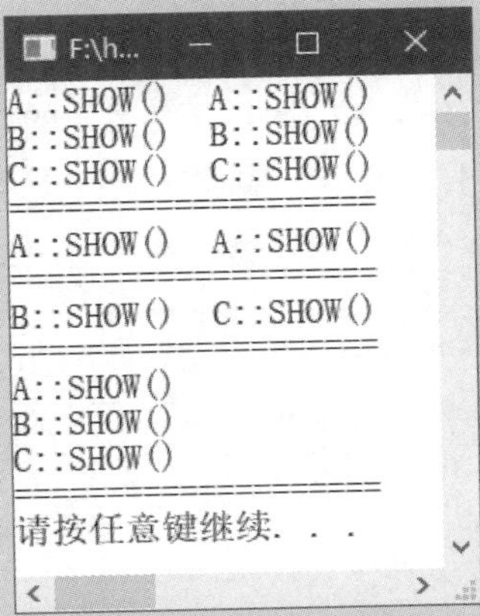

图 12.16　例 12-13 的输出结果

```
40          cout << "======================\n" ;
41          system ( "pause" );
42        return 0;
43  }
```

第 12 行：SHOW 函数类型与基类虚函数不同，不是重写虚函数，它与第 11 行的 SHOW 函数属于函数重载，都是派生类新增的成员函数，但与基类 SHOW 函数(第 6 行)不属于重载，因为重载要求属于同一个作用域，而它们不在同一个域。

第 13 行：SHOW 函数类型与基类虚函数不同，不是重写虚函数；也不满足重载条件，即不是第 11 行的重载函数，故语法错。

第 27～29 行：各类对象和指针调用 SHOW 函数，根据同名遮蔽原则，它们调用各自的成员函数而不是调用基类同名函数。

第 31、32 行：派生类对象可以给基类对象赋值。类型兼容规则规定只能访问基类成员而不能访问派生类成员。

第 34、35 行：基类对象指针可以指向派生类对象，调用派生类的重写虚函数。

第 37～39 行：基类对象引用可以引用派生类对象，调用派生类的重写虚函数。

- 派生类**对象**代替基类对象使用时，适用类型兼容规则而不适用虚函数规则。
- 基类对象**引用**派生类对象或基类**指针**指向派生类对象时，适用虚函数规则。

思考与练习：

注释第 11、12 行，不注释第 13 行，第 13 行的 SHOW 函数还会出错吗？

虚函数的其他语法规则如下：

(1) 构造函数不能定义为虚函数，析构函数可以(推荐)。

(2) static 成员函数不能声明为虚函数。

(3) 不能在类外声明虚函数，只能在类内声明。

(4) 若基类虚函数形参有缺省值，则重写虚函数拥有这些缺省值，重写时赋值无效。

(5) 基类构造函数调用的是基类而非派生类的虚函数，此时派生类对象尚未创建。

(6) 基类析构函数调用的是基类而非派生类的虚函数，此时派生类对象已经析构。

例 12-14　编程实验：虚函数的定义与使用(二)。

程序代码及程序输出结果(图 12.17)如下：

```
1   #include <iostream>
2   using namespace std;
3   class   A
4   {    int    x ;
5   protected:
6           static int N ;
7   public :
```

```
8       /*virtual*/ A ( ) { N++; }                              //构造函数不能是虚函数
9       virtual  ~A ( ) { cout << "析构 A" << endl;   }         //析构函数可以是虚函数
10      virtual void set ( int x = 10 ) { this->x = x; }        //形参 x 有缺省值
11      virtual void out ( ) ;                                  //类内声明、类外实现
12      /*virtual*/ static void outN ( ) { cout << ",N=" << N ; }
13  } ;                                          //静态成员函数不能是虚函数
14  /*virtual*/ void A::out ( void ) { cout << "x=" << x ; }   //类外不能用 virtual
15  //==================================================================
16  class B : public A
17  {    int    y ;
18  public:
19       B ( ) { N++; }
20       virtual ~B ( ) { cout << "析构 B" << endl; }           //析构函数不被继承
21       virtual void set ( int y = 20 ) { this->y = y; }       //重写虚函数，y 有缺省值
22       virtual void out ( )      { cout << "y=" << y ; }      //重写虚函数
23  };
24  class C : public B
25  {    int    z;
26  public:
27       C ( ) { N++; }
28       virtual ~C ( ) { cout << "析构 C" << endl;   }
29      //下面重写虚函数
30       virtual void set ( int z = 30 ) { this->z = z; }
31       virtual void out ( ) { cout << "z=" << z ; }
32  };
33  int    A::N ;        //静态成员变量须全局定义
34  int    main ( )
35  {    A    a,    *pa = &a;
36       pa->set ( );pa->out ( );        pa->outN ( );
37       cout << "\n========\n";
38       B    b , *pb = &b;
39       pa = &b ;
40       pa->set ( );pa->out ( );        pa->outN ( );
41       cout << endl;
42       pb->set ( ); pb->out ( );B::outN ( );
43       cout << "\n========\n";
44       C    c , *pc = &c;
45       pa = &c;
46       pa->set ( );pa->out ( );        pa->outN ( );
```

```
x=10, N=1
========
y=10, N=3
y=20, N=3
========
z=10, N=6
z=30, N=6
========
析构C
析构B
析构A
析构B
析构A
```

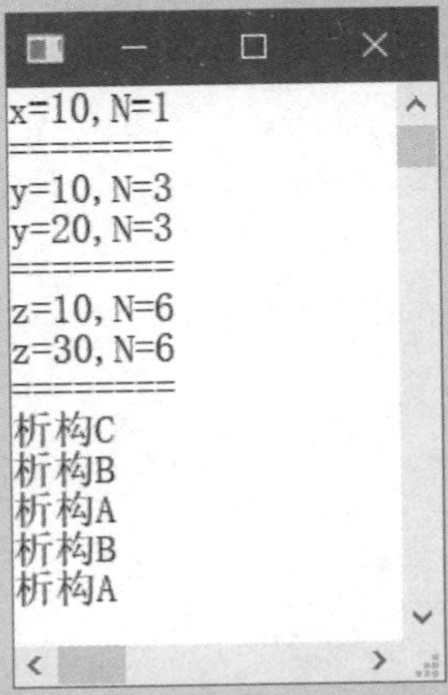

图 12.17　例 12-14 的输出结果

```
47          cout << endl;
48          pc->set ( ); pc->out ( ); A::outN ( );
49          cout << "\n==========\n";
50          return 0;
51  }     //◀设置断点，按 F5 调试运行
```

思考与练习：

第 40、46 行：pa->out ( ) 为什么输出 10，而不是 20、30？

例 12-15　编程实验：构造与析构函数调用虚函数。

程序代码及程序输出结果(图 12.18)如下：

```
1   #include <iostream>
2   using namespace std;
3   class A
4   {
5           int   x;
6   public :
7           A ( int x = 10 ) :x ( x ) { cout << "构造 A：  "; OUT( ); }
8           virtual ~A ( ) { cout << "析构 A：  "; OUT( ); }
9           virtual void OUT ( )            //虚函数
10          { cout << "A::x = " << x << endl; }
11  } ;
12  class B : public A
13  {
14          int   y ;
15  public:
16          B( int x = 20, int y = 30 ) : y( y ), A( x ) { cout << "构造 B：  "; OUT ( ); }
17          virtual ~B ( ) { cout << "析构 B：  " ; OUT ( ); }
18          virtual void OUT ( )            //重写虚函数
19          { cout << "B::y = " << y << endl; }
20  };
21  void   test ( )
22  {
23          A    a;
24          B    b;
25  }
26  int   main ( )
27  {
28          test ( );
```

```
构造A:  A::x = 10
构造A:  A::x = 20
构造B:  B::y = 30
析构B:  B::y = 30
析构A:  A::x = 20
析构A:  A::x = 10
请按任意键继续. . .
```

图 12.18　例 12-15 的输出结果

```
29        system ( "pause" );     return 0;
30  }
```

结果证明：基类和派生类的构造和析构函数调用虚函数时，调用各自的虚函数。

12.6.3　虚析构函数的好处

推荐将析构函数定义为虚函数，否则某些情况下可能出错。

例 12-16　编程实验：虚析构函数和非虚析构函数之比较。

程序代码如下，非虚析构函数的输出结果如图 12.19 所示，虚析构函数的输出结果如图 12.20 所示。

```
1   #include <iostream>
2   using namespace std;
3   class A
4   {
5       int *pa;
6   public :
7       A ( int x = 10 )
8       {
9           pa = new int [ 3 ] { x } ;      //C++11 支持的初始化方式
10          cout << "构造 A：" << pa << endl;
11      }
12      /*virtual*/ ~A ()                   //比较两种情况：结果见图 12.19 和图 12.20
13      {
14          cout << "析构 A：" << pa << endl;
15          delete [ ]pa;
16      }
17  } ;
18  class B : public A
19  {
20      int   *pb ;
21  public:
22      B ( int y = 20 )
23      {
24          pb = new int [ 5 ] { y } ;
25          cout << "构造 B：" << pb << endl;
26      }
27      //基类的虚函数，派生类自动成为虚函数
28      ~B ()
```

```
29          {
30                  cout << "析构 B：" << pb << endl;
31                  delete[ ] pb;
32          }
33  };
34  void   test ( )
35  {
36          A *p = new B;   //基类指针指向派生类对象
37          delete   p;        //调用谁的析构函数
38  }
39  int   main ( )
40  {
41          test ( );
42          system ( "pause" );
43  }
```

```
F:\hx...
构造A： 00D30050
构造B： 00D250B8
析构A： 00D30050
请按任意键继续. . .
```

图 12.19　非虚析构函数

```
F:\hxn\...
构造A： 0069DC80
构造B： 00694DB0
析构B： 00694DB0
析构A： 0069DC80
请按任意键继续. . .
```

图 12.20　虚析构函数

重点是第 37 行：释放 p 所指内存区时调用的是基类还是派生类的析构函数？解释如下：

new B 创建的是派生类对象，故应释放它。但若基类 A 不是虚析构函数，则调用基类析构函数错误释放 p(见图 12.19)。若将基类析构函数定义为虚函数(不注释第 12 行 virtual)，则 delete p 释放派生类对象，正确(见图 12.20)。

➢　推荐：基类用虚析构函数更好，因为所有派生类的析构函数都是虚函数。

12.7　纯虚函数与抽象类

纯虚函数是一种特殊的虚函数，声明方式举例如下：

<u>**virtual**</u>　int　GetX( ) <u>**= 0**</u> ;　　　// GetX 为类的成员函数

声明纯虚函数就是在函数后加上“=0”，用以区别于虚函数。注意，纯虚函数只是声明，不能有实现代码，即不能有函数体(空函数体也不行，而虚函数必须有函数体)。

读者可能会问：纯虚函数没有函数体，什么事都不能做，那要它何用呢？

首先，纯虚函数是特殊的虚函数，具有虚函数的特点。其次，它具有抽象性，目前实现其功能没有意义(见例 12-17)。

拥有纯虚函数的类称为抽象类。由于抽象类有纯虚函数，因此不能创建抽象类的对象。一旦创建对象即可调用成员函数，而纯虚函数没函数体，当然不能用。抽象类也称**抽象基类**(Abstract Base Class)，只用于作为基类进行派生。

若抽象类的派生类实现了全部纯虚函数(若有函数体，则纯虚函数成为虚函数)，则派生类不是抽象类而是具体的类，可以创建对象。如果派生类中还有纯虚函数，则它仍为抽象类。

例 12-17　编程实验：抽象类的定义与使用。

程序代码及程序输出结果(图 12.21)如下：

```
1   #include <iostream>
2   using  namespace  std ;
3   const double PI = 3.1415926;
4   class  Shape           //二维图形类：为何设计为抽象类
5   {                      //抽象的图形：没有长、宽、高等数据
6
7   public:
8       //Shape ( ) { }   //思考：若有构造函数，则它有什么作用呢
9       virtual  double Area ( ) const = 0;            //为何设计为纯虚函数
10      virtual  void  Out ( ) const = 0;              //为何设计为纯虚函数
11      virtual  ~Shape ( ) { }                        //为何设计虚析构函数
12  };
13  class  Point : public  Shape                       //派生类是抽象类
14  {
15  protected:  //用它与 private 有何区别
16      double x , y ;
17  public:
18      Point ( double x=0 , double y=0 ) : x ( x ) , y ( y ) { }
19      void Out ( ) const         //重写虚函数：纯虚函数成为虚函数
20      {  cout << "点：\t" << x << "," << y << endl;  }
21      double Area ( ) const { return 0; }
22  };
23  class Circle : public  Point                       //派生类是抽象类
24  {
25  protected:
26      double  radius ;
27  public:
28      Circle ( double r = 1 , double x = 0 , double y = 0 ) : Point ( x , y ) , radius ( r ) { }
29      double Area ( ) const                          //重写虚函数
30      {  return PI*radius*radius; }
31      void Out ( ) const                             //重写虚函数
32      {
33        cout << "圆心：\t" << x << "," << y << endl;
34        cout << "半径：\t" << radius << endl;
35      }
```

```
36 };
37 void   test ( Shape* sp )              //sp：抽象基类的指针
38 {
39         sp->Out ( );                    //调用谁的 Out 函数
40         //下面调用谁的 Aera 函数
41         cout << "面积：\t" << sp->Area ( ) << endl;
42         cout << "===============" << endl;
43 }
44 int   main ( )
45 {
46         //Shape   a ;                   //有错吗
47         Point point ( 1 , 2 ) ;         //派生类对象
48         test ( &point );
49         Circle circle ;                 //派生类对象
50         test ( &circle );
51         system ( "pause" );    return 0;
52 }
```

```
F:\hxn\2...
点：     1,2
面积：   0
===============
圆心：   0,0
半径：   1
面积：   3.14159
===============
请按任意键继续. . .
```

图 12.21　例 12-17 的输出结果

理解：Shape 为什么设计为抽象类？

抽象类是事物的抽象描述，对类族进行统一设计。例如，统一规定类族的接口函数名及函数类型，但不具体实现这些接口。本例“图形”抽象类不能计算面积及图形相关数据，须在派生圆、三角形、梯形等具体图形类后，才有图形的数据。

抽象是从具体事物中归纳出共同属性，如各种二维图形都有面积这个共同属性。将处理共同属性的方法设计为纯虚函数，派生类根据具体情况再处理(重写)，从而实现了多态性，这符合“自顶向下”“从抽象到具体”的类设计原则。

思考与练习：

理解并回答程序中用注释提出的问题。

第 13 章　输入与输出流

13.1　流与流类简介

C++输入/输出(Input/Output, I/O)分为标准 I/O、文件 I/O 和字符串 I/O 3 种，均通过“流”完成。本章学习 C++的流类，实现数据的输入与输出。限于篇幅，本章不涉及使用较少的字符串 I/O 流类。

13.1.1　流与缓冲区

数据流(Data Stream)简称流(Stream)，是指数据传输像流水一样，从一端流向另一端。

(1) 标准 I/O 流：键盘→程序(内存)→屏幕。

(2) 文件 I/O 流：文件→程序(内存)→文件。

(3) 字符串 I/O 流：内存→程序(内存)→内存。

流是有方向的。从程序的角度出发，流分为输入流和输出流。

- 输入流：数据流入程序，即程序从设备读入数据。
- 输出流：数据流出程序，即程序输出数据到设备。
- 数据单位：字节 Byte，流由字节组成(字节流)。

这里的“设备”包括键盘、屏幕、鼠标、外存、内存、端口、打印机等。

无论流中传输的是何种数据(视频、音频、图像、图形、动画、文字等)，程序从流中按字节读入数据(输入)，并按字节把数据插入到流中(输出)。

流带有缓冲区(Buffer)。缓冲区是一块内存区，又称**缓存**。为什么流要有缓冲区呢？用以解决低速 I/O 设备与高速 CPU 之间的速度不匹配问题，避免 CPU 空待。例如，程序从键盘或文件中读取数据时，先把数据存放在输入缓冲区；然后，从输入缓冲区读取数据；当输入缓冲区数据读完后，再从键盘或外存中读数据到输入缓冲区，如此循环。这样，CPU 就不会浪费时间等待低速 I/O 操作。

缓冲区分为**输入缓冲区**和**输出缓冲区**。

例 13-1　编程实验：输出流缓冲区及其大小。

程序代码如下：

```
1   #include <fstream>                          //文件流头文件
2   using namespace std;
3   int  main ( )
4   {
5    ofstream  outfile ( "buffer.txt" );        //创建文件 buffer.txt(13.4 节介绍)
6    for ( int i = 0;  i < 4096;  i++ )         //测试输出流缓冲区大小 4096 Bytes = 4 MB
7         outfile << '8';                       //向文件中写入字符 '8'
8    system ( "PAUSE" );                        //① 空文件：'8'未写入文件，全部在缓冲区中
9    outfile << 'A';
10   system ( "PAUSE" );                        //② 缓冲区满：'8'全部写入。'A'未写入，在缓冲区中
11   for( int i=0; i<5; i++ )                   //再写入 5 个 'B'
12        outfile << 'B';
13   //outfile << endl;                         //分别测试 endl 和 '\n' 的区别
14   //outfile << '\n';
15   system ( "PAUSE" );                        //③ 缓冲区未满：'A'、'B' 未写入文件
16   outfile.flush ( );                         //强制刷新输出缓冲区，数据写入文件并清空缓冲区
17   system ( "PAUSE" );                        //④ 缓冲区空：'A'、'B'已写入文件
18   outfile.close ( ) ;                        //关闭文件时将刷新缓冲区
19   return 0;
20  }
```

运行程序，在当前项目文件夹创建 buffer.txt 文件。

system ("PAUSE") 暂停运行 4 次，每次暂停后用 Windows“记事本”重新打开 buffer.txt(需要先关闭文件，否则内容没有刷新)观察内容。

通常，不需要编程干预缓冲区工作，但有时也需要编程干预缓冲区工作。否则，缓冲区数据可能不能及时写入流中而导致数据丢失。下列情况会**刷新输出流缓冲区**：

- 流缓冲区满时自动刷新。
- 流类成员函数 flush 刷新。
- endl 刷新('\n' 不刷新)。
- 设置 unitbuf 输出格式控制符，每次输出刷新。
- 关闭文件或程序结束时刷新。

13.1.2 流类与头文件

C++ 标准库(C++ Standard Library)是 C++ 的组成部分，有丰富的类库与函数库。C++ 标准库提供的 I/O 流类类族结构见图 13.1。

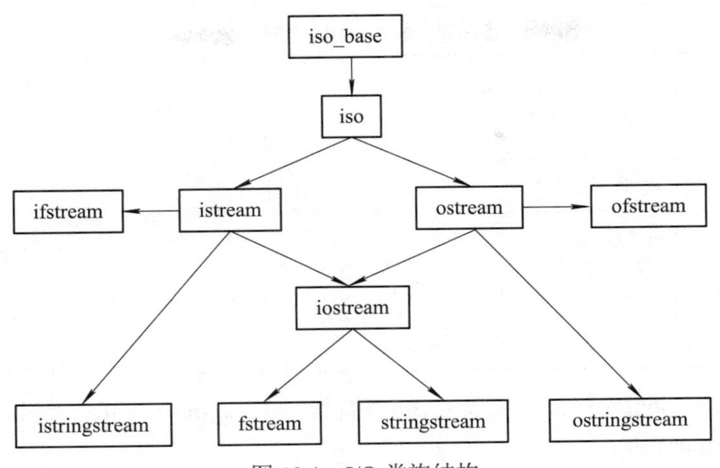

图 13.1　I/O 类族结构

标准 I/O 流类：istream、ostream、iostream。i 表示 input，o 表示 output。

文件 I/O 流类：ifstream、ofstream、fstream。f 表示 file。

字符串 I/O 流类：istringstream、ostringstream、stringstream。

I/O 流类的相关声明和定义放在头文件中，使用时需包含头文件。

标准 I/O 头文件：**#include < iostream >**。

文件 I/O 头文件：**#include < fstream >**。

字符串 I/O 头文件：**#include < sstream >**。

I/O 流类属于 std 命名空间，用 using namespace std 指定命名空间。

13.1.3　流的读写位置

程序从流中读取数据时，从流的什么位置读取呢？向流中输出数据时，向流的什么位置插入数据呢？这涉及流的读写位置概念，如图 13.2 所示。

➢ 程序输入或输出数据时，从流的**当前位置**开始读(输入)或写(输出)数据。

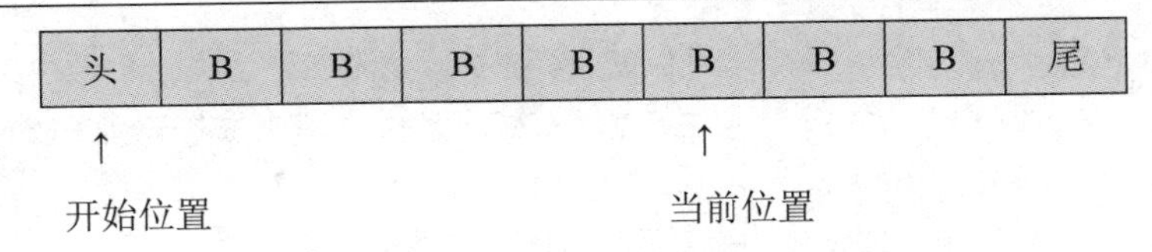

图 13.2　流的 I/O 位置(B 表示 Byte)

从流中读或写一个字节，读写位置则**向前(从头向尾)**移动一个字节。这个概念很重要，关系到读写数据的正确性。通过移动读写位置，可以实现流的“随机读写”(13.4 节介绍)。

13.1.4　流的状态检测

如果流处于正常状态，则可用；如果流处于错误状态，则不能用。**状态标志**(State Flag)用来描述流的状态，每个标志用 1 位(bit)存储。直接操作标志位不方便，故流类(ios_base)提供了常量成员(iostate 类型)及成员函数来操作标志位，如表 13-1 所示。

表 13-1　常量成员(iostate 类型)及成员函数

常量成员	流状态说明	成员函数及返回值			
		good()	eof()	fail()	bad()
goodbit	流正常可用	true	false	false	false
eofbit	已到达流尾(EOF)，流不能用	false	true	true	false
failbit	逻辑错，流不能用(可以恢复)	false	false	true	false
badbit	读写错，流不能用(不可恢复)	false	false	true	true

(1) ios 继承于 ios_base，可用类名访问常量，如 **ios_base::eofbit** 或 **ios::eofbit**，或流对象访问，如 **cin.eofbit**。

(2) 用“|”(位或运算符)组合多个标志。

例 13-2　编程实验：输入流的状态检测及刷新输入缓冲区。

程序代码及程序输出结果(图 13.3)如下：

```
1   #include <iostream>
2   using namespace std;
3   int  main ( )
4   {
5     cout << "输入一个合法数值：";
6     double  a;
7     while ( 1 )
8     {
9         cin >> a;
10        if ( cin.fail ( ) )                //输入若遇非法数值，则流不能用
11        {
12          cout << "错，重新输入:";
13          cin.clear ( );                   //清除所有标志位，让流可用
14          while ( cin.get ( ) != '\n' ) { }  //刷新输入流缓冲区
15          //cin.ignore ( 1000 , '\n' );      //可替换上句
16        }
17        else   //输入数值合法：-123.45abc
18        {
19          cout << "合法数值：" << a << endl;
20          break;
21        }
22    }
23    cout << boolalpha; //设置输出格式控制符
24    cout << "good()：" << cin.good ( ) << endl;
```

```
输入一个合法数值：*123
错，重新输入：a123
错，重新输入：@123
错，重新输入：_123
错，重新输入：?123
错，重新输入：-123.45abc
合法数值：-123.45
good()：true
eof()： false
fail()：false
bad()： false
请按任意键继续. . .
```

图 13.3　例 13-2 的输出结果

```
25    cout << "eof():   " << cin.eof ( ) << endl;
26    cout << "fail(): " << cin.fail ( ) << endl;
27    cout << "bad():   " << cin.bad ( ) << endl;
28    system ( "pause" );     return 0;
29  }
```

第 13 行：成员函数 void clear (iostate state = **goodbit**)设置流的标志位。无参数(形参缺省值)表示清除所有标志位，即 goodbit 状态。如果输入了非法数值，则流 cin 不可用(设置 failbit 位)，需要清除 failbit 位，恢复流可用。

第 14 行：尽管输入流可用，但 cin 缓冲区留有错误数据。此时，若返回第 9 行从 cin 缓冲区读数据则有同样的错误，故需要将输入流缓冲区字符全部读出以刷新缓冲区。注意，这里刷新的是输入流缓冲区，与例 13-1 刷新的输出流缓冲区不同。关于成员函数 get 和 ignore，将在下一节学习。

第 23 行：设置 boolalpha 输出格式控制符，将 bool 值(0/1)输出为 true 或 false。

第 24～27 行：用成员函数检查各个状态标志位。注意，系统认为-123.45abc 是合法的浮点数，提取 -123.45 浮点数后流处于正常状态(goodbit)，状态标志不能发现这种情况。因此，不能仅用状态标志检查输入的合法性，需要编写其他的检查代码。

13.2　标准输入流对象 cin

cin 是系统定义的输入流类 istream(图 13.4)的对象，与标准输入设备键盘绑定，称为标准输入流(Standard Input Stream)对象，简称**标准输入流**。

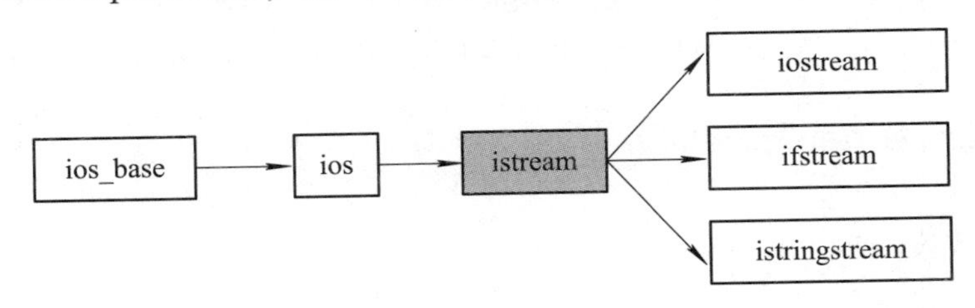

图 13.4　输入流类及派生关系

13.2.1　cin 与“>>”

此前多次用过 cin 与“>>”运算符结合，用于从键盘读取数据。

istream 流类重载了“>>”右移位运算符，用于从输入流中读取数据(不限于 cin)，称为**流提取运算符**(Extraction Operator)，简称**提取符**。

用“>>”读数据有什么特点呢？通过下面的例子学习。

例 13-3　编程实验：用流提取符“>>”读取数据的特点。

程序代码如下：

```
1   #include <iostream>          //标准 I/O 流类的头文件
2   using namespace std;
3   int  main ( )
4   {
5       double  val;
6       char  str [ 20 ];
7       cout << "输入浮点数和字符串:" << endl;
8       cin >> val >> str ;      //键入：123.456abc  defg
9       cout << "val=" << val << endl ;
10      cout << "str=" << str << endl ;
11      system ( "pause" );   return 0;
12  }
```

第 8 行：用提取运算符“>>”输入到变量 val 和 str 的数据是什么？

第 9、10 行：分别输出 val = 123.45 和 str = abc，不觉得有点意外吗？

“>>”输入多个数据时用空白符作为分隔符。空白(White Space，WS)指显示为空白的字符，包括空格、换行、Tab 等。既然空白符作为分隔符，“>>”从流中读数据时会跳过它们，不把它们作为数据。

“>>”遇到非法数据时停止读取数据。本例读 123.45 后，遇到非数字字符'a'则停止读取，故变量 val = 123.45。注意，流当前读写位置停留在'a'后面，从该位置开始读下一个字符到变量 str，遇空白符则结束变量 str 数据的读取，故 str = abc。

问：用什么办法能把字符串“abc　defg”(含空白)读入 str 呢？

答：不能用“>>”读，需要改用流对象 cin 的成员函数来读取(下一小节介绍)。

13.2.2　成员函数 get 与 getline

1. get 无参数

原型：int　get ( );

功能：从输入流中读取一个字符(包括空白字符)。

返回：该字符 ASCII 编码(int)。

2. get 有一个参数

原型：istream&　get (char& C);

功能：从输入流中读取一个字符(包括空白字符)存入字符 C。

返回：istream 对象，读位置到达流尾时返回假(下同)。

例 13-4　编程实验：成员函数 get 的使用。

程序代码及程序输出结果(图 13.5)如下：

```
1   #include <iostream>
2   using namespace std;
3   int  main ( )
4   {
5      cout << "请输入：  "<<endl;
6      char c;
7      while ( cin.get ( c ) )
8          cout << c;
9      system ( "pause" );
10     return 0;
11  }
```

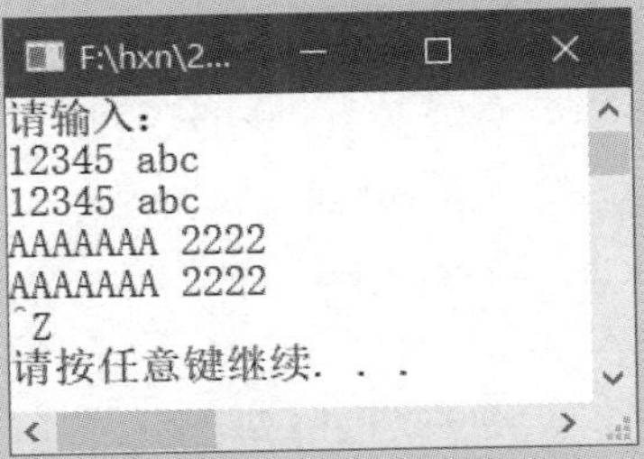

图 13.5　例 13-4 的输出结果

第 7 行：每次循环 get 从输入流 cin 读取一个字符存入 c，读位置到达流尾终止循环。但 cin 可以一直输入(没有流尾)，进入死循环。可用“Ctrl + Z”组合键(快捷键 F6)输入流结束标志 EOF，从而结束循环。

3. get 与 getline 有 3 个参数

这两个函数的功能和用法很相似，把它们放在一起学习。

原型：istream&　get (char* **Arr**,　long long **N**,　char **C** = '\n');

原型：istream&　getline (char* **Arr**,　long long **N**,　char **C** = '\n');

功能：读 N−1 个字符(含空白)作为字符串存入 Arr，遇终止字符 C 则停止读。C 缺省为换行符 '\n'，需保证数组 Arr 空间足够。

区别：get 遇终止字符 C 时，读位置停在终止符 C 之前，下次从 C 开始读。getline 停在终止符 C 之后，下次从 C 后面开始读。

例 13-5　编程实验：成员函数 get 与 getline 的区别。

程序代码及程序输出结果(图 13.6)如下：

```
1   #include <iostream>
2   using namespace std;
3   int  main ( )
4   {
5         cout << "输入字符串:";
6         int  n = cin.get ( );      //键入 How are you?
7         cout << n << endl;
8        //--------------------------------------------------
9         char  ch [ 20 ] ;          //需保证空间足够
10        cin.getline ( ch , 20 ) ; //缺省终止符'\n'
11        //cin.get(ch, 20) ;         //替换上句
12        cout << "该字符串是:" << ch << endl ;
13       //--------------------------------------------------
14        cout << "输入字符串:";   //键入 ABCDE\FGHI
```

```
15      cin.getline ( ch , 20 ) ;          //缺省终止符
16      cout << "该字符串是:" << ch << endl ;
17     //--------------------------------------------------
18      cout << "输入字符串:";
19     //键入：111\222\333\444
20      cin.getline ( ch , 20 , '\\' );     //第一次读
21     //cin.get ( ch , 20 , '\\' );         //替换上句
22      cout << "该字符串是:" << ch << endl ;
23      cin.getline ( ch , 20 , '\\' );     //第二次读
24      cout << "该字符串是:" << ch << endl ;
25      system ( "pause" );        return 0;
26  }
```

```
F:\hxn\2018 ...
输入字符串:How are you?
72
该字符串是:ow are you?
输入字符串:ABCDE\FGHI
该字符串是:ABCDE\FGHI
输入字符串:111\222\333\444
该字符串是:111
该字符串是:222
请按任意键继续. . .
```

图 13.6　例 13-5 的输出结果

第 6 行：无参数 get 从 cin 中读取一个字符 H，返回其 ASCII 码 72(十进制)。

第 10 行：从 cin 当前位置“o”处读取 19 个字符，遇终止符'\n'停止读。

第 15 行：上次键入后按回车键(endl)，cin 缓冲区被刷新，即键入“ABCDE\FGHI”之前缓冲区已刷新(清空)。

第 20 行：指定终止符“\”，读位置停在第一个“\”之后(跳过终止符)。

第 23 行：从当前位置(第一个“\”后面)继续读，此时流未刷新，故输出 222。

思考与练习：

(1) 用第 11 行替换第 10 行的结果是什么？

(2) 用第 21 行替换第 20 行的结果是什么？

13.2.3　成员函数 gcount

原型：long long　gcount ( ) const ;　　// gcount 表示 get count 的意思

功能：获得从流中读取的字符数。

返回：字符数(包括输入的换行符)。

例 13-6　编程实验：成员函数 gcount 的使用。

程序代码及程序输出结果(图 13.7)如下：

```
1   #include <iostream>
2   using namespace std;
3   int   main ( )
4   {
5     char str [ 20 ];
6     cout << "请输入：";
7     cin.getline ( str , 20 );   //键入 123456789(回车)
8     cout << cin.gcount ( ) << "个字符：" << str ;
9     cout << endl;
```

```
F:\hxn...
请输入：123456789
10个字符：123456789
请按任意键继续. . .
```

图 13.7　例 13-6 的输出结果

```
10    system ( "pause" );      return 0;
11  }
```

13.2.4　成员函数 peek

原型：int　peek( ) ;

功能：观察当前读位置处的字符，但不读取它(读位置不移动)。

返回：该字符的 ASCII 编码。

例 13-7　编程实验：成员函数 peek 的使用。

程序代码及程序输出结果(图 13.8)如下：

```
1    #include <iostream>
2    using namespace std;
3    int   main ( )
4    {
5      char   ch [ 11 ] ;
6      cin.get ( ch , 5 ) ;          //键入 1234567890
7      cout << ch << ',' ;
8      int    k = cin.peek ( ) ; //读位置在哪
9      cout << char ( k ) << endl;
10     system ( "pause" );
11     return 0;
12   }
```

```
F:\hxn\...
请输入：1234567890
1234,5
请按任意键继续. . .
```

图 13.8　例 13-7 的输出结果

13.2.5　成员函数 ignore

原型：istream&　ignore (long long **N** = 1, int **C** = EOF);　　//形参有缺省值

功能：从输入流读取 N 个字符(含终止符 C)并丢弃之，遇到终止符 C 停止读取。系统宏 #define **EOF** (−1)，因 ASCII 码没有−1，故用−1 作为**流结束符**。

返回：istream 对象，读位置到达流尾时返回假。

ignore 函数的用法见例 13-8。

13.2.6　成员函数 putback 与 unget

原型：istream&　putback (char c);

功能：把字符 c 插入到输入流的当前位置。

原型：istream&　unget ( );

功能：将最近读取的字符放回(插入)到输入流的当前位置。

返回：istream 对象，读位置到达流尾时返回假。

例 13-8　编程实验：成员函数 ignore 和 putback 的使用。

程序代码及程序输出结果(图 13.9)如下：

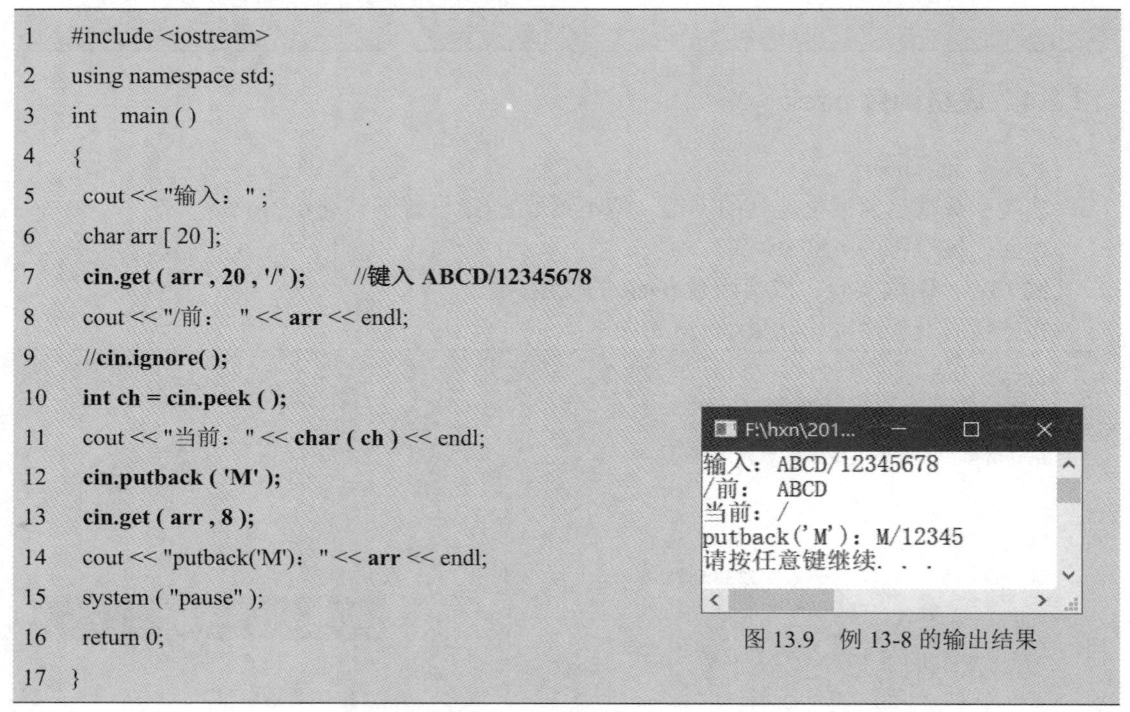

```
1   #include <iostream>
2   using namespace std;
3   int   main ( )
4   {
5    cout << "输入：" ;
6    char arr [ 20 ];
7    cin.get ( arr , 20 , '/' );        //键入 ABCD/12345678
8    cout << "/前：  " << arr << endl;
9    //cin.ignore( );
10   int ch = cin.peek ( );
11   cout << "当前：" << char ( ch ) << endl;
12   cin.putback ( 'M' );
13   cin.get ( arr , 8 );
14   cout << "putback('M')：" << arr << endl;
15   system ( "pause" );
16   return 0;
17  }
```


图 13.9　例 13-8 的输出结果

第 12 行：在当前位置“/”处插入字符 M，其后位置往后移一个字符。

思考与练习：

不注释第 9 行，结果有何变化？

例 13-9　编程实验：成员函数 putback 和 unget 的使用。

程序代码及程序输出结果(图 13.10)如下：

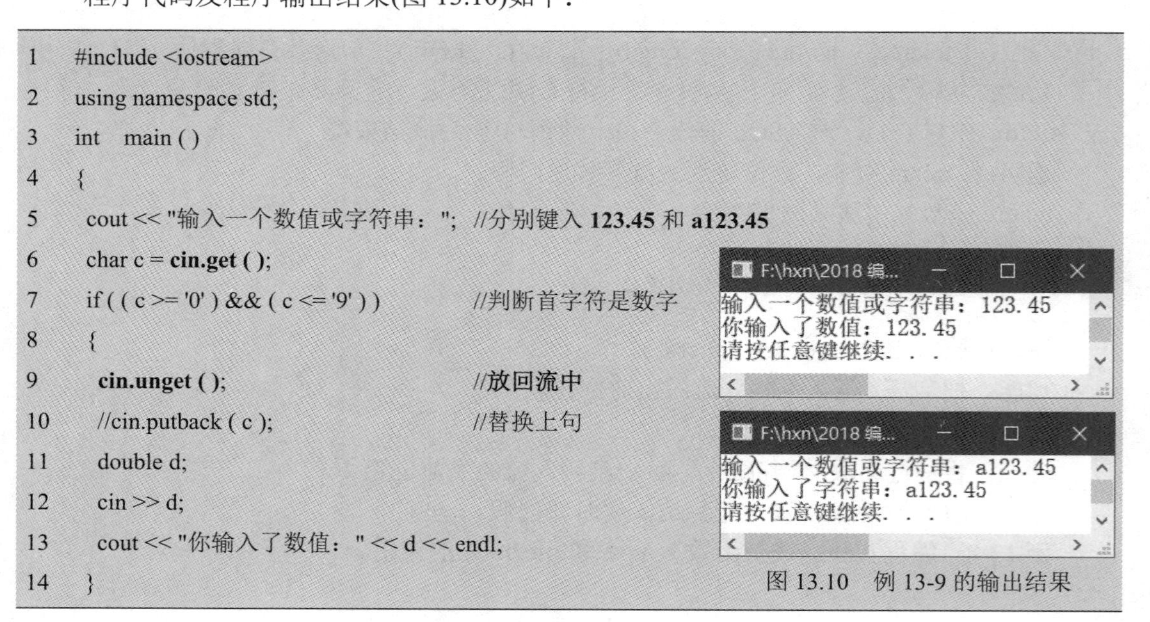

```
1   #include <iostream>
2   using namespace std;
3   int   main ( )
4   {
5    cout << "输入一个数值或字符串："; //分别键入 123.45 和 a123.45
6    char c = cin.get ( );
7    if ( ( c >= '0' ) && ( c <= '9' ) )          //判断首字符是数字
8    {
9     cin.unget ( );                            //放回流中
10    //cin.putback ( c );                        //替换上句
11    double d;
12    cin >> d;
13    cout << "你输入了数值：" << d << endl;
14   }
```


图 13.10　例 13-9 的输出结果

```
15    else
16    {
17      cin.unget ();           //放回流中
18      //cin.putback ( c );    //替换上句
19      char str [ 80 ];
20      cin.getline ( str , 80 );
21      cout << "你输入了字符串：" << str << endl;
22    }
23    system ( "pause" );  return 0;
24  }
```

13.3　标准输出流对象 cout

cout 是系统定义的输出流类 ostream(见图 13.11)的对象，它与标准输出设备屏幕绑定，称标准输出流(Standard Output Stream)对象，简称**标准输出流**。

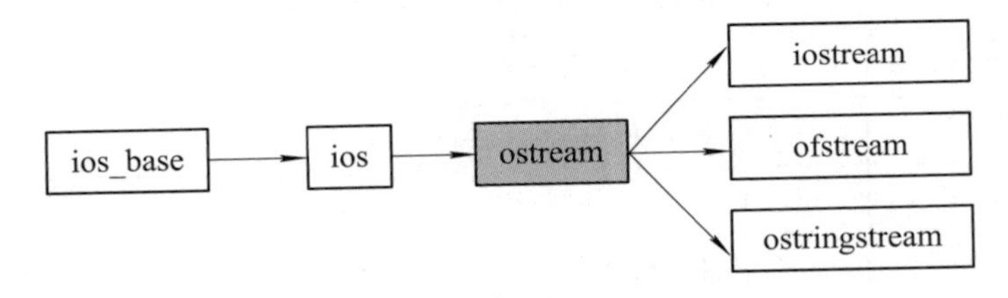

图 13.11　输出流类及派生关系

13.3.1　cout 与“<<”

此前多次用过 cout 与“<<”运算符结合，用于在屏幕上输出数据。

ostream 类重载了“<<”左移位运算符，用于向输出流中插入数据(不限于 cout)，称为**流插入运算符**(Insertion Operator)，简称**插入符**。

13.3.2　格式操作符

格式化输出是按指定格式输出数据。如按十六进制输出整数，按日期或金钱格式输出数据，按科学记数法输出浮点数，按指定的有效数字输出浮点数，等等。

格式标志(Format Flag)用于控制数据的输出格式。像流状态标志一样，格式标志也用二进制位存储，每个标志占一个 bit。直接操作标志位不方便，故 C++ 提供了操作标志位的两种手段——**格式操作符和成员函数**。

格式操作符是用于控制格式的特殊函数，形参为流对象，可不带参数与流操作符连用，也可带参数函数调用，如 cout << dec 与 dec(cout)均可，见例 13-10。**格式操作符**(Manipulator)来源于 ios_base 类和< iomanip >头文件，见表 13-2 和表 13-3。

表 13-2　ios_base 类提供同名的格式操作符和成员常量(fmtflags 类型)

序号	**成员常量 格式操作符**	**效果**(设置后一直有效，直到下一次重设为止)
1	boolalpha	bool 值输出为 true 或 flase
2	noboolalpha	bool 值输出为 1 或 0(默认)，**no 开头的不是成员常量，下同**
3	showbase	整数前面加进制前缀，如 0xFF、012、25 等
4	noshowbase	整数前面不加进制前缀(默认)
5	showpoint	输出小数点，即使小数部分为 0，如 12.00、28 等
6	noshowpoint	小数部分不为 0 时才输出小数点(默认)
7	showpos	非负数值前面要输出“+”号，如+1.6、+0 等
8	noshowpos	非负数值前面不输出“+”号(默认)，如 1.6、0 等
9	skipws	“>>”输入跳过前面空白字符(默认)
10	noskipws	“>>”输入不跳过前面空白字符
11	unitbuf	每次输出都强制刷新缓冲区
12	nounitbuf	每次输出不强制刷新缓冲区(默认)
13	uppercase	十六进制前缀和科学记数法的字母大写，如前缀 0X、科学记数法 E
14	nouppercase	十六进制前缀和科学记数法的字母小写(默认)，如前缀 0x、科学记数法 e
15	dec	按十进制格式输出整数(默认)
16	hex	按十六进制格式输出整数
17	oct	按八进制格式输出整数
18	fixed	按定点小数形式输出，noshowpoint 无效
19	scientific	按科学记数法输出，noshowpoint 无效
20	hexfloat	C++11 提供：按十六进制形式输出浮点数
21	defaultfloat	C++11 提供：用默认格式输出浮点数
22	internal	输出域内：正负号左对齐，数值右对齐，中间由填充字符填充
23	left	输出域内：左对齐(包括正负号)
24	right	输入域内：右对齐(包括正负号)

说明 1：可用类访问成员常量，如 ios_basde::**hex**、ios::**hex**，也可对象访问，如 cout.**hex**。

说明 2：用“|”(位或运算符)组合多个 fmtflags 成员，如 ios::**hex** | ios::**showbase** | ios::**right**。

表 13-3　< iomanip > 头文件提供的格式控制符

序号	格式操作符(有参数)	设置后效果(setw 一次有效，其他一直有效)
1	setiosflags (fmtflags)	设置指定格式标志 fmtflags(见表 13-2)，需要先清除原 fmtflags
2	resetiosflags (fmtflags)	清除指定格式标志 fmtflags(见表 13-2)
3	setbase (int)	输出整数的进制，参数 int 取 10/16/8 或 dec/hex/oct，默认为 10
4	setfill (char)	设置输出域的填充字符 char，默认空格填充
5	setprecision (int)	int 设置数值位数(含整数部分)或小数位数(fixed、scientific)，默认值为 6 (0 也表示默认)
6	setw (int)	int 设置输出域宽度(字符)，默认为数据实际宽度
7	get_money (...)	C++11 支持：从流中读取货币数据，见例 13-12
8	put_money (...)	C++11 支持：向流中插入货币数据，见例 13-12
9	get_time (...)	C++11 支持：从流中读取日期和时间数据，见例 13-12
10	put_time (...)	C++11 支持：向流中插入日期和时间数据，见例 13-12

说明：格式控制符通常与“<<”连用，如 cout << setw (8)。

例 13-10　编程实验：格式操作符——输出数据的进制与对齐等。

程序代码及程序输出结果(图 13.12)如下：

```
1   #include <iostream>
2   #include <iomanip>      // setfill、setw
3   using namespace std;
4   int   main ( )
5   {
6    int   i = 60;
7    cout << dec << i << endl;                    //dec 不带参数与“<<”连用
8   //dec ( cout );   cout << i <<endl;           //可替换上句：dec 函数带参数调用
9    cout << hex << i << endl;
10   cout << oct << i << endl << i <<endl;
11   cout << "------------" << endl;
12   cout << showbase << uppercase ;
13   cout << dec << i << endl;
14   cout << hex << i << endl;
15   cout << oct << i << endl;
16   cout << "------------" << endl;
17   cout << noshowbase << dec;                   //重设
18   double   post = 1.6 , zero = 0.0 ;
19   cout << showpos << post << " " << zero << endl;
20   cout << noshowpos << " " << post << " " << zero ;
21   cout << "\n------------" << endl;
```

```
22    double   d = -10.8;
23    cout << setfill ( '*' ) ;
24    cout << setw ( 8 ) << left << d << endl;
25    cout << setw ( 8 ) << right << d << endl;
26    cout << setw ( 8 ) << internal << d << endl;
27    cout << setw ( 8 ) << d << endl;
28    cout << d << "," << d << endl;   //默认实际宽度
29    cout << "------------" << endl;
30    bool   b1 = true , b2 = false;
31    cout << noboolalpha << b1 << ',' << b2 << endl;
32    cout << boolalpha << b1 << ',' << b2 << endl;
33    cout << "------------" << endl;
34    char   a , b , c;
35    cout << "输入含空白串： " << endl;
36    cin >> skipws >> a >> b >> c;
37    cout << a << b << c << endl;
38    cout << "输入含空白串： " << endl;
39    while ( cin.get ( ) != '\n' ) { }        //刷新 cin 缓冲区
40    //cin.ignore ( 1000 , '\n' );           //替换上句
41    cin >> noskipws >> a >> b >> c;
42    cout << a << b << c << endl;
43    system ( "pause" );
44    return 0;
45  }
```

```
60
3c
74
74
------------
60
0X3C
074
------------
+1.6 +0
 1.6  0
------------
-10.8***
***-10.8
-***10.8
-***10.8
-10.8,-10.8
------------
1,0
true,false
------------
输入含空白串：
  1  2  3456
123
输入含空白串：
 12345
 12
请按任意键继续. . .
```

图 13.12　例 13-10 的输出结果

例 13-11　编程实验：格式操作符——输出浮点数及精度。

程序代码及程序输出结果(图 13.13)如下：

```
1   #include <iostream>
2   #include <iomanip>     // setfill、setw
3   using namespace std;
4   int   main ( )
5   {
6     double   d1 = 30,   d2 = 1000.0,   d3 = 12.345777;
7     cout << "默认：精度<6> + <noshowpoint>" << endl;
8     cout << d1 << "\t " << d2 << "\t    " << d3 << endl;
9     cout << "<defaultfloat>：同默认\n" ;
10    cout << defaultfloat << d1 << "\t " << d2 << "\t    " << d3 << endl;
11    cout << "小数点： " << endl;
```

```
12    cout << showpoint << d1 << "\t " << d2 << "    " << d3 << endl;
13    cout << noshowpoint << d1 << "\t " << d2 << "\t    " << d3 << endl;
14    cout << "精度<6>或<0>：  " << endl << setprecision ( 6 );
15    cout << showpoint << d1 << "\t " << d2 << "    " << d3 << endl;
16    cout << noshowpoint << d1 << "\t " << d2 << "\t    " << d3 << endl;
17    cout << "精度<3>：  " << endl << setprecision ( 3 ) << showpoint;
18    cout << d1 << "\t " << d2 << " " << d3 << endl;
19    cout << noshowpoint;
20    cout << d1 << "\t " << d2 << "\t " << d3 << endl;
21    cout << "----------------------------" << endl;
22    cout << "<fixed> + 精度<3>\n";
23    cout << fixed << setprecision ( 3 );
24    cout << showpoint;
25    cout << d1 << "    " << d2 << "    " << d3 << endl;
26    cout << noshowpoint ;   //不起作用
27    cout << d1 << "    " << d2 << "    " << d3 << endl;
28    cout << "<defaultfloat> + 精度<0>：\n";
29    cout << defaultfloat << setprecision ( 0 );
30    cout << d1 << "    " << d2 << "    " << d3 <<endl;
31    cout << "<scientific> + 精度<1>：\n";
32    cout << scientific << setprecision ( 1 ) ;
33    cout << showpoint;
34    cout << d1 << "    " << d2 << "    " << d3 << endl;
35    cout << noshowpoint ;     // noshowpoint 无效
36    cout << d1 << "    " << d2 << "    " << d3 << endl;
37    cout << "----------------------------" << endl;
38    cout << "<hexfloat> + 精度<1>：\n";
39    cout << hexfloat << setprecision ( 1 ) << d1 << "    " << d2 << "    " << d3 << endl;
40    cout << "<hexfloat> + 精度<2>：\n";
41    cout << setprecision ( 2 ) << d1 << "    " << d2 << "    " << d3 << endl;
42    system ( "pause" );   return 0;
43  }
```

```
F:\hxn\2018 编写...
默认：精度<6> + <noshowpoint>
30        1000      12.3458
<defaultfloat>：同默认
30        1000      12.3458
小数点：
30.0000   1000.00   12.3458
30        1000      12.3458
精度<6>或<0>：
30.0000   1000.00   12.3458
30        1000      12.3458
精度<3>：
30.0      1.00e+03  12.3
30        1e+03     12.3
----------------------------
<fixed> + 精度<3>
30.000   1000.000   12.346
30.000   1000.000   12.346
<defaultfloat> + 精度<0>：
30    1000    12.3458
<scientific> + 精度<1>：
3.0e+01   1.0e+03   1.2e+01
3.0e+01   1.0e+03   1.2e+01
----------------------------
<hexfloat> + 精度<1>：
0x1.ep+4   0x1.fp+9   0x1.9p+3
<hexfloat> + 精度<2>：
0x1.e0p+4   0x1.f4p+9   0x1.8bp+3
请按任意键继续. . .
```

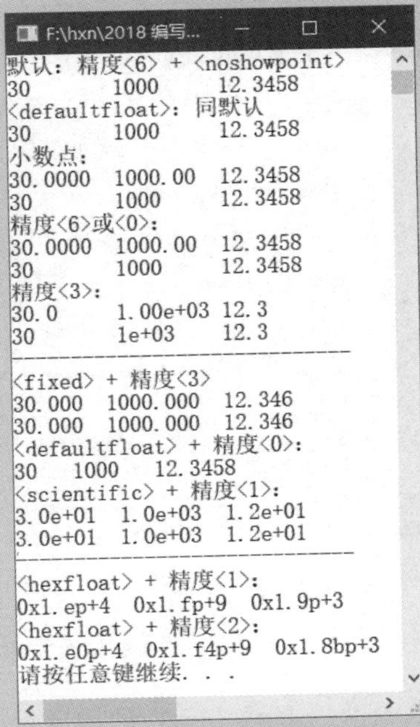

图 13.13　例 13-11 的输出结果

例 13-12　编程实验：格式操作符——输出日期时间和货币。

程序代码及程序输出结果(图 13.14)如下：

```
1    #include <iostream>
2    #include <iomanip>
3    //#include <locale>
4    using namespace std;
```

```
5   int   main ( )
6   {
7       locale   mylocale( "" );      //本机区域与语言设置，影响日期、货币等格式
8       cout.imbue( mylocale );
9       time_t   t = time ( 0 );      //1970-01-01 00:00:00 UTC 到此刻所流逝的秒数
10      tm   tm ;                     //日期时间结构体
11      localtime_s ( &tm, &t );      //系统时间 t 转换为本地日期时间
12      cout << put_time(&tm, "日期：%Y-%m-%d\n 时间：%H:%M:%S" ) << endl;
13      cout << "------------------" << endl;
14      //===================================
15      long double   mon1 = 100.5 ;      //单位：分 (RMB)
16      cout <<"货币："<<put_money (mon1)<<" (元)\n";
17      cout <<"输入 RMB(分)：";
18      long double   mon2 ;
19      cin >> get_money ( mon2 );        //元(RMB)
20      cout << showbase                  //显示货币符号
21          << "chs: " << put_money ( mon2 ) << endl
22          << " or: " << put_money ( mon2 , true ) << '\n';
23      system ( "pause" );
24      return 0;
25  }
```

```
F:\hxn\_本...
日期：2021-02-24
时间：10:51:31
------------------
货币：1.01 (元)
输入RMB(分)：121.9
chs: ￥1.21
 or: CNY1.21
请按任意键继续. . .
```

图 13.14　例 13-12 的输出结果

思考与练习：

查找资料自学本例相关知识，解释输出结果。

13.3.3　类成员函数

格式控制符使用简便，用成员函数也很常见，所谓“南瓜白菜、各有所爱”。ios_base 类提供了几个格式输出成员函数，见表 13-4。

表 13-4　格式输出的成员函数

序号	成员函数	作用(与格式控制符相同或类似)
1	setf(fmtflags)	setiosflags(fmtflags)，需要先清除原 fmtflags
2	unsetf(fmtflags)	resetiosflags(fmtflags)
3	flags(fmtflags)	设置指定标志，清除其余标志
4	fill(char)	setfill(char)
5	precision(int)	setprecision(int)
6	width(int)	setw(int)

例 13-13　编程实验：用成员函数格式化输出。

程序代码及程序输出结果(图 13.15)如下：

```
1   #include <iostream>
2   #include <iomanip>
3   using namespace std;
4   int  main ( )
5   {
6     int  k = 100;
7     cout << resetiosflags ( ios::dec );              //先清除 dec 标志
8     //cout.unsetf ( ios::dec );                       //可替换上句
9     cout << setiosflags ( ios::hex | ios::showbase );
10    //cout.setf ( ios::hex | ios::showbase );         //可替换上句
11    cout << k << endl;
12    cout << resetiosflags ( ios::showbase ) << k << endl;
13    cout << "----------\n";
14    int  n = 255;
15    cout.fill ( '*' );
16    cout.flags ( ios::right | ios::hex | ios::showbase | ios::uppercase );
17    cout.width ( 8 );
18    cout << n << endl;
19    cout.unsetf ( ios::hex );                         //清除该标志
20    //resetiosflags ( ios::hex );                     //不能替换上句
21    cout << setw ( 8 ) << n << endl;
22    cout.flags ( ios::left | ios::hex );              //清除其余标志
23    cout << setw ( 8 ) << n << endl;
24    cout << "----------\n";
25    double  f = 100.253;
26    cout.precision ( 4 );
27    //cout << setprecision ( 4 );
28    cout << f << endl;
29    system ( "pause" );  return 0;
30  }
```

```
0x64
64
----------
****0XFF
*****255
ff******
----------
100.3
请按任意键继续. . .
```

图 13.15　例 13-13 的输出结果

思考与练习：

(1) 解释输出结果。

(2) 交替注释第 7、8 行，解释输出结果。

(3) 交替注释第 9、10 行，解释输出结果。

(4) 交替注释第 19、20 行，解释输出结果。

(5) 交替注释第 26、27 行，解释输出结果。
(6) 将第 26 行改为 cout.precision(2)，解释输出结果。

13.4　读写文件数据

此前，数据存储于内存(各种变量包括数组、结构体、对象等)。但是，内存不能持久存储，有必要将数据存储于外存(硬盘、光盘、U 盘等)，这是绝大多数软件的必备功能。如果程序的输入数据较多，则也不应该从键盘敲入，而应该从文件中读取。

13.4.1　文件及路径

1. 文件

用文件(File)存储各种数据(包括代码)。文件有名称即**文件名**(Filename)，文件名后缀(**扩展名**)区分文件类型，如 test.txt 表示 txt 类型的文件。

2. 绝对路径

路径即查找文件所经过的路径(Path)，如 test.data 文件的绝对路径(完整路径)为“F:\HXN\demo\test.data”，不区分大小写字母。

3. 相对路径

相对路径指相对于当前文件夹的路径。上例中，若当前处于“F:\HXN”文件夹，则 test.data 的相对路径为“.\demo\test.data”，“.\”表示当前文件夹，“..\”表示父文件夹，因此也可以这样写“..\HXN\demo\test.data”。

13.4.2　二进制文件和文本文件

本质上，计算机中一切信息均以二进制数存储。考虑到用途不同，C/C++把文件分为**文本文件和二进制文件**。为了正确读写这两类文件，需要理解它们的差别。

1. 二进制文件

二进制文件(Binary File)是指数据在文件中的存储格式与其在内存的存储格式相同。以十进制整数 5678 为例，内存格式为 <u>00010110</u> <u>00101110</u>，将其“原封不动”地写入文件，即二进制文件，应用最为广泛的二进制文件诸如 DOC、PPT、JPG、GIF、PNG、ZIP 等，只有专门编写的软件才能理解其中数据的含义。

➢ 相比文本文件，二进制文件的时空效率更高。

整数 5678 在二进制文件中占用 2 个字节，每个字节并不对应一个字符(人能够看懂)，用文本编辑软件，如 Windows“记事本”打开二进制文件(读取数据并转换为某种编码字符)，文件内容显示为“乱码”(人看不懂)，见图 13.16。

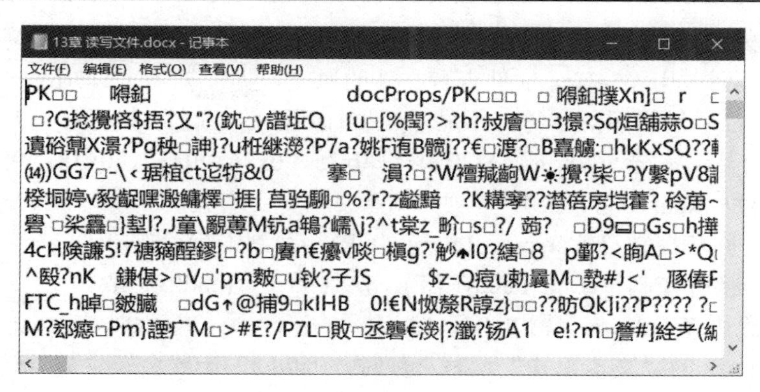

图 13.16　二进制文件的“乱码”

2. 文本文件

有些应用场合需要人能看懂并能修改文件内容，这就要用文本文件(Text File)来存储数据，诸如程序的参数配置文件、数据文件(可编辑)等。

➢ 应用场合：要求文件内容人能够看懂或可修改。

文本文件中存储的也是二进制数据，人能看懂的原因在于“文本模式”与“二进制模式”读写数据的方式不同。

➢ 文本模式读写数据：发生**字符转换**，文本文件常用这种模式读写数据。

写文件：将内存数据逐字节转换为某种字符集的编码(二进制)，然后写入文件。

读文件：从文件中逐字节读取数据，然后转换为某种编码的字符(人能看懂)。

转换为 ASCII 编码存入文件称为 **ASCII 文件**，也可转换为其他字符集编码，如汉字转换为汉字国标(GB)编码。仍以整数 5678 在文本文件中存储为例，字符转换过程如下。

首先，将整数 5678 逐字节转换为字符的 ASCII 编码：

字符	5	6	7	8	
ASCII	00110101	00110110	00110111	00111000	◄ 二进制编码

然后，将编码存入文本文件(占 4 字节且有字符转换)，时空效率不如二进制文件。

3. 查看文件中的数据

用文本编辑器软件(如记事本)查看文件内容要进行字符转换，故查看二进制文件数据显示为乱码。现在，用记事本新建 test.txt 文本文件，内容见图 13.17(a)。

test.txt - 记事本
文件(F) 编辑(E) 格式(O)

5678
5678

(a) 用记事本查看

test.txt

Offset	0	1	2	3	4	5	6	7	8	9	A	
00000000	35	36	37	38	0D	0A	35	36	37	38		5678 5678

(b) 用 WinHex 查看

图 13.17　查看文本文件 test.txt 内容

若希望看文件的原始数据而非经字符转换后的数据，就不能用发生字符转换的查看软件，如记事本，而改用 WinHex 软件查看文件的原始数据，见图 13.17(b)。

图 13.17(a)显示转换后的字符，不显示第一行后面的控制符(换行)。

图 13.17(b)显示字符 5678 的 ASCII 编码 0x35、0x36、0x37、0x38，包括控制符编码 0x0d($13_{10\,十进制}$)和 0x0a(10_{10})。

0x0d —— 回车控制符(Carriage Return，CR)，回到本行行首。

0x0a —— 换行控制符(Line Feed，LF)，换到下一行(endl 或'\n')。

由于历史原因 Windows 保留 0x0d，Linux 系统不保留，编程时注意。

基于 Windows 的“文本模式”读写文件时，0x0d 和 0x0a 会发生如下转换：

- 文本模式写文件时，0a 替换为 0d0a 后写入文件(0d 控制老式打印机头)。
- 文本模式读文件时，丢弃 0d，只保留 0a(内存中不存在 0d)。

13.4.3　文件流类

可用文件流类实现读写文件，文件流类结构图如图 13.18 所示。有如下 3 种文件流类：

ifstream 类，用于从文件中读入数据(读文件)。

ofstream 类，用于向文件中输出数据(写文件)。

fstream 类，用于文件数据的输入与输出(读或写文件)。

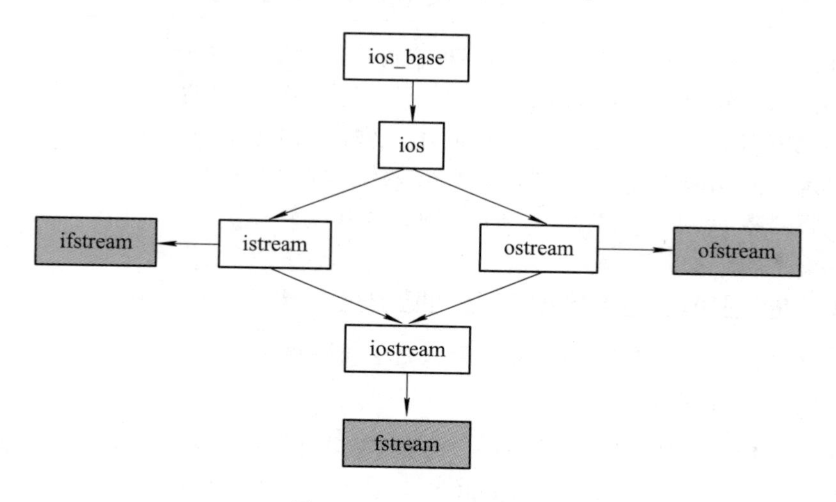

图 13.18　文件流类结构

根据文件用途(输入或输出)，正确选择文件流类来实现对文件数据的读写。

文件流类功能强大、安全易用。C 语言不支持类，它提供一套文件 I/O 函数。此外，Windows 应用编程接口(Application Programming Interface，API)也提供文件 I/O 函数，微软基础类库(Microsoft Foundation Classes，MFC)对 API 进行封装，也提供了文件 I/O 类。注意，不要混用它们，以免出现意想不到的错误。

13.4.4　打开文件

读写文件的数据需经过三大步骤，见图 13.19。

图 13.19　读写文件数据的三大步骤

打开文件包括下面 2 个步骤：

---

(1) 根据文件用途(输入或输出)，正确选择文件流类创建流对象。

(2) 将流对象绑定(或称关联)并打开某个文件。

---

1. 用构造函数打开文件

以 ifstream 类为例，语法规则也适用于 ofstream 和 fstream 类。

例句：**ifstream　fin ("test.dat", ios::in);**　// ios 由 ios_base 派生，故可用 ios

解释：创建 ifstream 对象 fin，调用 ifstream 构造函数，圆括号内实参传给构造函数。

程序将从文本文件 test.dat 中读取数据，故选择文件输入类 ifstream 创建对象 fin。fin 与当前文件夹的 test.dat 文件绑定，如果 test.dat 不在当前文件夹里，则用绝对或相对路径指明文件所在位置。

ios::in 是**文件打开模式**(File Open Mode)或称**文件读写模式**。ios::in 表示打开文件读(不能写入)，这是 ifstream 构造函数的默认参数(如下)，可省略不写。

ifstream 类的构造函数原型如下：

① **ifstream** ( );　//缺省构造函数

② **ifstream** (const　**char*** filename , ios_base::openmode **mode = ios_base::in**);

③ **ifstream** (const **string&** filename, ios_base::openmode **mode = ios_base::in**);

上面①是缺省构造函数，构造对象时不绑定具体文件，例如：

ifstream　fin ;　// fin 没有绑定文件

②、③两个构造函数有 2 个形参，第 2 个形参 mode 缺省值为 ios_base::in 或 ios::in。

②、③两个构造函数的区别在于第 1 个形参 filename 的类型不同，例如：

```
//char      fName[ ] = "d:\\test.dat" ;       //C++98 编译器支持
string      fName ( "d:\\test.dat" ) ;       //C++11 编译器支持，C++98 编译器报错
ifstream    fin ( fName, ios::in) ;
```

2. 用成员函数 open 打开文件

除用构造函数打开文件外，还可用成员函数 open 打开文件，这种方式更为灵活。仍以 ifstream 为例，语法规则同样适用于 ofstream 和 fstream 类。

```
ifstream    fin;                      //流对象 fin 未绑定文件
fin.open ( "d:\\test.dat" );          //用 fin.open 成员函数绑定并打开文件 test.dat
```

open 函数的形参表与构造函数相同，其原型如下：

void open (const　**char*** filename , ios_base::openmode **mode = ios_base::in**);

void open (const **string&** filename, ios_base::openmode **mode = ios_base::in**);

3. 必须检查打开文件是否成功

“必须”是为强调重要性。打开文件并非总能成功，例如，打开某个输入文件(读数据)，而该文件已改名或者移动了地方，打开文件失败。因此，无论输入或输出文件，必须检查打开文件是否成功。否则，后续处理不仅没有意义，还会导致各种错误。

用下面 3 种方法之一检查文件打开是否成功。

1) 流对象本身

```
ifstream   fin( "test.dat" ) ;
if( !fin )  cout << "打开文件失败" ;      // if ( fin == false ) C++11 报错
else        cout << "打开文件成功" ;
```

2) fail 成员函数

```
ifstream   fin ( "test.dat" ) ;
if ( fin.fail ( ) )   cout << "打开文件失败" ;
else                  cout << "打开文件成功" ;
```

3) is_open 成员函数

```
ifstream   fin ( "test.dat" ) ;
if ( fin.is_open( ) ) cout << "打开文件成功" ;
else                  cout << "打开文件失败" ;
```

4. 打开模式 openmode

文件打开模式也称文件读写模式，分**文本模式和二进制模式**。用哪种模式读写文件，取决于打开模式标志。与流状态标志和输出格式标志一样，每一个打开模式 openmode 标志也占 1 bit。直接操作标志位不方便，ios_base 类提供操作标志位的常量成员及函数，见表 13-5。下面几小节通过例子学习它们的使用与区别。

表 13-5　文件打开模式(ios_base 类公有成员常量)

序号	成员常量	打开模式说明
1	in	input，ifstream 缺省模式，打开一个输入文件，若文件没找到，则打开失败
2	out	output，ofstream 缺省模式，打开一个输出文件，若文件存在，则清空文件
3	app	append，打开一个输出文件，每次在文件尾追加数据，移动写位置无效
4	ate	at end，打开一个文件且定位在文件尾，移动读写位置有效，输出则清空文件
5	trunc	truncate，打开一个输出文件，若文件存在，则清空文件
6	binary	binary，用二进制模式打开一个文件，缺省为文本模式

说明：也可用对象访问，如 cin.in。用“|”运算符组合多个标志(并非任意组合都有意义)。

13.4.5　关闭文件

考虑读写文件的内容较多，这里只介绍关闭文件。程序读写完文件后，应及时关闭文件。文件是一种系统资源，操作系统限制了同时打开的文件数，超过限制就不能再打开文件。另外，数据在写入文件之前存储在缓冲区，关闭文件会刷新缓冲区，使数据真正写入文件。如果不及时关闭文件，则可能因缓冲区数据没及时写入文件而造成文件数据的丢失。

➢ 关闭文件是指解除流对象与文件的绑定(关联)，不是删除流对象。

```
ofstream   outf ( "demo.txt" );           //流对象 outf 绑定文件 demo.txt
…;                                        //读或写文件
outf.close ( );                           //关闭文件，解除 outf 与 demo.txt 的绑定关系
outf.open ( "test.dat", ios::binary );    //outf 绑定其他文件 test.dat
```

➢ 流对象不能同时绑定多个文件，只能绑定一个文件。

13.4.6 文本模式读写文件

文本模式读写文件要进行**字符转换**。写文件时，将内存数据逐字节转换为某种字符编码后写入文件；读文件时，从文件中逐字节读取编码并转换为相应字符。

➢ **读写文本文件：**通常用文本模式，希望发生字符转换(用文本文件的理由)。
➢ **读写二进制文件：**通常用二进制模式，不希望发生字符转换。

此前 cin、cout 用运算符“>>”“<<”和 get 函数读写数据都是文本模式。若把 cin 和 cout 换成文件对象，则读写绑定的文件，输出到屏幕与输出到文件的内容完全相同。

例 13-14　编程实验：用“<<”和 get 读写文本文件(文本模式)，观察字符转换。

程序代码如下，观察 str 如图 13.20 所示。

```
1   #include <iostream>
2   #include <fstream>                    //文件 I/O 头文件
3   using namespace std;
4   int  main ( )
5   {
6     int  a = 1234;
7     ofstream   outf ( "test.txt" );     //默认文本模式
8     outf << a << endl << a;
9     // endl 转换为 0d0a 存入文件，WinHex 查看
10    outf.close ( );                     //及时关闭文件
11    ifstream   fin ( "test.txt" );      //默认文本模式
12    char   str[12] = { };
13    int    i = 0;
14    while ( !fin.eof ( ) ) { str[ i++ ] = fin.get ( ); }
15    //for ( ;   (str[ i ] = fin.get( )) != EOF;   i++ );
16    fin.close ( );
17    return 0;
18  }     //◄设断点，观察 str 元素
```

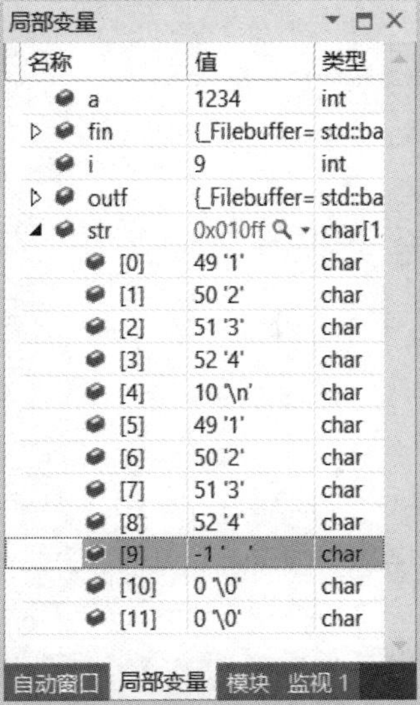

局部变量

名称	值	类型
a	1234	int
▷ fin	{_Filebuffer=	std::ba
i	9	int
▷ outf	{_Filebuffer=	std::ba
◢ str	0x010ff	char[1
[0]	49 '1'	char
[1]	50 '2'	char
[2]	51 '3'	char
[3]	52 '4'	char
[4]	10 '\n'	char
[5]	49 '1'	char
[6]	50 '2'	char
[7]	51 '3'	char
[8]	52 '4'	char
[9]	-1 ' '	char
[10]	0 '\0'	char
[11]	0 '\0'	char

自动窗口　局部变量　模块　监视 1

图 13.20　例 13-14 观察 str

第 7 行：选择输出文件流类 ofstream 创建对象 outf 并绑定打开 test.txt 文件。构造函数形参 mode 缺省值为文本模式，故 test.txt 为文本文件。.txt 可用 Windows 记事本软件打开。需指出的是：是否为文本文件，与文件扩展名无关，取决于其写入模式，.txt 未必就是文本文件。文件扩展名可自定义，作用是关联打开它的程序。

第 8 行：向 outf 绑定的文件 test.txt 写入数据。WinHex 查看文件内容见图 13.21，可见文件中有 0x0D 和 0x0A 两个字符。

test.txt

Offset	0	1	2	3	4	5	6	7	8	9	10	11	12	13	14	15	ANSI ASCII
00000000	31	32	33	34	0D	0A	31	32	33	34							1234　1234

图 13.21　WinHex 查看 test.txt 文件内容(在当前项目文件夹)

第 11 行：选择输入文件流类 ifstream 创建对象 fin 并与文件 test.txt 绑定，构造函数形参 mode 缺省值为文本模式。

第 14 行：用输入流类 get 成员函数从文件中按文本模式、逐个读取字符(含空白字符)存入数组 str。当读位置到达文件尾时(eof 成员函数返回真)，结束循环。

观察“局部变量”：str 的第 4 个元素 str[4] = '\n'(10_{10} 即 $0A_{16}$)，没有 $0D_{16}$(丢弃了)。str[9] = −1，**−1 表示文件结束符 EOF**，它被读入了 str 数组(先读后判断)。

思考与练习：

(1) 第 15 行可否取代第 14 行？把第 15 行的 EOF 改为 −1 是否正确？

(2) 理解整数 1234 是如何写入文本文件 test.txt 的。

(3) 不用 get 而改用“>>”读数据，该如何修改程序？str 数据有何不同？

例 13-15　编程实验：用“<<”向屏幕和文本文件输出结构体数据。

程序代码如下，文件输出如图 13.22 所示，屏幕输出如图 13.23 所示。

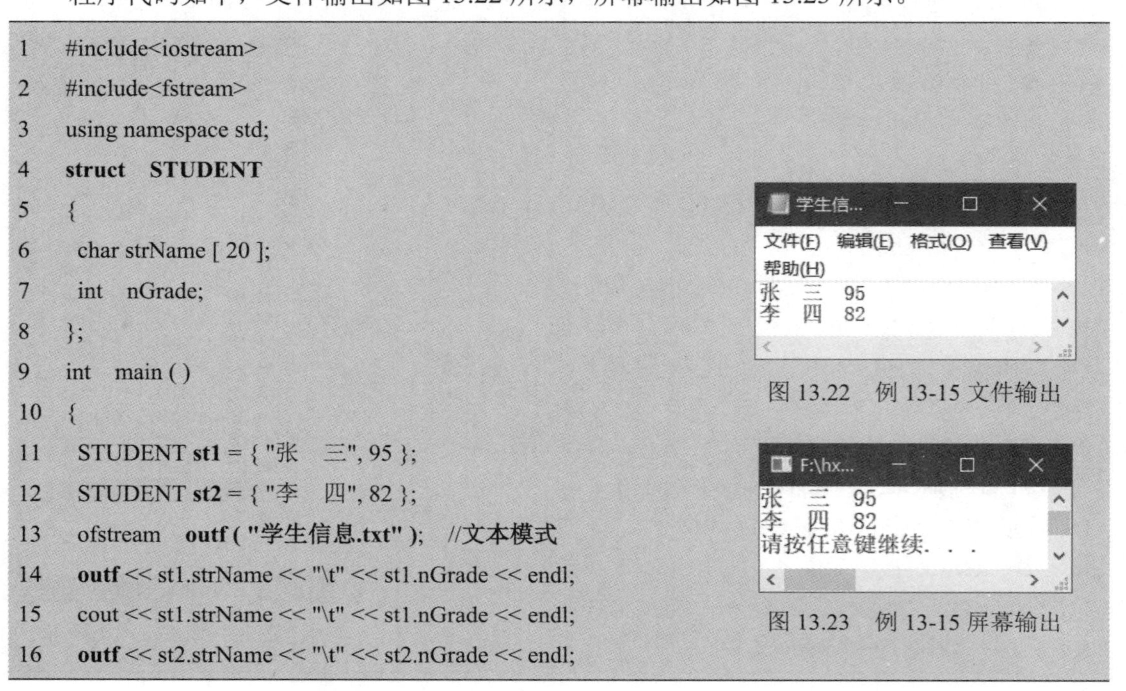

```
1   #include<iostream>
2   #include<fstream>
3   using namespace std;
4   struct  STUDENT
5   {
6    char strName [ 20 ];
7    int   nGrade;
8   };
9   int   main ( )
10  {
11   STUDENT st1 = { "张   三", 95 };
12   STUDENT st2 = { "李   四", 82 };
13   ofstream   outf ( "学生信息.txt" );    //文本模式
14   outf << st1.strName << "\t" << st1.nGrade << endl;
15   cout << st1.strName << "\t" << st1.nGrade << endl;
16   outf << st2.strName << "\t" << st2.nGrade << endl;
```


图 13.22　例 13-15 文件输出

图 13.23　例 13-15 屏幕输出

```
17   cout << st2.strName << "\t" << st2.nGrade << endl;
18   outf.close ( );     //及时关闭文件
19   system ( "pause" );     return 0;
20 }
```

第 14、15 行及第 16、17 行：向文本文件和屏幕输出 str1 和 str2 的数据。

例 13-16　编程实验：用“<<”和 getline 读写文本文件。

程序代码如下，文本文件如图 13.24 所示，屏幕输出如图 13.25 所示。

```
1    #include <iostream>
2    #include <string>
3    #include <fstream>
4    using namespace std;
5    int   main ( )
6    {
7      string   student[2] = { "王五：英语  92，C++ 96",  "赵六：英语  88，C++ 90" };
8      string   FileName = "student.txt";
9      ofstream   outfile ( FileName );    //C++11 支持 string
10     outfile << student [ 0 ] << endl;
11     outfile << student [ 1 ] << endl;
12     outfile.close ( );
13     //=================================
14     char *ch = new char [ 80 ];
15     ifstream   infile ( FileName );    //文本模式
16     if ( infile.fail ( ) )
17     {   cout << FileName << "打开失败！" << endl;    return 0; }
18     // infile.getline ( ch, 80, EOF );
19     while ( infile.getline ( ch , 80, '\n' ) )
20         cout << ch << endl;
21     infile.close ( );
22     delete[ ] ch;
23     system ( "pause" );
24     return 0;
25   }
```

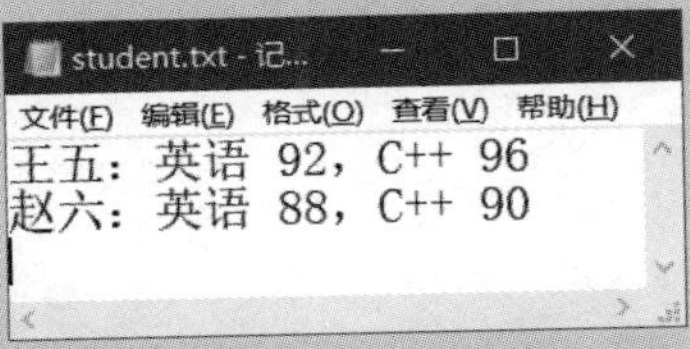

student.txt - 记...
文件(F)　编辑(E)　格式(O)　查看(V)　帮助(H)
王五：英语 92，C++ 96
赵六：英语 88，C++ 90

图 13.24　例 13-16 文本文件

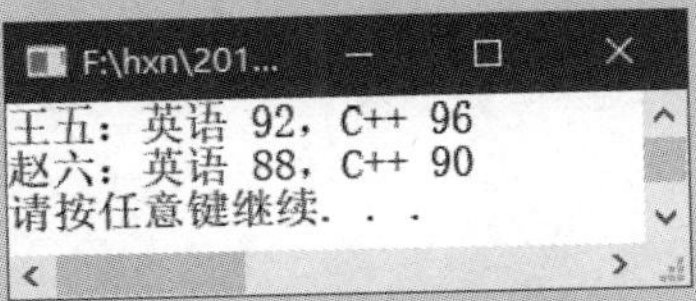

F:\hxn\201...
王五：英语 92，C++ 96
赵六：英语 88，C++ 90
请按任意键继续. . .

图 13.25　例 13-16 屏幕输出

思考与练习：

(1) 图 13.24 的第 3 行“赵六”下一行有“\n”，若删除“\n”，则程序是否需要修改？

(2) 交替注释第 18、19 行，结果有何不同？

(3) 不用 getline 而改用 get，结果有何不同？

13.4.7　文本文件综合应用举例

矩阵是一种很常用的数学工具。这里以矩阵为例，练习读写文本文件。

【任务】程序从文件“矩阵.txt”(图13.26)中顺序读取每个矩阵并输出于屏幕。允许用户修改文件中的矩阵数据，故用文本文件存储矩阵。

【要求】不宜对用户进行苛刻限制，应该允许用户定义或修改以下数据：

(1) 文件中矩阵的总数。

(2) 每个矩阵的大小(行列数)及元素。

(3) 规定用逗号“,”分隔元素，逗号前后允许有若干空白(不仅是空格)。

(4) 两个矩阵之间允许存在若干空行。

例 13-17　编程实验：矩阵的存储(文本文件)。

程序代码及程序输出结果(图13.27)如下：

```
1   #include <iostream>
2   #include <string>
3   #include <fstream>
4   using namespace std;
5   void  OpenFile ( ifstream& infile , string filename )   //打开输入文件
6   {
7    infile.open ( filename );                              //默认文本模式
8    if ( !infile )
9    {
10        cout << filename << " 文件打开失败，程序退出...\n";
11        system ( "pause" );  exit ( 0 );
12   }
13  }
14  int  MatCount ( ifstream& in )        //读文件：矩阵个数
15  {
16   int  n;
17   in >> n;              //用“>>”跳过空白字符，包括 '\n'
18   return  n;
19  }
20  class  Mat            //定义矩阵类
21  {
22   int  row , col; //矩阵行 row、列 col
23   double *pMat; //用 new 动态分配
24  public:
25   void  ReadOneMat ( ifstream& infile );
26   void  ShowOneMat ( void );
```

```
3
2 , 3
10 , 20 , 30
33 , 22 , 11

1 , 4
1 , 2 , 3 , 4

4 , 4
2 , 4 , 6 , 8
4 , 2 , 1 , 3
6 , 1 , 2 , 5
8 , 3 , 5 , 2
```

图13.26　例13-17矩阵文件

```
27    void   FreeOneMat ( void ) { delete [ ]pMat; }
28  };
29  void   Mat::ReadOneMat ( ifstream & infile )
30  {              //从文件中读一个矩阵
31    infile >> row;  infile.ignore ( 1024 , ',' );
32    infile >> col;
33    cout << row << "行" << col << "列" << endl;
34    pMat = new double [ row*col ];
35    for ( int i = 0; i < row*col; i++ )
36    {
37        infile >> pMat [ i ];
38        if ( ( i + 1 ) % col != 0 ) infile.ignore ( 1024 , ',' );
39    }
40  }
41  void Mat::ShowOneMat ( )   //屏幕输出一个矩阵
42  {
43    for ( int   i = 0; i < row*col; i++ )
44    {
45        cout << pMat [ i ] << " ";
46        if ( ( i + 1 ) % col == 0 ) cout << endl;
47    }
48  }
49  int   main ( )
50  {
51    string   FileName = "矩阵.txt";
52    ifstream   infile;
53    OpenFile ( infile , FileName );
54    Mat   oneMat ;
55    int N = MatCount ( infile );     //文件中矩阵的个数
56    cout << "矩阵个数:" << N << endl << endl;
57    for ( int i = 0; i < N; i++ )
58    {
59      oneMat.ReadOneMat ( infile );   //读一个矩阵
60      oneMat.ShowOneMat (   );        //显示该矩阵
61      oneMat.FreeOneMat (   );        //释放该矩阵
62      system ( "pause" );
63      cout << endl;
64    }
65    infile.close ( );    return 0;
66  }
```

```
F:\h...
矩阵个数:3

2行3列
10 20 30
33 22 11
请按任意键继续. . .

1行4列
1 2 3 4
请按任意键继续. . .

4行4列
2 4 6 8
4 2 1 3
6 1 2 5
8 3 5 2
请按任意键继续. . .
```

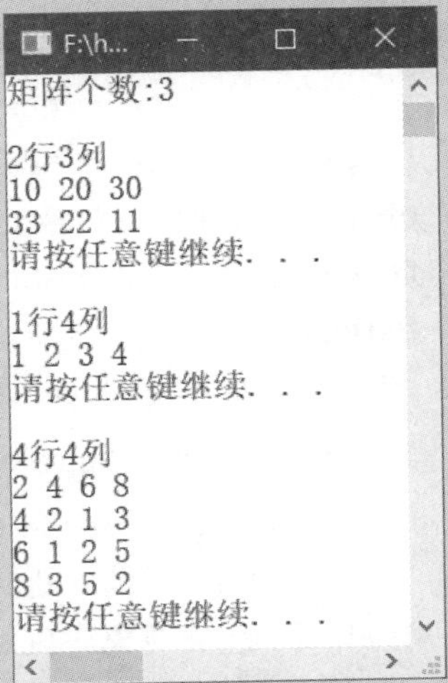

图 13.27　例 13-17 的输出结果

主要说明：

(1) 本例代码并非最好的实现方式，旨在学习组合多个知识点的编程思维。

(2) 用“<<”跳过空白符，包括换行符 '\n'。

(3) 用 ignore 函数跳过逗号“,”(元素分隔符)。

(4) 流对象(infile)不可复制和赋值，故流对象作为函数形参或返回值时须用引用，且不能加 const(读写操作会改变流的状态)。

思考与练习：

(1) 有几个函数的形参都是流对象的引用，改为非引用如何？

(2) Mat 类中 pMat 数组为何用动态分配而不静态分配？

(3) 本例 ignore 函数的作用是什么？

(4) “矩阵.txt”文件被打开了几次？何时打开的？何时关闭的？

(5) 若用非数字字符作元素分隔符(本例为逗号)，则应如何修改程序？

(6) 如果想要去掉“矩阵.txt”文件第一行的矩阵个数(3)，则应如何修改程序？

13.4.8　二进制模式读写文件

任何文件(文本和二进制文件)都可用二进制模式读写，二进制模式读写文件不会发生字符转换，按数据原样写入文件或从文件中读出。

对于二进制文件，通常用二进制模式读写，不希望用文本模式读写的字符转换。二进制模式读写文件，有如下要求：

- 文件打开模式必须是 ios::**binary**，缺省为文本模式。
- 用流成员函数 **read** 和 **write** 读写数据。

二进制模式正确打开文件举例：

```
ifstream   infile ( "test.data", ios::binary );
fstream    infile ( "test.data", ios::in | ios::binary );              //fstream 不能省略 ios::in
ofstream   outfile ( "test.data", ios::binary );
fstream    outfile ( "test.data", ios::out | ios::binary );            //fstream 不能省略 ios::out
fstream    inout ( "test.data", ios::in | ios::out | ios::binary ) ;   //可读可写
```

下面介绍如何使用 read 和 write 两个成员函数。

1. read 成员函数(istream 类)

原型：istream&　**read** (char * **Arr,**　long long **Bytes**);

功能：如果流可用，则从流中读取 Bytes 字节的数据存入数组 Arr。

返回：istream 对象。到达流尾时设置错误标志 failbit，未清除该标志前流不能用。

2. write 成员函数(ostream 类)

原型：ostream&　**write** (char * **Arr**,　long long **Bytes**);

功能：如果流可用，则将 Arr 数组中 Bytes 字节的数据输出到流中。

返回：ostream 对象。若有错误，则流不能用。

例 13-18　编程实验：用二进制模式读文本文件。

程序代码如下，文本文件如图 13.28 所示，屏幕输出如图 13.29 所示。

```
1   #include<string>
2   #include<iostream>
3   #include<fstream>
4   using namespace std;
5   int  main ( )
6   {
7     int   k = 1234;
8     string   str = "ABCD";
9     string   filename = "文本文件.txt";
10    ofstream   outfile ( filename );   //文本模式(缺省)
11    outfile << k << endl << str ;      //写入内容
12    outfile.close ( );
13    //-----------------------------------------------
14    ifstream   infile ( filename , ios::binary );
15    if ( !infile )
16    {
17       cout << "文件打开失败"<< endl;
18       system ( "PAUSE" );   return 0;
19    }
20    char   cstr[20] = "" ;          //存放读取的文件内容
21    char *p = cstr;
22    int   Bytes = 0;                //读取的字节数
23    while( infile.read(p, 1))       //每次读 1 字节
24    {    //while(infile.read( p,1) == true )   //C++11 不支持
25         p++;   Bytes++ ;
26    }
27    infile.close ( );
28    //-----------------------------------------------------
29    cout << cstr ;                  //屏幕输出读取的内容
30    cout << endl;
31    for ( int i = 0; i < Bytes ; i++ )
32    {   //每个字符转换为编码，十进制显示
33       cout << int ( cstr[i] ) << " ";
34       if ( cstr[i] == 10 )   cout << endl;
35    }
36    cout << endl;
```

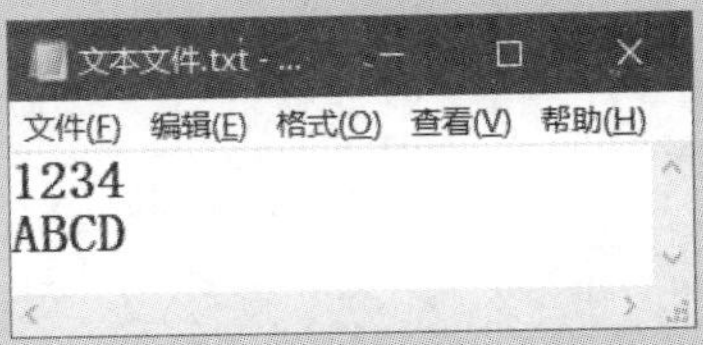

文本文件.txt - ...
文件(F) 编辑(E) 格式(O) 查看(V) 帮助(H)
1234
ABCD

图 13.28　例 13-18 文本文件

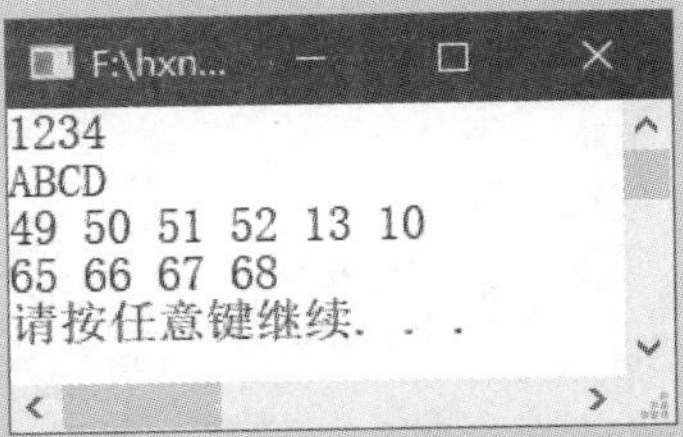

F:\hxn...

```
1234
ABCD
49 50 51 52 13 10
65 66 67 68
请按任意键继续. . .
```

图 13.29　例 13-18 屏幕输出

```
37   system ( "pause" );    return 0;
38  }
```

本例为演示用二进制模式读写文本文件。通常，文本文件用文本模式读写。

第 10～12 行：用文本模式创建“文本文件.txt”，写入内容见图 13.28。

第 14 行：用二进制模式打开“文本文件.txt”，作为输入文件。

第 23～26 行：每次循环 read 函数从文件读一字节、存入数组 cstr 直到文件结束，文件全部内容被读入 cstr 数组。

思考与练习：

(1) 第 20 行：如果不初始化数组 cstr，则结果会如何？

(2) 第 23 行：理解 while 循环的结束条件是什么。

(3) 数组 cstr 有 0x0A(13_{10})吗？如何知道？

(4) 第 29 行：输出了什么？

(5) 第 30 行：作用是什么？

(6) 将 ifstream 和 ofstream 都改为 fstream，该如何修改程序？

例 13-19　编程实验：用二进制模式读写二进制文件(结构体数组)。

程序代码及程序输出结果(图 13.30)如下：

```
1   #include <iostream>
2   #include <fstream>
3   #include <string>
4   using namespace std;
5   void   openFailMsg ( string filename )   //显示文件打开失败信息
6   {
7     cout << filename << "  打开失败！ 程序退出..." << endl;
8     system ( "pause" );
9   }
10  struct   people
11  {
12  //string name ;          //注意 string
13    char name [ 20 ];
14    int age;
15  };
16  //将结构体数组 one(元素个数 Count)存入文件 filename
17  void SaveFile ( string filename , people* one , int Count )
18  {
19    ofstream   out ( filename , ios::binary );          //二进制模式
20    if ( !out ) { openFailMsg ( filename );   exit(0); }
21    //========= 一次写整个数组 ==========
```

```
F:\hxn\...
张三：18
李四：20
王五：19
请按任意键继续. . .
```

图 13.30　例 13-19 屏幕输出

```
22   out.write((char*)one , sizeof(people)*Count );
23   //========= 一次写一个元素 ==========
24   //for ( int i = 0; i < Count; i++ )     //元素个数循环
25   //{
26   //    out.write((char*)one , sizeof( people ) );
27   //    one++;
28   //}
29   //========= 一次写一个字节 ==========
30   //char *p = (char*)one;
31   //for ( int i = 0;   i < sizeof ( people )*Count;   i++ )   //字节数循环
32   //{
33   //    out.write( p , 1 );
34   //    p++ ;  //one++;   //ERROR
35   //}
36   //================================
37   out.close ( );
38  }
39  //从文件 filename 读入结构体数组 one(元素个数 Count)
40  void ReadFile ( string filename , people* one , int Count )
41  {
42   ifstream   in ( filename , ios::binary );
43   if ( !in ) { openFailMsg ( filename );   exit(0); }
44   //========= 一次读入整个数组 ==========
45   in.read((char*)one , sizeof ( people )*Count );
46   in.close ( );
47  }
48  int   main ( )
49  {
50   const int N = 3;                    //数组元素个数
51   people   s1 [ N ] = {               //结构体数组
52   {"张三", 18 }, {"李四", 20}, {"王五", 19 } };
53   people   s2 [ N ] = { };
54   string   FileName = ".\\信息.dat";        //当前项目文件夹"信息.dat"文件
55   SaveFile ( FileName , s1 , N );          //结构体数组 s1 存入文件 FileName
56   ReadFile ( FileName , s2 , N );          //从文件 FileName 读入结构体数组 s2
57   for ( int i = 0; i < N; i++ )            //屏幕输出 s2
58   {
59      cout << s2 [ i ].name << "：" << s2 [ i ].age << endl;
60   }
```

```
61  system ( "pause" );    return 0;
62  }
```

结构体数组用二进制模式存入文件(二进制文件)，再用二进制模式从文件中读出，屏幕输出只为观察读写数据是否正确。

本例展示了 3 种方式：一次写入整个数组、一次写入一个元素及一次写入一个字节。

思考与练习：

第 12、13 行：name 类型改为用 string 代替 char 数组，运行时会触发异常错误。这个问题的发生与解决方法将在下一小节学习。

例 13-20　编程实验：流缓冲区对象的使用。

程序代码如下：

```
1   #include <iostream>
2   #include <fstream>
3   //准备一个图像文件(类型不限)作为原文件进行文件复制
4   using namespace std;
5   int  main ( )
6   {
7    ifstream    infile ( "原图.png" , ios::binary );       //二进制模式
8    ofstream   outfile ( "副本.png" , ios::binary );
9    if ( !infile || !outfile )
10   {
11      cout << "不能打开文件！，程序退出..." << endl;
12      system ( "pause" );   return 0;
13   }
14   //========== 方法① ==================
15   char ch;
16   while ( infile.read ( &ch , 1 ) )
17           outfile.write ( &ch , 1 ) ;
18   //========== 方法② ==================
19   //outfile << infile.rdbuf ( );          //获得输入流缓冲区
20   //========== 方法③ ==================
21   //infile >> outfile.rdbuf ( );          //获得输出流缓冲区
22   infile.close ( );                     //刷新输入缓冲区
23   outfile.close ( );                    //刷新输出缓冲区
24   cout << "拷贝完毕！ " << endl;
25   system ( "pause" );   return 0;
26  }
```

文本读写模式会发生字符转换，会改变图像文件的数据，不能正确复制文件。

每个流对象都有一个流缓冲区对象 streambuf，ios 类成员函数 rdbuf 的说明如下。

函数原型：streambuf * **rdbuf** ( ) const ;

函数功能：获得 streambuf 对象指针。

函数返回：streambuf 对象指针。

思考与练习：

(1) 如何验证本程序是否能够正确完成文件复制？

(2) 实验：本例用 .png 图像文件类型，改用其他图像文件类型(如*.jpg)。

(3) 实验：若注释第 23 行，则是否能够正确完成文件的复制？

13.4.9　二进制模式读写 string 对象

string 字符串类功能强大、使用简便、应用广泛。其内部结构较复杂，有诸多成员变量和函数，有指针型成员变量。用二进制模式读写 string 对象，须对 string 内部结构有个基本了解，否则会犯错误。

例 13-19 的第 12、13 行，将 people 结构体成员 name 由 char 数组改为 string 对象后(注释第 13 行、不注释第 12 行)，运行时触发异常错误的原因是什么？只有找到出错原因，才能改正错误。这里，先介绍 string 类的两个成员函数 c_str( ) 和 data( )。

函数原型： const　char * **c_str**( ) const

函数功能：获得 string 对象的 C-string(char 数组存储的字符串)。

函数返回：指向 C-string 字符串的指针，即 char* 指针。

函数原型： const　char * **data**( ) const

函数功能：同 c_str 函数。

函数返回：同 c_str 函数。

例 13-21　编程实验：string 的 c_str 和 data 成员函数。

程序代码及程序输出结果(图 13.31)如下：

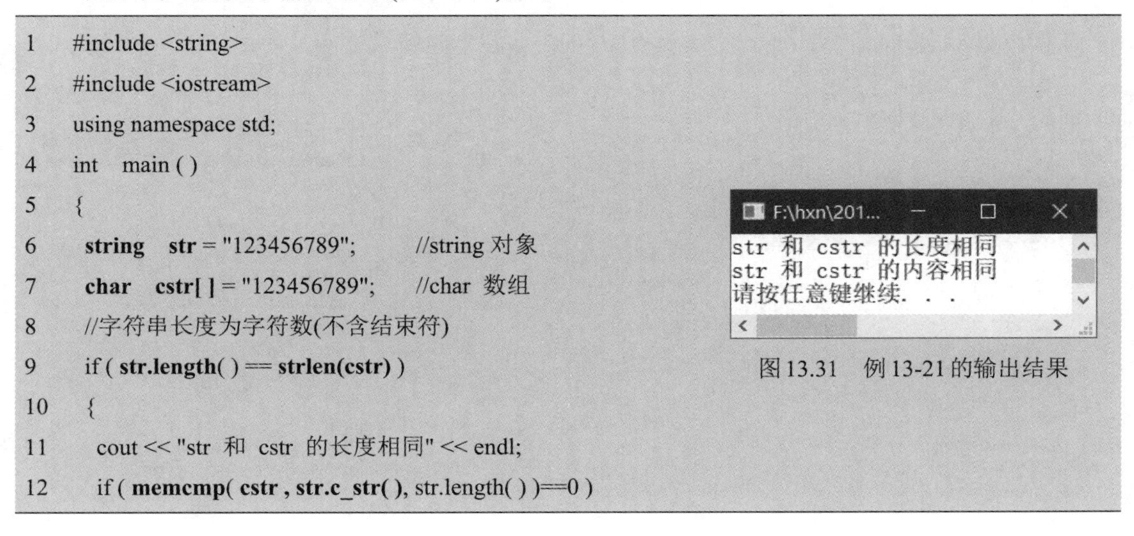

图 13.31　例 13-21 的输出结果

```
1   #include <string>
2   #include <iostream>
3   using namespace std;
4   int   main ( )
5   {
6    string   str = "123456789";        //string 对象
7    char   cstr[ ] = "123456789";      //char 数组
8    //字符串长度为字符数(不含结束符)
9    if ( str.length( ) == strlen(cstr) )
10   {
11    cout << "str 和 cstr 的长度相同" << endl;
12    if ( memcmp( cstr , str.c_str( ), str.length( ) )==0 )
```

```
13    cout << "str 和 cstr 的内容相同" << endl;
14    else
15        cout << "str 和 cstr 的内容不同" << endl;
16    }
17    system ( "PAUSE" );    return 0;
18 }
```

第 11 行：内存比较函数 memcmp 的参数用 str.c_str()或 str.data()均可。

函数原型：**int　memcmp (const void *S1, const void *S2, unsigned int N)**

函数功能：逐字节比较 S1 和 S2 的前 N 个字节是否相同。

函数返回：返回 0 则相同。返回< 0 则 S1 < S2，返回> 0 则 S1 > S2。

其他内存函数：mem**cpy**_s、mem**move**_s、mem**set**、mem**chr** 等(自学)。

string 的其他几个成员函数如下。

函数原型： unsigned　int　**size**( ) const

函数功能：获得 string 对象包含的字符个数，不含结束符 NULL。

函数返回：string 对象包含的字符个数。

函数原型： unsigned　int　**length**( ) const

函数功能：同 size 函数。

函数返回：同 size 函数。

函数原型： unsigned　int　**capacity**( ) const

函数功能：获得 string 对象所占的内存大小(Bytes)。

函数返回：string 对象的内存大小(Bytes)。

例 13-22　编程实验：string 类的 size、length 和 capacity 成员函数。

程序代码及程序输出结果(图 13.32)如下：

```
1  #include <string>
2  #include <iostream>
3  using namespace std;
4  int  main ( )
5  {
6    string  str ( "123456789" );
7    char  cstr[ ] = "123456789" ;
8    cout << "size():    " << str.size( ) << endl;
9    cout << "length():  " << str.length( ) << endl;
10   cout << "strlen():  " << strlen(cstr) << endl;
11   cout << "capacity():  " << str.capacity( ) << endl;
12   str.reserve( 20 );
13   cout << "capacity():  " << str.capacity ( ) << endl;
```

```
size():    9
length():  9
strlen():  9
capacity(): 15
capacity(): 31
请按任意键继续. . .
```

图 13.32　例 13-22 的输出结果

```
14    system ( "PAUSE" );    return 0;
15  }
```

第 12 行：reserve 函数调整 string 内存大小，内存不够时增加 16 Bytes。

现在，我们解决例 13-19 因 string 导致的读写文件错误。

string 不仅包含 C-string 本身，还有其他指针型数据成员。string 用二进制模式写入文件，本意是把 string 的 C-string 写入文件，而不是把所有数据成员都写入文件。string 指针成员指向内存地址，内存地址存入文件没意义(非固定地址，OS 分配)，导致指向错误。

例 13-19 把结构体 people 写入二进制文件。如果 people 的 name 成员为 string 对象，则 write 函数用 sizeof (people) 获取整个 people 的内存大小并写入文件，意味着成员 string name(有指针成员)写入文件，随后把 people 从文件中读出，此时 C-string 地址并非原地址。程序退出时析构 string 对象，其成员指针值来自文件(错误指向)，释放内存时出现异常。

以上分析了错误产生的原因，接下来就知道如何修改了。

例 13-23　编程实验：二进制模式读写 string 对象(改写例 13-19)。

程序代码及程序输出结果(图 13.33)如下：

```
1   #include <iostream>
2   #include <fstream>
3   #include <string>
4   using namespace std;
5   void   openFailMsg ( string filename )
6   {
7     cout << filename << "  打开失败！ " << endl;
8     system ( "pause" );
9   }
10  struct   people
11  {
12    string   name ;        //string 对象
13    int   age;
14  };
15  void   SaveFile ( string filename , people* one , int Count, int nameLen )
16  {
17    ofstream   out ( filename , ios::binary );      //二进制模式
18    if ( !out ) { openFailMsg ( filename );   exit ( 0 ); }
19    //========== 每次循环写数组的一个元素 ============
20    for ( int i = 0;   i < Count;   i++ )
21    {
22       out.write ( ( char* ) one [ i ].name.c_str ( ) , nameLen + 1 );
23       out.write ( ( char* ) &one [ i ].age , sizeof ( int ) );
24    }
```

```
25   out.close ( );
26  }
27  void   ReadFile ( string filename , people* one , int Count , int nameLen )
28  {
29   ifstream   in ( filename , ios::binary );         //二进制模式
30   if ( !in ) { openFailMsg ( filename );             exit ( 0 ); }
31   //========= 每次循环读数组的一个元素 ============
32   char *cstr = new char [ nameLen+1 ];
33   for ( int i = 0; i < Count; i++ )
34   {
35       in.read ( cstr , nameLen + 1 );      //这种方式安全
36       one [ i ].name = string ( cstr );      //构造 string 无名对象赋值 name
37       //in.read ( ( char* ) one [ i ].name.c_str ( ) , nameLen+1 );   //不安全
38       in.read ( ( char* ) &one [ i ].age , sizeof ( int ) );
39   }
40   delete []cstr;
41   in.close ( );
42  }
43  int   main ( )
44  {
45   const int   N = 3;      //结构体数组的元素个数
46   people   s1 [ N ] = { { "张三", 18 }, { "李  四",   20 }, { "王老五", 19 } };
47   for ( int i = 0; i < N; i++ )
48   {
49       cout << s1 [ i ].name.size ( ) <<",";                //name 的字符数
50       cout << s1 [ i ].name.capacity ( ) << endl;          //name 的内存大小
51   }
52   cout << "===========\n";
53   people   s2 [ N ] = { };              //存放读取数据
54   string   FileName = ".\\信息.dat";
55   int   nameMaxLen = 6;      //name 最大长度
56   SaveFile ( FileName , s1 , N , nameMaxLen );
57   ReadFile ( FileName , s2 , N , nameMaxLen );
58   for ( int i = 0; i < N; i++ )
59   {
60    //cout << s2 [ i ].name.c_str ( ) << "：  "
61    cout << s2 [ i ].name << "：  "
62          << s2 [ i ].age << endl;
63   }
```

```
4, 15
5, 15
6, 15
===========
张三：18
李 四：20
王老五：19
===========
请按任意键继续. . .
```

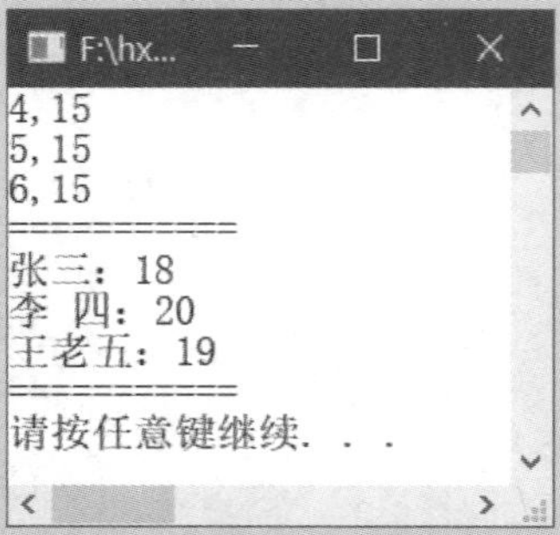

图 13.33　例 13-23 的输出结果

```
64    cout << "============\n";
65    system ( "pause" );    return 0;
66  }
```

第 12 行：本例 name 为 string 对象，例 13-19 name 为 char 数组。

第 22 行：将 name 对象的 char 字符串写入文件。由于第 55 行 nameMaxLen 的最大长度不含字符串结束符，因此这行的 nameLen + 1 是为了存放字符串结束符。

第 35、36 行：先读入 char 字符串到 cstr，然后构造 string 对象并赋值给 name。

第 37 行：替换第 35、36 行方式，直接读写 name 对象的 C-string 而不通过 string 本身。这种方式有风险，第 61 行输出 name 错误，只能用第 60 行的方式输出 C-string。

第 37 行：c_str 函数返回 char*，为什么 read 函数还要用(char*) 进行强制转换呢？这是因为 c_str 返回 const char* 而非 char*，类型不匹配需要转换。

第 49、50 行：输出 string name 的字符数及占用内存大小。

综上，用二进制模式读写 string 对象时，应注意以下两点：

(1) 把 string 对象的 C-string 写入文件，不能把 string 对象整个写入文件。

(2) 从文件中把 C-string 读入 char 数组，需要时用它构造 string 对象。

思考与练习：

本例为什么按 name 最大长度(nameMaxLen)存入文件，而非实际长度？

13.4.10　随机读写文件

此前，读写文件按“从头至尾”顺序读写，称为**顺序访问文件**(Sequential Access File)。就像磁带播放机，播放磁带某处的一首歌，需要“进带”或“倒带”将磁头对准那首歌所在的磁带位置才能开始播放。

顺序访问的缺点是，为读取文件特定位置处的数据，须将它前面的所有数据读出，显然时间效率低下。另一种高效的方式是**随机访问文件**(Random Access File)，从文件的任意位置处开始读写。就像数字播放机，菜单选择歌曲后直接“跳到”所在位置播放。

从流中读写一字节数据后，流的读写位置“向前”(从头向尾)移一个字节。

➢ 通过编程可以移动文件的**读写位置**，实现对文件的随机访问。

---

istream 和 ostream 类分别提供了用于移动读写位置的 seek 成员函数。

原型：istream & **seekg** (long long **Off**, int **Way**);　　　// istream 类成员函数

原型：ostream& **seekp** (long long **Off**, int **Way**);　　　// ostream 类成员函数

功能：移动文件的读写位置。g 即 get 用于读文件，p 即 put 用于写文件。

Off ：相对于起始位置 Way 的移动量(字节)。正负表示移动方向，正表示向前移动，负表示反向移动(从尾向头)。

Way：起始位置，取值为下面 3 个常量。

　　ios::beg：表示文件头(**beg**inning of the stream)

ios::end：表示文件尾(**end** of the stream)

ios::cur：表示当前位置(**cur**rent position in the stream)

返回：若有错误，则设置 failbit 或 badbit 出错标志位。

举例，移动输出流对象 out 的写位置：

```
out.seekp ( 0, ios::beg ) ;      //移动到文件头(距文件头 0 字节)
out.seekp ( 0, ios::end ) ;      //移动到文件尾(距文件尾 0 字节)
out.seekp( 20L, ios::beg ) ;     //移动到距文件头 20 字节处
out.seekp( -20, ios::cur ) ;     //从当前位置向文件头方向移动 20 字节
```

istream 和 ostream 类还提供如下的用于获得文件当前读写位置的成员函数。

原型：long long　**tellg** ( )　// istream 类成员函数

原型：long long　**tellp** ( )　// ostream 类成员函数

功能：获得流的当前读写位置(距文件头的字节数)。

返回：流的当前读写位置。如果有错，则返回−1。

例 13-24　编程实验：随机读写文本文件。

程序代码及程序输出结果(图 13.34)如下：

```
1   #include<iostream>
2   #include<fstream>
3   #include<string>
4   using namespace std;
5   int   main ( )
6   {
7    string   filename ( "test.txt" );
8    fstream   outfile ( filename , ios::out );//文本模式写文件
9    string   s1 ( "1234" );
10   string   s2 ( "ABCD" );
11   outfile << s1 << '\n' << s2;
12   outfile.close ( );
13   //==========================================
14   fstream   infile ( filename , ios::binary | ios::in ); //二进制模式读文件
15   //fstream infile ( filename , ios::in );              //改为缺省的文本模式如何
16   infile.seekg ( 0 , ios::end );
17   long long Bytes = infile.tellg ( );                  //Bytes 的作用是什么
18   char *pt = new char [ Bytes + 1 ];                   //为什么 +1
19   pt [ Bytes ] = '\0';                                 //有何作用
20   infile.seekg ( 0 , ios::beg );
21   char *p = pt;                                        //为什么定义 p，而不直接用 pt
22   while ( infile.read ( p , 1 ) )   p++;               //循环是否结束
23   infile.close ( );
```

```
24	//====================================
25	cout << pt << endl;
26	p = pt ;
27	for ( int i = 0;    i < Bytes;    i++ )
28	{
29	  cout << hex << showbase << int ( *p ) << " ";
30	  if ( *p ++ == 0xa )    cout << endl;
31	}
32	cout << endl;
33	delete[ ] pt;
34	system ( "pause" );      return 0;
35	}
```

```
F:\hxn\2018...
1234
ABCD
0x31 0x32 0x33 0x34 0xd 0xa
0x41 0x42 0x43 0x44
请按任意键继续. . .
```

图 13.34　例 13-24 的输出结果

本例文本模式创建文本文件，二进制模式从文件中读取数据。由于不能预知文件大小，因此通过移动文件读写位置的方法来获知文件大小和动态分配所需的内存空间。

第 8、14 行：使用 fstream 类，ios::out、ios::in 表示文件用于输出或输入且不能省略。

第 16、17 行：seekg 把读位置移到文件尾，tellg 获得当前读位置距文件头的字节数，即文件大小(总字节数)。

第 18 行：根据文件大小动态分配所需内存大小。

第 20～22 行：读位置移到文件头，循环读文件数据，每次读一字节，到文件尾结束循环。

思考与练习：

(1) 理解第 19、21、26 行，分别注释它们，结果会如何？

(2) 修改：将第 26～31 行指针 p 访问数组改为用 pt 数组的下标访问方式。

(3) 第 25 行输出什么？这是文本模式输出，还是二进制模式输出？

(4) 修改：用第 15 行替换第 14 行，结果会如何？

例 13-25　编程实验：随机读写二进制文件。

本例用 people 结构体的数组 some[N] 存储 N 个人的数据，数组存入二进制文件。根据用户输入的序号(文件中第几个人)读出或修改这个人的数据。由结果(图 13.35)可见，文件中第 3 个人的数据“孙，23”已被修改为“王，20”。本例源代码如下：

```
1	#include <iostream>
2	#include <fstream>
3	#include <string>
4	using namespace std;
5	struct   people
6	{
7	  char       name [ 20 ];                              //不是 string 对象
8	  int  age;
```

```
9   };
10  void  OpenFailMsg ( string filename )          //文件打开失败
11  {
12   cout << filename << "打开失败，程序退出..." << endl;
13   system ( "PAUSE" );
14   exit (0) ;
15  }
16  void  SaveALL ( string  filename , people* all , int Count )
17  { //把结构体数组 all 前 Count 个人的数据存入文件 filename
18   ofstream  out ( filename , ios::binary );                    //新建文件或清空文件
19   //fstream  out ( filename , ios::binary | ios::in | ios::out );    //文件须存在
20   if ( !out ) OpenFailMsg ( filename);
21   out.write( (char*)all , sizeof ( people )*Count );
22   out.close ( );
23  }
24  void  ReadOne ( string  filename , people& one , int  nth )
25  { //在 filename 文件中找到第 nth 个人数据的开始位置，然后读入 one
26   ifstream  in ( filename , ios::binary );
27   if ( !in ) OpenFailMsg ( filename );
28   long long offset = ( nth - 1 ) * sizeof ( one );          //理解 ( nth -1 )
29   in.seekg ( offset , ios::beg );
30   in.read ( (char*)&one , sizeof ( people ) );               //数据读入 one
31   if ( in.eof( ) )  cout << "==文件尾==" << endl;            //验证 ios::app 方式
32   in.close ( );
33  }
34  void  ShowOne ( people& one )
35  {
36   cout << one.name << "," << one.age << endl;
37  }
38  void  EditOne ( string  filename , people& one , int  nth )
39  { //在 filename 文件中找到第 nth 个人的开始位置，one 替换它
40   fstream out ( filename , ios::binary | ios::in | ios::out );  //正确，文件须存在
41   //ofstream out ( filename , ios::binary | ios::_Nocreate );  //正确，文件须存在
42   //ios::out：默认为 trunc，新建或清空文件
43   //ofstream out ( filename , ios::binary );                 //逻辑错：新建或清空
44   //ofstream out ( filename , ios::binary | ios::trunc );  //逻辑错：新建或清空
45   //ofstream out ( filename , ios::binary | ios::ate );      //逻辑错：新建或清空
```

```
46    //ofstream out ( filename , ios::binary | ios::app );    //逻辑错：新建或追加
47    if ( !out ) OpenFailMsg ( filename );
48    long long offset = ( nth - 1 ) * sizeof ( one );
49    out.seekp ( offset , ios::beg );
50    out.write ( ( char* ) &one , sizeof ( one ) );           //数据写入 one
51    out.close ( );
52  }
53  int   main ( )
54  {
55    const   int N = 4;           //数组元素个数(人数)
56    people   some [ N ] = { {"赵", 21}, {"钱", 22}, {"孙", 23}, {"李", 24} };
57    string   FileName = "data.bin";
58    //some 前 N 个人的数据存入文件
59    SaveALL ( FileName , some , N );
60    //修改文件中某人的数据，nth 是该人在文件中的序号
61    people   NewOne = { "王", 20 };
62    cout << "编辑(1-4):";      //用 NewOne 替换该人的数据
63    int   nth;                         //该人在文件中的序号
64    cin >> nth;
65    EditOne ( FileName , NewOne , nth );
66    people   One = { } ;       //从文件中读取该人的数据
67    while ( 1 )
68    {      cout << "查询(1-4):";
69           cin >> nth;
70           if ( nth < 1 || nth > 5 )   break;   //5：ios::app
71           ReadOne ( FileName , One , nth );
72           ShowOne ( One );
73    }
74    system ( "pause" );   return 0;
75  }
```

```
编辑(1-4):3
查询(1-4):1
赵,21
查询(1-4):2
钱,22
查询(1-4):3
王,20
查询(1-4):4
李,24
查询(1-4):5
==文件尾==
李,24
查询(1-4):0
请按任意键继续. . .
```

图 13.35　例 13-25 的输出结果

思考与练习：

(1) 修改：将第 7 行的 char 数组改为 string 对象。

(2) 第 28 行：为何 nth−1 而不是 nth？第 28～31 行的功能是什么？

(3) 第 40、41 及 43～46 行：逐个实验并理解所列 openmode 模式。

(4) 第 46 行：输入 5 时，解释结果。

(5) 第 48～50 行：解释其作用。

(6) 第 66 行：如果不初始化 One，则会如何？

各章概念理解题与上机练习题(扫码阅读)

附录 A　调试方法(扫码阅读)

附录 B　异常处理(扫码阅读)

附录 C　命名空间(扫码阅读)

附录 D　特殊构造函数(扫码阅读)